Kuchling, Physik

PHYSIK
Formeln und Gesetze

Von Fachschuldozent Horst Kuchling

Mit 310 Bildern und 43 Tabellen

BUCH UND ZEIT
BZ

Buch- und Zeit-Verlagsgesellschaft mbH Köln

ISBN 3-8166-0016-6

Lizenzausgabe für die Buch- und Zeit-Verlagsgesellschaft mbH, Köln
20. Auflage
Satz: Fachbuchdruck Naumburg
Fotomechanischer Nachdruck: Druckhaus Freiheit Halle
Deutsche Demokratische Republik
Bindearbeit: Kaiser, Klagenfurt

VORWORT

Das Fach Physik gewinnt auf allen Stufen unseres heutigen Bildungswesens, in der allgemein- und berufsbildenden Schule, der Fach- und Ingenieurschule ebenso wie in jeder Form der Erwachsenenqualifizierung, zunehmende Bedeutung. Ohne entsprechende Kenntnisse in diesem Fach gibt es in der modernen Technik kein Vorwärtskommen. Keiner, der in der Technik tätig ist, kann sich dieser Tatsache verschließen. Die Kenntnisse dürfen jedoch nicht formal erworben sein, um dann in Vergessenheit zu geraten, sie müssen jederzeit griffbereit und anwendbar sein.

Hierfür soll dieses *Nachschlagebuch* ein zuverlässiger Helfer sein. Es soll den Benutzer schnell und gründlich informieren. Deshalb stellt es einerseits kein Lehrbuch dar, geht aber andererseits über den Rahmen einer Formelsammlung hinaus. So werden z. B. die wichtigsten Gesetzmäßigkeiten und Beziehungen hergeleitet und ihre Anwendung erläutert. Das Buch ist also praktischer Ratgeber bei der Arbeit auf den betreffenden Gebieten. Darüber hinaus wird es an vielen Schulen zur Vertiefung der Kenntnisse benutzt werden können.

Im vorliegenden Band kam es besonders darauf an, das Verständnis für die gesetzlichen Einheiten zu fördern und sicheren Rat bei der Wahl der Einheiten zu erteilen. Das «Internationale Einheitensystem (SI)» wurde konsequent angewendet. Umrechnungen der nur bis 1977 in der Bundesrepublik Deutschland gültigen Einheiten sind angegeben. Die Tabellen enthalten Materialwerte in mehreren Einheiten, um den Übergang zur ausschließlichen Verwendung des SI zu erleichtern.

Außerdem wurde bei den Formeln und Gesetzmäßigkeiten auf etwa vorhandene Gültigkeitsgrenzen hingewiesen. Die Illustrationen wurden bewußt knapp gehalten. Sie erscheinen nur dort, wo es für die Erläuterung des Textes erforderlich ist.

Infolge der unterschiedlichen Verwendung von Formelzeichen in den verschiedenen Ausbildungszweigen wurde jeder Ableitung eine Erklärung der verwendeten Formelzeichen vorangestellt. Dadurch kann die Möglichkeit von Verwechslungen

ausgeschaltet und lästiges Nachschlagen vermieden werden. Der Grundsatz, Formelzeichen *kursiv* (schräg) und Einheiten in senkrechter Schrift zu drucken, wurde beachtet.
Die Teile der elementaren Physik, die nicht quantitativ erfaßbar sind, also nur beschreibenden Charakter haben, wurden nicht oder nur ganz kurz dargestellt, weil dieses Buch kein Fachlexikon ersetzen will. Sollte jedoch der Benutzer dieses oder jenes zu Recht vermissen, so sind Verfasser und Verlag für jeden Ergänzungsvorschlag dankbar.
Im Interesse des Niveaus konnte auf die höhere Mathematik nicht verzichtet werden. Jedoch stellen die Gleichungen mit differentiellen Größen stets Verallgemeinerungen dar und stören nicht die Benutzung des Buches durch in der Mathematik weniger bewanderte Leser.

Horst Kuchling

INHALTSVERZEICHNIS

EINLEITUNG

1. Größen und Gleichungen

1.1. Physikalische Größen

Die physikalischen Naturgesetze sind meist mathematische Beziehungen zwischen physikalischen Größen. Man unterscheidet **Basisgrößen** und **abgeleitete Größen.** Basisgrößen sind **Länge, Masse, Zeit, Temperatur, elektrische Stromstärke, Stoffmenge** und **Lichtstärke.** Alle anderen physikalischen Größen lassen sich durch diese ausdrücken.

Jede physikalische Größe ist das Produkt aus einem Zahlenwert und einer Einheit.

Der Ausdruck Zeit = 5 Sekunden

$$t = 5\ \mathrm{s}$$

besagt also, daß die gemessene Zeit das 5fache einer Sekunde beträgt.
Ein Zahlenwert allein reicht zur Bestimmung einer physikalischen Größe nicht aus. Die erforderlichen Einheiten dürfen demnach niemals weggelassen werden.

1.2. Physikalische Gleichungen

Die Verknüpfung physikalischer Größen erfolgt mit mathematischen Gleichungen. Es sind drei Möglichkeiten der Schreibweise zu unterscheiden.

1.2.1. Größengleichungen

Sie sollten grundsätzlich bevorzugt werden. Auch in diesem Buch sind fast alle Gleichungen als Größengleichungen geschrieben. In diesen stellt jedes Formelzeichen die Kurzbezeichnung einer physikalischen Größe dar und ist deshalb ein Produkt aus Zahl und Einheit. Größengleichungen gelten grundsätzlich und sind unabhängig von der zu wählenden Einheit. Daher können alle Einheiten, soweit sie zum «Système International d'Unités» gehören, verwendet werden, ohne daß die Gültigkeit der Größengleichung eingeschränkt wird.

Beispiel:

$$\begin{aligned} \text{Arbeit} &= \text{Kraft mal Weg} \\ W &= Fs \\ W &= 10\ \text{kp} \cdot 5\ \text{m} = 50\ \text{kpm} = 50 \cdot 9{,}81\ \text{Nm} \\ &= 490{,}5\ \text{J} \end{aligned}$$

oder

$$W = 981, \text{N} \cdot 5\ \text{m} = 490{,}5\ \text{Nm} = 490{,}5\ \text{J}$$

1.2.2. Zugeschnittene Größengleichungen

Sie sind ausnahmsweise nötig, wenn die Gleichung nur bei Verwendung bestimmter Einheiten richtig ist. Die Angabe der richtigen Einheit erfolgt direkt am Formelzeichen unterhalb eines schrägen Bruchstriches.

Beispiel:

Für die Geschwindigkeit eines Elektrons im elektrischen Feld gilt

$$v \Big/ \frac{\text{km}}{\text{s}} = 594 \sqrt{U/\text{V}}$$

Man erhält also aus dieser Gleichung die Geschwindigkeit in km/s, wenn man die Spannung in Volt einsetzt. Durch Umstellung erhält man die übersichtlichere Schreibweise

$$v = 594 \sqrt{U/\text{V}}\ \frac{\text{km}}{\text{s}}$$

Nach Einsetzen der Spannung von z. B. 2000 V kürzt sich die Einheit heraus, und alle Zahlen ergeben zusammen den Zahlenwert dieser physikalischen Größe v. Demnach sind physikalische Größen auch in zugeschnittenen Größengleichungen Produkte aus Zahlenwert und Einheit.

1.2.3. Zahlenwertgleichungen

Sie sind grundsätzlich abzulehnen und sollten nicht verwendet werden, weil in ihnen die für die physikalischen Größen stellvertretend gesetzten Formelzeichen nur Zahlenwerte bedeuten.

1.2.4. Rechnen mit den Gleichungen

Die bei den einzelnen Gleichungen empfohlenen Einheiten gehören zum «Internationalen Einheitensystem». In einigen Fällen wurden zusätzlich aus Gründen der Zweckmäßigkeit andere gesetzliche oder auch nicht mehr zulässige Einheiten angeführt. Sie wurden als solche gekennzeichnet.

2. Internationales Einheitensystem (SI)

1954 wurde das «Système International d'Unités» international vereinbart. Es besteht aus **7 Basiseinheiten** (Grundeinheiten) und den **kohärent** (d. h. ohne Verwendung von Zahlenfaktoren) **abgeleiteten Einheiten.** Da die Einheiten für den praktischen Gebrauch vielfach zu groß oder zu klein sind, enthält das SI Vorsätze, mit denen **dezimale Vielfache und Teile** gebildet werden können (→ Umrechnungstabelle U 1!). Die so entstehenden Einheiten sind jedoch inkohärent und nicht Bestandteil des SI

2.1. Basiseinheiten (Grundeinheiten) des SI

- Einheit der Länge: das Meter (m)
- Einheit der Zeit: die Sekunde (s)
- Einheit der Masse: das Kilogramm (kg)
- Einheit der Stromstärke: das Ampere (A)
- Einheit der Temperatur: das Kelvin (K)
- Einheit der Stoffmenge: das Mol (mol)
- Einheit der Lichtstärke: die Candela (cd)

2.2. Wichtige SI- und SI-fremde Einheiten

In der folgenden Übersicht sind alle wesentlichen Einheiten zusammengestellt, an erster Stelle jeweils die SI-Einheit. Bei allen abgeleiteten Einheiten ist die Beziehung zu den Basiseinheiten angegeben. Ausländische Einheiten sind mit ihren Umrechnungsfaktoren bei den jeweiligen Abschnitten aufgeführt. Erläuterungen zur Spalte «Bemerkung (Bem.)» und «Vielfache und Teile (VT)» siehe Fußnoten.

Größe	Formelzeichen	Einheit, Kurzzeichen, Beziehung	Bem[1])	VT[2])
Länge	l, s, r	Meter, m	SI	+
Winkel	α, ϱ	Radiant, rad = m/m = 1	SI	+
		Grad, 1° = 17,453 29 mrad	ges	—
		Minute, 1′ = 1°/60	ges	—
		Sekunde, 1″ = 1′/60 = 1°/3600	ges	—
Raumwinkel	ω	Steradiant, sr = m^2/m^2 = 1	SI	+
Zeit	t	Sekunde, s	SI	+
		Minute, min = 60 s	ges	—
		Stunde, h = 60 min = 3 600 s	ges	—
		Tag, d = 24 h = 1 440 min = 86 400 s	ges	—
Frequenz	f	Hertz, Hz = 1/s	SI	+
Kreisfrequenz	ω	1/s	SI	+
Geschwindigkeit	v	m/s	SI	/
		km/h = 1/3,6 m/s	ges	/
Beschleunigung	a	m/s^2	SI	/
Winkelgeschwindigkeit	ω	rad/s = 1/s	SI	+
Winkelbeschleunigung	α	$rad/s^2 = 1/s^2$	SI	+
Masse	m	Kilogramm, kg	SI	—
		Gramm, g = 10^{-3} kg	ges	+
		Tonne, t = 10^3 kg	ges	+

Größe	Formelzeichen	Einheit, Kurzzeichen, Beziehung	Bem[1])	VT[2])
Dichte	ϱ	kg/m^3	SI	/
		$kg/dm^3 = t/m^3 = 10^3\ kg/m^3$	ges	/
		$g/cm^3 = kg/dm^3 = t/m^3 = 10^3\ kg/m^3$	ges	/
Kraft	F	Newton, $N = kg\ m/s^2$	SI	+
Gewichtskraft	G	Kilopond, kp = 9,806 65 N	77	—
		Pond, p = 9,806 65 mN	77	+
		Dyn, dyn = 10^{-5} N	77	+
Kraftmoment	M	Newtonmeter, $Nm = kg\ m^2/s^2$	SI	+
Drehmoment		kpm = 9,806 65 Nm	77	/
		pcm = 10^{-5} kpm = 98,066 5 μNm	77	/
Arbeit	W, A	Joule, $J = Nm = Ws = kg\ m^2/s^2$	SI	+
Energie	W, E	kpm = 9,806 65 J	77	/
Wärmemenge	Q	Kilowattstunde, kWh = 3,6 MJ	ges	—
		Kalorie, cal = 4,186 8 J	77	+
		Erg, erg = 100 nJ	77	+
		Elektronvolt, eV = 0,160 2 aJ	(g)	+
Leistung	P	Watt, $W = J/s = kg\ m^2/s^3$	SI	+
		kpm/s = 9,806 65 W	77	/
		Pferdestärke, PS = 735,498 75 W	77	—
Druck	p	Pascal, $Pa = N/m^2 = kg/m\ s^2$	SI	+
		Bar, bar = 10^5 Pa	ges	+
		Torr = 133,322 4 Pa	77	+

Größe	Formelzeichen	Einheit, Kurzzeichen, Beziehung	Bem [1])	VT [2])
Druck	p	technische Atmosphäre, at = 1 kp/cm² = 98,066 5 kPa	77	+
		physikalische Atmosphäre, atm = 760 Torr = 0,101 325 MPa	77	—
		Meter Wassersäule, mWS = 0,1 at = 9,80 65 kPa	77	+
		Millimeter Quecksilbersäule, mm Hg = 133,322 4 Pa	77	—
Elastizitätsmodul	E	Pa = N/m² = kg/s² m	SI	+
Oberflächenspannung	σ	N/m = kg/s²	SI	/
Viskosität, dynamische	η	Pascalsekunde, Pa s = N s/m² = kg/m s	SI	+
		Poise, P = 0,1 N s/m²	77	+
Impuls	p	N s = kg m/s	SI	/
Drehimpuls	L	N m s = kg m²/s	SI	/
Massenträgheits-moment	J	kg m²	SI	/
Richtgröße	D	N/m = kg/s²	SI	/
		kp/m = 9,806 65 N/m	77	/
Winkelrichtgröße	D^*	N m = kg m²/s²	SI	/
Temperatur	T	Kelvin, K	SI	+
Celsius-Temperatur	t	Grad Celsius, °C $t = T - T_0$; $T_0 = 273{,}15$ K	ges	—

Größe	Formelzeichen	Einheit, Kurzzeichen, Beziehung	Bem [1])	VT [2])
Temperaturdifferenz	ΔT	Kelvin, K	SI	+
	Δt	Grad Celsius, °C	ges	—
		Grad, grd	74	—
Wärmekapazität	C	J/K = Ws/K = Nm/K = kg m^2/s^2 K	SI	/
Wärmekapazität, spezifische	c	J/kg K = m^2/s^2 K	SI	/
		kcal/kg K = 4,1868 kJ/kg K	77	/
Stromstärke, el.	I	Ampere, A	SI	+
Ladung, el.	Q	Coulomb, C = A s	SI	+
Spannung, el.	U	Volt, V = W/A = kg m^2/s^3 A	SI	+
Widerstand, el.	R	Ohm, Ω = V/A = kg m^2/s^3 A^2	SI	+
Leitwert, el.	G	Siemens, S = 1/Ω = A/V = s^3 A^2/kg m^2	SI	+
Widerstand, spezifischer	ϱ	Ohmmeter, Ωm = Vm/A = kg m^3/s^3 A^2	SI	+
		$\Omega mm^2/m = 10^{-6}\ \Omega m = \mu\Omega m$	ges	—
Kapazität	C	Farad, F = C/V = A s/V = s^4 A^2/kg m^2	SI	+
Verschiebungsdichte	D	C/m^2 = A s/m^2	SI	
Feldstärke, el.	E	V/m = kg m/s^3 A	SI	/
Dielektrizitätskonstante	ε	F/m = s^4 A^2/kg m^3	SI	/
Feldstärke, magn.	H	A/m	SI	/
		Oersted, Oe = **79,5775 A/m**	nz	/

Größe	Formelzeichen	Einheit, Kurzzeichen, Beziehung	Bem[1])	VT[2])
Fluß, magn.	Φ	Weber, Wb = Vs = kg m^2/s^2 A	SI	+
		Maxwell, M = 10^{-8}Wb	nz	
Induktion, magn.	B	Tesla, T = Wb/m^2 = V s/m^2 = kg/s^2 A	SI	+
		Gauß, G = 10^{-4} T	nz	
Induktivität	L	Henry, H = Wb/A = Vs/A = kg m^2/s^2 A^2	SI	+
Permeabilität	μ	H/m = Wb/A m = Vs/A m = kg m/s^2 A^2	SI	/
Schalldruck	p	Pa = N/m^2 = kg/m s^2	SI	+
		µbar = 0,1 Pa	ges	—
Schallstärke	J	W/m^2 = J/s m^2 = kg/s^3	SI	/
Lichtstärke	I	Candela, cd	SI	+
Leuchtdichte	L	cd/m^2	SI	/
		Stilb, sb = cd/cm^2 = 10^4 cd/m^2	74	+
Lichtstrom	Φ	Lumen, lm = cd sr	SI	+
Beleuchtungsstärke	E	Lux, lx = lm/m^2 = cd sr/m^2	SI	+
Ionendosis	X	C/kg = A s/kg	SI	/
		Röntgen, R = 258 µC/kg	77	+
Energiedosis	D	J/kg = m^2/s^2	SI	/
		Rad, rd = 10 mJ/kg	77	+

Größe	Formelzeichen	Einheit, Kurzzeichen, Beziehung	Bem[1])	VT[2])
Aktivität	A	reziproke Sekunde, 1/s	SI	—
		Curie, Ci = 3,7 · 10^{10} 1/s	77	+
Äquivalentdosis	D_q	Rem, rem = rd = 10 mJ/kg	77	+
Stoffmenge	n	Mol, mol	SI	+
Molare Masse	M	kg/mol	SI	/
Molares Volumen	V_m	m^3/mol	SI	/
Molare Wärmekapazität	C_m	J/mol K = kg m^2/s^2 mol K	SI	/

[1]) SI: SI-Einheit; ges: gesetzliche abgeleitete Einheit; (g): gesetzliche abgeleitete Einheit mitbeschränkter Anwendung; 74 bzw. 77: zulässige Einheit bis 1974 bzw. 1977; nz: nicht zulässige Einheit.

[2]) Vorsätze für dezimale Vielfache und Teile: + zulässig; — nicht zulässig; / zusammengesetzte Einheit, siehe bei der jeweiligen Einheit!

MECHANIK

3. Basiseinheiten der Mechanik

3.1. Längeneinheit

Grundlage der Längenmessung ist das Urmeter, ein in Paris aufbewahrter Stab aus einer Platin-Iridium-Legierung. Ursprünglich sollte die Länge dieses Stabes der zehnmillionste Teil eines Erdmeridianquadranten (Längengrad zwischen Pol und Äquator) sein. Genauere Messungen haben Abweichungen nachgewiesen. Heute wird die Länge des Urmeters angegeben als die Länge von 1 650 763,73 Wellenlängen der gelben Strahlung des Krypton-Isotops 86 im Vakuum.

Umrechnung:

10^{-3} km = 1 m = 10 dm = 10^2 cm = 10^3 mm = 10^6 μm
= 10^9 nm = 10^{12} pm (Pikometer)

1 mm =	10^3 μm (Mikrometer)	= 10^6 nm (Nanometer)
ferner	1 Seemeile (sm)	= 1852 m
	1 Ångström (Å)	= 10^{-10} m = 100 pm
	1 X-Einheit (XE)	= 10^{-13} m = 100 fm
	1 mile (mi)	= 1609 m
	1 yard (yd)	= 3 ft = 0,9144 m
	1 foot (ft)	= 12 in = 0,3048 m
	1 inch (in)	= 0,0254 m

3.1.1. Längenmessung

Zum Messen von Längen werden hauptsächlich benutzt:
Maßstäbe, Bandmaße und Parallelendmaße, Meßschieber, Schraubenlehren und Meßuhren, optische Methoden (Interferenz von Licht).

3.1.2. Flächenmessung

SI-Einheit für die Fläche: das **Quadratmeter** (m^2), außerdem: Hektar (ha), Ar (a) bei Flur- und Grundstücken.

Umrechnung:

10^{-6} km² = 1 m² = 10^2 dm² = 10^4 cm² = 10^6 mm²		
ferner	1 Hektar (ha)	= 10^4 m²
	1 Ar (a)	= 10^2 m²
	1 square yard (sq yd = yd²)	= 0,8361 m²
	1 square foot (sq ft = ft²)	= 0,0929 m²
	1 square inch (sq in = in²)	= $0{,}6452 \cdot 10^{-3}$ m²

Der Inhalt unregelmäßig begrenzter Flächen wird mit dem Planimeter bestimmt.

3.1.3. Volumenmessung

SI-Einheit für das Volumen: das **Kubikmeter** (m^3), außerdem: Liter (l)

Umrechnung:

	1 m³ = 10^3 dm³ = 10^6 cm³ = 10^9 mm³	
	1 Liter (l) = 1 dm³	
ferner	1 cubic yard (cu yd = yd³)	= 764,6 dm³
	1 cubic foot (cu ft = ft³)	= 28,32 dm³
	1 cubic inch (cu in = in³)	= 0,016 39 dm³
	1 register ton (reg ton)	= 100 ft³
	1 bushel (bu) = 8 gal	= 36,37 dm³
	1 gallon (gal) (brit.)	= 4,546 dm³
	1 gallon (gal) (USA)	= 3,785 dm³

B e a c h t e: Zwischen 1 l und 1 dm³ bestand bisher ein kleiner Unterschied, weil 1 l das Volumen von 1 kg Wasser bei seiner größten Dichte war und diese von 1 kg/dm³ abweicht.

Das Volumen fester Körper kann mit einem Überlaufgefäß oder durch Auftriebsmessung in einer bekannten Flüssigkeit bestimmt werden.

3.1.4. Winkelmessung

SI-Einheit für den Winkel: der **Radiant** (rad.)

Ferner: Grad (°), Minute (′) und Sekunde (″).

Ein Vollkreis hat 360°; ein rechter Winkel hat 90°.
Unter dem Bogenmaß versteht man das Verhältnis des vom Winkel eingeschlossenen Kreisbogens zum Radius:

$$\text{Winkel} = \frac{\text{Bogenlänge}}{\text{Radius}}$$

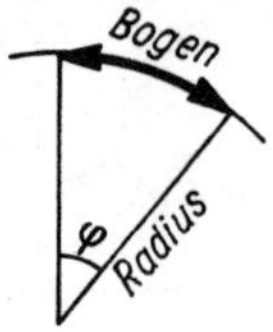

Die Einheit dieses Verhältnisses ist der Radiant (rad).

$$1 \text{ Vollwinkel} = 2\pi \text{ rad} = 6{,}28 \text{ rad}$$

Umrechnung:

1 Grad (°) = 60 Minuten (′) = 3600 Sekunden (″)	
360° = 6,28 rad	57,3° = 1 rad
180° = 3,14 rad	1° = 17,45 mrad
90° = 1,57 rad	1′ = 290,9 µrad

Zum Messen dienen Winkelmesser, oft kombiniert mit einem Zielfernrohr (Theodolit).

Beachte:

1. Die Einheit Radiant wird nur geschrieben, wenn Verwechslungen mit Grad möglich sind. Da das Bogenmaß ein Streckenverhältnis ist, hat sie die Dimension eins.

2. Gelegentlich wird das Gon (früher Neugrad) verwendet. Ein rechter Winkel hat 100 Gon:

$$90° = 100 \text{ gon}$$

3.2. Zeiteinheit

SI-Einheit für die Zeit: die **Sekunde** (s).
Die Sekunde wurde definiert als der 31 556 925,9747te Teil eines Jahres, bezogen auf den 1. Januar 1900, 12 Uhr. Jetzt bezieht man sie auf die Frequenz einer Strahlung des Atoms Cäsium 133.

Umrechnung:

1 Tag (d) = 24 Stunden (h) = 1440 Minuten (min) = 86400 s
1 h = 60 min = 3600 s

Zum Messen bzw. Vergleich der Zeit dienen periodisch verlaufende Vorgänge, z. B. Schwingungen (Pendeluhren, Atomuhren).

3.3. Masseeinheit

SI-Einheit für die Masse: das **Kilogramm** (kg).

Ein Kilogramm wird definiert als die Masse des Urkilogramms, eines in Paris aufbewahrten Zylinders aus Platin-Iridium von 39 mm Höhe und 39 mm Durchmesser.

Umrechnung:

1 Tonne (t) = 10 Dezitonnen (dt) = 10^3 kg = 10^6 g = 10^9 mg			
ferner	1 long ton (ltn) = 2240 lb	=	1016,047 kg
	1 short ton (sh tn) = 2000 lb	=	907,185 kg
	1 slug (slug) = 32,174 lb	=	14,594 kg
	1 pound (lb) = 16 oz	=	0,4536 kg
	1 ounce (oz)	=	0,02835 kg

Massen werden mit Hebelwaagen (nicht Federwaagen!) durch Vergleich bestimmt.

4. Statik (Lehre vom Gleichgewicht)

SI-Einheit der Kraft: das **Newton** (N).
Bis 1977 in der BRD gesetzlich: Kilopond (kp), Megapond (Mp) und Pond (p).
Umrechnung der Einheiten → Tabelle U 4!

4.1. Zusammensetzen von Kräften

Kräfte sind vektorielle Größen. Sie sind bestimmt durch *Betrag*, *Richtung* und *Lage der Wirkungslinie*. Dargestellt werden sie durch Pfeile, deren Spitze die Richtung angibt und deren Länge

ein Maß für die Größe der Kraft ist. Sie können am starren Körper nur entlang ihrer Wirkungslinie verschoben werden **(linienflüchtige Vektoren).**
Wirken mehrere Kräfte auf einen Körper, so kann man diese zu einer *Resultierenden* (Ersatzkraft) zusammensetzen. Die Einzelkräfte nennt man *Komponenten.* Das Vereinigen der Komponenten zu einer Resultierenden stellt eine geometrische Addition dar.

4.1.1. Kräfte mit gleicher Wirkungslinie

Besitzen mehrere Kräfte eine gemeinsame Wirkungslinie, so findet man die Resultierende als Summe oder Differenz aller Einzelkräfte; algebraische Addition: $F_R = F_1 + F_2$.

4.1.2. Kräfte mit gemeinsamem Angriffspunkt

Greifen zwei Kräfte in einem Punkt an, so werden sie mit Hilfe des Kräfteparallelogramms zu einer Resultierenden vereinigt. Die Diagonale des Parallelogramms gibt dann Größe und Richtung der resultierenden Kraft an; geometrische Addition:

$$\vec{F}_R = \vec{F}_1 + \vec{F}_2$$

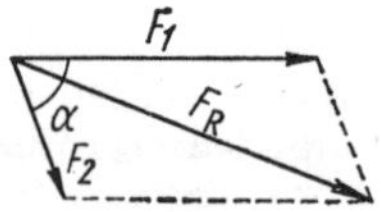

Die Resultierende kann auch berechnet werden.

Wenn F_R resultierende Kraft,
F_1 Einzelkraft (Komponente) 1,
F_2 Einzelkraft (Komponente) 2,
α Winkel zwischen beiden Komponenten,

dann gilt nach dem Cosinussatz der Trigonometrie

(M 1) $$F_R = \sqrt{F_1^2 + F_2^2 + 2F_1F_2 \cos\alpha}$$

Bilden beide Kräfte einen rechten Winkel, so vereinfacht sich (M 1), weil $\cos 90° = 0$, zu

(M 1a) $$F_R = \sqrt{F_1^2 + F_2^2}$$ (Satz des Pythagoras)

Greifen mehr als zwei Kräfte in einem Punkt an, dann ist mehrere Male das Parallelogramm zu bilden, *oder* man benutzt besser das **Krafteck** (Kräftezug, Kräftepolygon). Bei ihm reiht man alle Kräfte unter Beachtung ihrer Größe und Richtung aneinander. Die Resultierende aller Kräfte ist dann die Verbindung zwischen Anfang der ersten und Ende der letzten Kraft. Ist das Krafteck geschlossen, d. h., ergibt sich keine Resultierende, dann sind alle Kräfte im Gleichgewicht, ihre Wirkungen heben einander auf. Geometrische Addition:

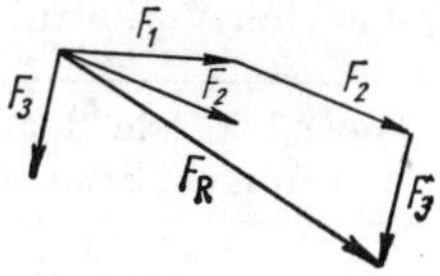

$$\vec{F}_R = \vec{F}_1 + \vec{F}_2 + \vec{F}_3$$

4.1.3. Kräfte mit verschiedenen Angriffspunkten

Solche Kräfte verschiebt man auf ihren Wirkungslinien bis zu deren Schnittpunkt. Dann kann das Kräfteparallelogramm in der üblichen Weise gebildet werden. Die Krafteck-Konstruktion liefert nur Betrag und Richtung der Resultierenden, nicht aber deren Lage.

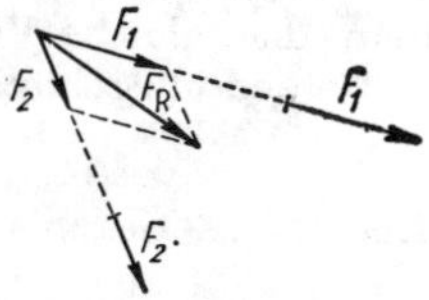

4.1.4. Parallele Kräfte

Die Wirkungslinien paralleler Kräfte besitzen keinen Schnittpunkt. Deshalb fügt man jeder Komponente eine Hilfskraft zu. Beide Hilfskräfte müssen gleich groß, aber entgegen gerichtet sein, sie heben sich gegenseitig auf. Dann werden die Resul-

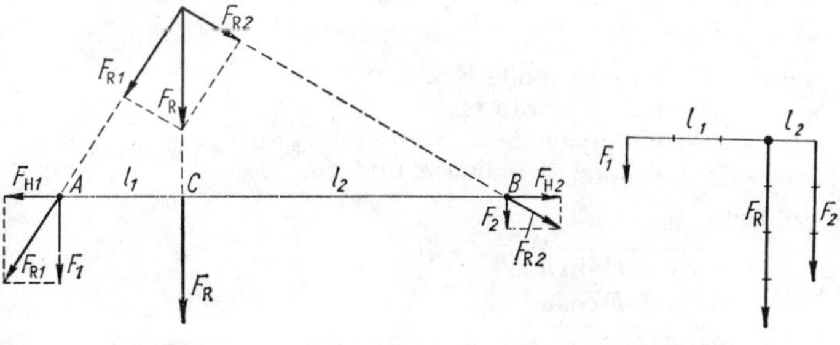

tierenden aus den Kräften und den Hilfskräften zur Gesamtresultierenden zusammengesetzt.
Die Resultierende kann auch berechnet werden. Ihre Größe ist

$$F_R = F_1 + F_2$$

Ihre Wirkungslinie teilt den Abstand beider Kräfte im umgekehrten Verhältnis beider Kräfte:

Die Abstände der Kräfte von der Resultierenden verhalten sich umgekehrt wie die Kräfte selbst (Hebelgesetz).

(M 2) $$\boxed{F_1 : F_2 = l_2 : l_1}$$

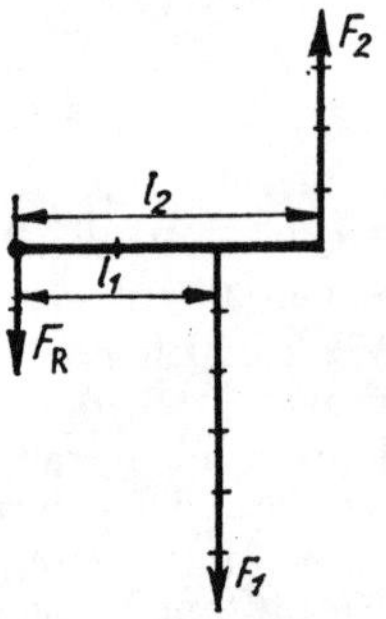

Beachte:

Sind die Kräfte parallel, jedoch entgegen gesetzt gerichtet (antiparallel), so wendet man das gleiche Verfahren an. Die Resultierende liegt dann außerhalb.

4.2. Zerlegen von Kräften

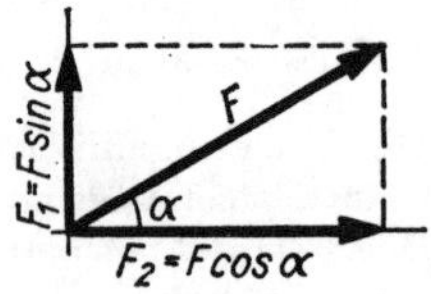

Soll eine Kraft in zwei Komponenten zerlegt werden, dann muß von diesen die Richtung oder die Größe bekannt sein. Meist kennt man die Richtungen der zu ermittelnden Komponenten. Ihre Wirkungslinien zieht man durch den Angriffspunkt der zu zerlegenden Kraft und konstruiert das Parallelogramm.
Oft ist es nötig, Kräfte in zueinander senkrechte Komponenten zu zerlegen.

Wenn F zu zerlegende Kraft,
F_1 Komponente 1,
F_2 Komponente 2, rechtwinklig zu F_1,
α Winkel zwischen F und F_2,

dann gilt

(M 3) $$\boxed{\begin{aligned} F_1 &= F \sin\alpha \\ F_2 &= F \cos\alpha \end{aligned}}$$

Beachte:

Liegen die Kräfte F_1 und F_2 parallel zu den Achsen eines rechtwinkligen Koordinatensystems, so werden sie häufig als F_x und F_y bezeichnet.

4.3. Drehmoment

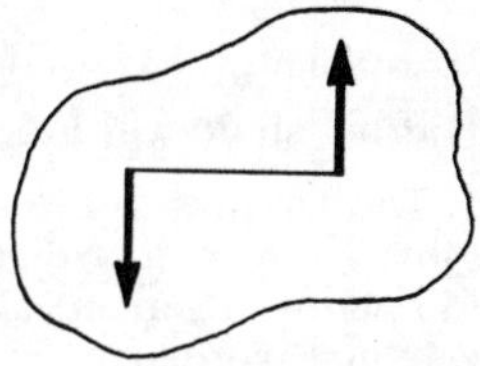

Wirkt eine Kraft auf einen drehbaren Körper, so erzeugt sie ein Drehmoment. Das entspricht der Wirkung eines *Kräftepaares*.

Unter einem Drehmoment versteht man das Produkt aus einer Kraft und dem senkrechten Abstand ihrer Wirkungslinie vom Drehpunkt.

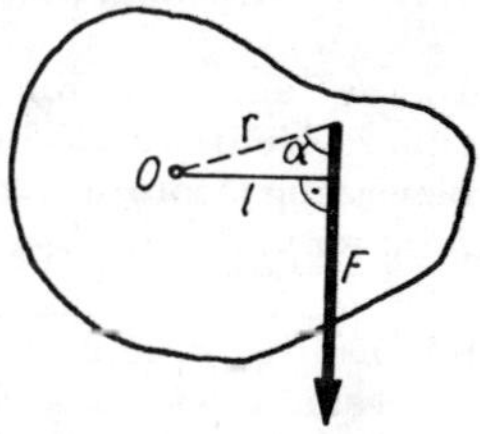

Seine Einheit ist das Produkt aus einer Kraft- und einer Längeneinheit, z. B. Nm.

Wenn M Drehmoment,
F wirkende Kraft,
r Abstand Angriffspunkt – Drehpunkt,
l senkrechter Abstand zwischen Drehpunkt und Wirkungslinie der Kraft,
α Winkel zwischen F und r,

dann gilt

(M 4) $$M = Fl = Fr \sin \alpha$$

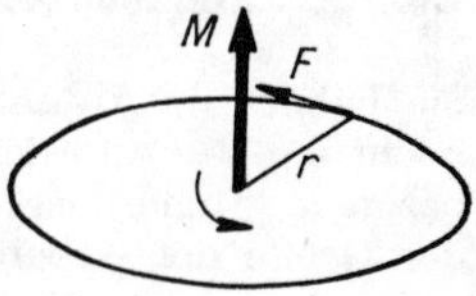

Das Drehmoment ist ein **axialer Vektor.** Dieser liegt in der Drehachse und weist bei Rechtsdrehung nach vorn (Schrauben- oder Korkenzieherregel). Seine Länge entspricht M. Axiale Vektoren sind an keine Wirkungslinie gebunden, sondern parallel verschiebbar **(freie Vektoren).**
Wirken auf einen drehbaren Körper

mehrere Kräfte, so gilt der **Momentensatz:**

> Das resultierende Drehmoment ist gleich der Summe der einzelnen Drehmomente.

Beachte:

Hierbei sind zwei Fälle zu unterscheiden.

1. Die Drehmomente wirken in gleicher Ebene. Ihre Summe ergibt sich aus einer algebraischen Addition, wobei linksdrehende Momente allgemein als positiv, rechtsdrehende als negativ bezeichnet werden.

2. Die Drehmomente wirken in verschiedenen Ebenen, die Drehachsen sind nicht parallel. Die Summe ergibt sich aus einer geometrischen Addition.

4.4. Gleichgewichtsbedingungen

Die auf einen starren Körper wirkenden Kräfte können sowohl eine fortschreitende Bewegung (Translation) als auch eine Drehbewegung (Rotation) erzeugen. Soll ein Körper im Gleichgewicht sein, so müssen folgende Bedingungen erfüllt sein:

> 1. Die Resultierende aller wirkenden Kräfte muß gleich Null sein.
> 2. Die Summe aller Drehmomente muß gleich Null sein.

Für Kräfte in einer Ebene gilt daher als

Gleichgewichtsbedingung:

(M 5) $$\sum F_x = 0; \quad \sum F_y = 0; \quad \sum M = 0$$

4.5. Einfache Maschinen

Sie haben die Aufgabe, bei bestimmten Arbeiten Größe oder Richtung der erforderlichen Kraft zu verändern. Nach (M 87) bezeichnet man das Produkt aus Kraft und Weg als Arbeit. An der Größe der Arbeit können diese Maschinen nichts ändern.

Soll die Kraft verkleinert werden, so muß dafür der Weg größer werden. Es gilt die

Goldene Regel der Mechanik:

Was an Kraft gespart wird, muß an Weg zugesetzt werden.

4.5.1. Hebel

Unter einem Hebel versteht man einen starren, um eine Achse drehbaren Körper.
Bei einem *einseitigen* Hebel liegt der Drehpunkt am Ende (antiparallele Kräfte → 4.1.4.!).

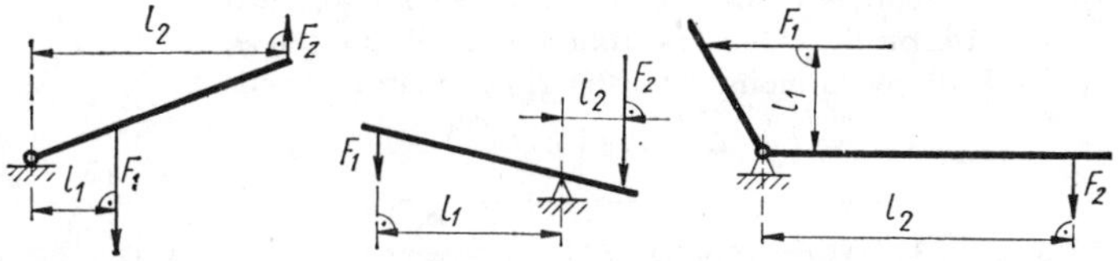

Bei einem *zweiseitigen* Hebel liegt der Drehpunkt zwischen den angreifenden Kräften (parallele Kräfte → 4.1.4.!).

Wenn F_1 Kraft, die der Last F_2 das Gleichgewicht hält,
F_2 Last,
l_1 Kraftarm, senkrechter Abstand Wirkungslinie der Kraft – Drehpunkt,
l_2 Lastarm, senkrechter Abstand Wirkungslinie der Last – Drehpunkt.

dann gilt das **Hebelgesetz:**

(M 6) $$F_1 l_1 = F_2 l_2$$

Beachte:

Bilden beide Hebelarme einen Winkel $<180°$, so spricht man von einem *Winkelhebel*. Auch bei ihm bedeuten l_1 und l_2 die *senkrechten* Abstände der Kräfte vom Drehpunkt.

4.5.2. Feste Rolle

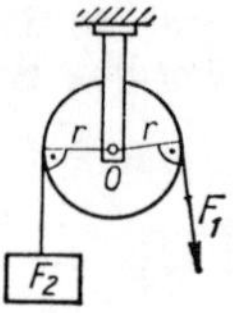

Sie wirkt wie ein zweiseitiger gleicharmiger Hebel. Die auf beiden Seiten wirkenden Drehmomente sind gleich, also auch die Kräfte. Für die feste Rolle gilt

(M 7) Kraft = Last; $F_1 = F_2$

Beachte:

Eine feste Rolle vermag nur die Richtung der erforderlichen Kraft zu verändern.

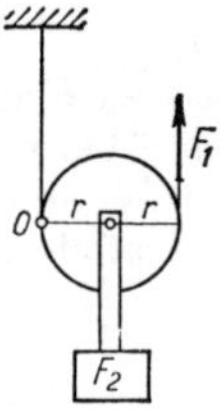

4.5.3. Lose Rolle

Sie wirkt wie ein einseitiger Hebel. Bezogen auf einen Drehpunkt O, wirken folgende Drehmomente, die im Fall des Gleichgewichtes gleich sein müssen:

$F_1 2r = F_2 r$. Daraus folgt

(M 8) Kraft = halbe Last; $F_1 = \frac{F_2}{2}$

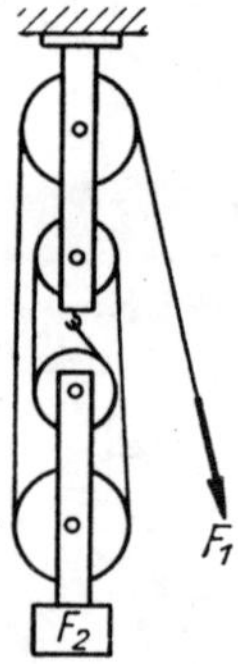

Beachte:

Eine lose Rolle vermag nur die Größe der erforderlichen Kraft zu ändern.

4.5.4. Flaschenzug

Besteht er aus insgesamt n Rollen, so verteilt sich die Last ebenfalls auf n Seile. Im Fall des Gleichgewichtes gilt:

(M 9) $\text{Kraft} = \frac{\text{Last}}{\text{Anzahl der Seile}}$; $F_1 = \frac{F_2}{n}$

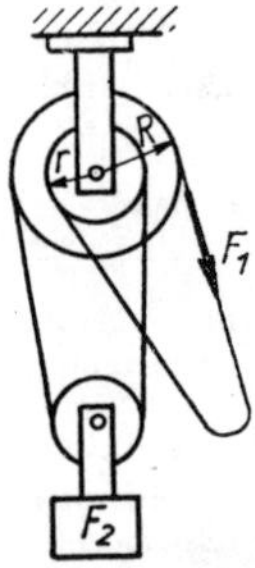

4.5.5. Differentialflaschenzug

Wenn R Radius der größeren festen Rolle,
r Radius der kleineren festen Rolle,
F_1 aufzuwendende Kraft,
F_2 Last,

dann gilt

(M 10) $$F_1 = F_2 \frac{R - r}{2R} = \frac{F_2}{2}\left(1 - \frac{r}{R}\right)$$

4.5.6. Geneigte Ebene

Darunter versteht man eine gegen die Horizontale geneigte Ebene. Die Gewichtskraft eines Körpers auf der geneigten Ebene läßt sich in zwei Komponenten zerlegen:

in die **Hangabtriebskraft** parallel zur geneigten Ebene und
in die **Normalkraft** rechtwinklig zur geneigten Ebene.

Wenn G Gewichtskraft des Körpers,
F_H Hangabtriebskraft,
F_N Normalkraft,
b (horizontale) Basis der geneigten Ebene,
l Länge der geneigten Ebene,
h Höhe der geneigten Ebene,
α Neigungswinkel der geneigten Ebene,

dann gilt

$F_H : G = h : l$ oder

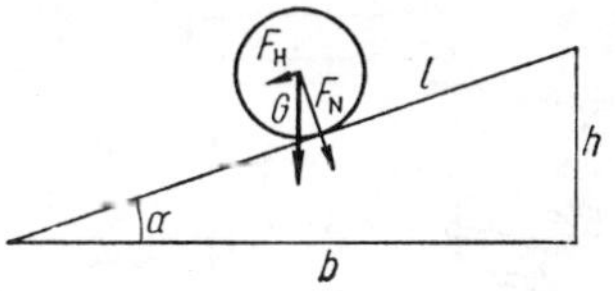

(M 11) $$F_H = \frac{Gh}{l} = G \sin\alpha$$

und $F_N : G = b : l$ oder

(M 12) $$F_N = \frac{Gb}{l} = G \cos\alpha$$

Beachte:

1. Als **Anstieg** bezeichnet man das Verhältnis $h : b = \tan\alpha$.
2. Als **Steigung** (oder Neigung) bezeichnet man das Verhältnis $h : l = \sin\alpha$.

4.5.7. Keil

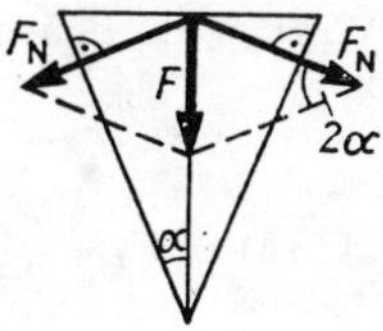

Er besteht aus zwei mit der Basis zusammengefügten schiefen Ebenen. Die von seinen Flanken ausgeübten seitlichen Kräfte stehen senkrecht auf den Flanken (Normalkraft).

Wenn F auf den Rücken des Keils ausgeübte Kraft,
F_N Flankenkraft des Keils,
r Breite des Keilrückens,
s Länge einer Flanke,
α halber Keilwinkel,

dann gilt

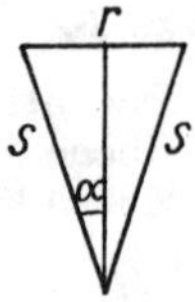

(M 13) $$F_N = F\frac{s}{r} = \frac{F}{2\sin\alpha}$$

4.5.8. Schraube

Eine Schraube kann man als um eine Achse gewickelte schiefe Ebene deuten.

Wenn F_1 zur Drehung der Schraube erforderliche Kraft, wirksam im Abstand r,
F_2 Kraft, in Achsrichtung wirkend,
h Ganghöhe der Schraube
r mittlerer Gewinderadius,
α Neigungswinkel der abgewickelten geneigten Ebene,

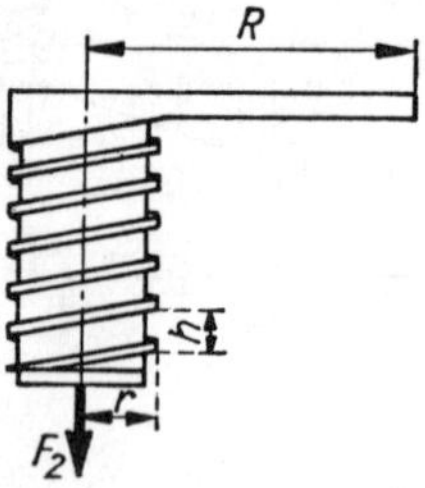

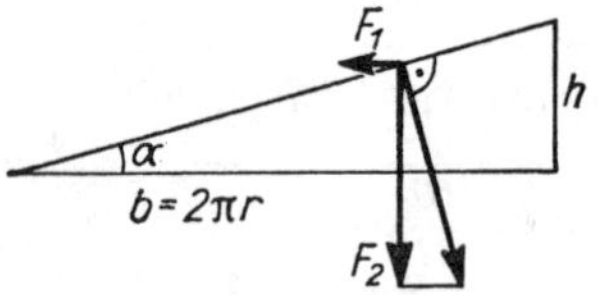

dann gilt

$$F_1 : F_2 = h : b = \tan\alpha \text{ oder}$$

(M 14) $$F_1 = F_2 \tan\alpha$$

Wirkt F_1 im beliebigen Abstand R von der Drehachse, so ergibt sich

$$F_1 : F_2 = h : b = h : 2\pi R \text{ oder}$$

(M 14a) $$F_1 = \frac{F_2 h}{2\pi R}$$

4.6. Gleichgewicht

4.6.1. Schwerpunkt (Massenmittelpunkt)

Die Gewichtskraft eines Körpers ist gleich der Summe der Gewichtskräfte seiner Teilchen. Die Resultierende der Teilchengewichte greift im Schwerpunkt an. Zu dessen Bestimmung hängt man den Körper mindestens zweimal auf und lotet vom Aufhängepunkt aus. Die Lote schneiden sich im Schwerpunkt des Körpers.

Der Schwerpunkt eines Körpers ist der Angriffspunkt der Resultierenden aller seiner Teilgewichtskräfte. Er kann auch außerhalb des Körpers liegen.

Für die rechnerische Bestimmung dient der Momentensatz (4.3.). Danach muß bezüglich jeder Raumachse das vom Körpergewicht im Schwerpunkt erzeugte Moment gleich der Summe der Momente aller Teilgewichte sein:

$$x_s G = \Sigma\, x \Delta G; \quad y_s G = \Sigma\, y \Delta G; \quad z_s G = \Sigma\, z \Delta G.$$

Wegen $G = mg$ kürzt sich g aus allen Gleichungen:

$$x_s m = \Sigma\, x \Delta m \text{ usw.}$$

Für homogene Körper (Dichte an allen Stellen gleich) vereinfachen sich die Gleichungen wegen $m = V\varrho$ zu

$$x_s V = \Sigma\, x \Delta V; \quad y_s V = \Sigma\, y \Delta V; \quad z_s V = \Sigma\, z \Delta V$$

bzw. bei einer Fläche zu

$$x_s A = \Sigma\, x \Delta A; \quad y_s = \Sigma\, y \Delta A.$$

Demnach sind die Koordinaten für den Schwerpunkt eines **homogenen Körpers**

(M 15) $$x_s = \frac{\Sigma\, x \Delta V}{V}; \quad y_s = \frac{\Sigma\, y \Delta V}{V}; \quad z_s = \frac{\Sigma\, z \Delta V}{V}$$

und die Koordinaten für den Schwerpunkt einer **Fläche**

(M 15a) $$x_s = \frac{\Sigma\, x \Delta A}{A}; \quad y_s = \frac{\Sigma\, y \Delta A}{A}$$

4.6.2. Gleichgewichtsarten

In welcher Gleichgewichtslage sich ein Körper befindet, hängt vom Verhalten seines Schwerpunktes bei einer Bewegung des Körpers ab.

Übersicht:

Das Gleichgewicht ist		der Schwerpunkt
stabil	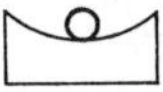	hebt sich
labil	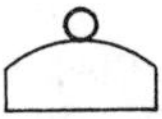	senkt sich
indifferent	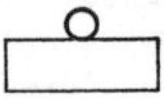	bleibt in gleicher Höhe

4.6.3. Standfestigkeit

Ein Körper ist so lange standsicher, wie sein Schwerpunkt lotrecht oberhalb der Unterstützungsfläche liegt; denn so lange ist er im stabilen Gleichgewicht. Liegt der Schwerpunkt lotrecht oberhalb der Kippkante, dann ist das Gleichgewicht labil, und der Körper kippt bei der kleinsten Störung. Ein Maß für die Standfestigkeit ist das zum Kippen erforderliche Kippmoment, das mindestens ebenso groß sein muß wie das Standmoment.

Wenn h Höhe der Kraft über der Grundfläche,
l senkrechter Abstand Kippkante – Schwerpunktslot
G Gewichtskraft des Körpers,
F Kippkraft,

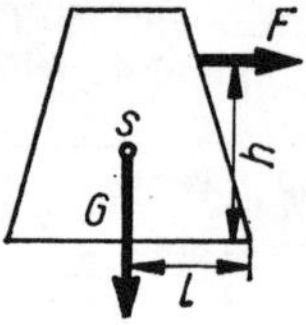

dann gilt: Standmoment Gl = Kippmoment Fh, und damit

(M 16) $$\boxed{F = \frac{Gl}{h}}$$

Die Standfestigkeit ist um so größer,

1. je größer die Gewichtskraft des Körpers ist ($F \sim G$),
2. je größer die Grundfläche ist ($F \sim l$),
3. je niedriger die Kippkraft angreift $\left(F \sim \frac{1}{h}\right)$.

5. Kinematik (Bewegungslehre)

Zur Kinematik gehören die Bewegungsgesetze ohne Berücksichtigung der bei der Bewegung auftretenden Kräfte. Man unterscheidet

Translation	und	**Rotation**
(fortschreitende Bewegung)		(Bewegung auf der Kreisbahn)
→ 5.1.!		→ 5.3.!

5.1. Translation (Fortschreitende Bewegung)

Übersicht:

Bewegungsart	Geschwindigkeit v	Beschleunigung a	→ Abschn.
gleichförmig	konstant	0	5.1.1.
gleichmäßig beschleunigt	ändert sich gleichmäßig	konstant	5.1.2.
ungleichmäßig beschleunigt	ändert sich ungleichmäßig	ändert sich	5.1.3.

Die Beziehung zwischen der *Geschwindigkeit*, dem *Weg* und der *Zeit* ist bei allen Translationsarten aus dem Geschwindigkeits-Zeit-Diagramm (v,t-Kurve) zu erkennen. Es zeigt, welche Geschwindigkeit zu den verschiedenen Zeiten vorliegt und welcher Weg (er entspricht der Fläche s) bis dahin zurückgelegt wurde. Ferner werden das Weg-Zeit-Diagramm (s,t-Kurve) und das Beschleunigungs-Zeit-Diagramm (a,t-Kurve) benutzt, um die gesetzmäßigen Verbindungen der genannten Größen zu veranschaulichen.

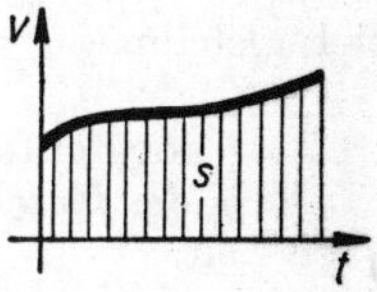

5.1.1. Gleichförmige Translation

Eine Translation heißt gleichförmig, wenn die **Geschwindigkeit konstant** ist, d. h. in gleichen Zeitabschnitten gleiche Wege zurückgelegt werden.

Wenn v Geschwindigkeit, während der Zeit t konstant,
s Weg, der in der Zeit t zurückgelegt wird,
t Zeit, die für den Weg s benötigt wird,

dann gilt, weil der Weg s dem Inhalt des Rechtecks entspricht,
$s = vt$ oder

(M 17) $$v = \frac{s}{t}$$

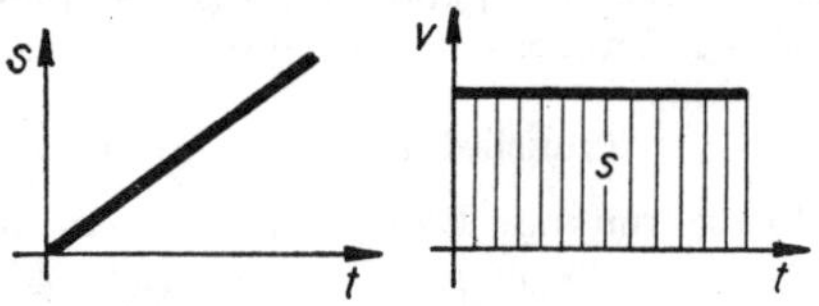

Unter der konstanten Geschwindigkeit v versteht man das Verhältnis des zurückgelegten Weges zu der dafür benötigten Zeit.

Sie wird gemessen in m/s.

Umrechnung:

	1 m/s = 3,6 km/h
ferner	1 Knoten (kn) = 1 sm/h = 1,852 km/h = 0,514 m/s
	1 mile per hour (mi/hr = m p hr) = 1,609 km/h = 0,447 m/s
	1 yard/second (yd/s) = 3,294 km/h = 0,9144 m/s
	1 foot/second (ft/s) = 1,0973 km/h = 0,3048 m/s

5.1.2. Gleichmäßig beschleunigte Translation

Eine Translation ist gleichmäßig beschleunigt, wenn sie eine konstante Beschleunigung besitzt, d. h. ihre Geschwindigkeit sich gleichmäßig ändert.

Unter konstanter Beschleunigung a versteht man das Verhältnis der Geschwindigkeitsänderung zu der dafür benötigten Zeit.

Sie wird gemessen in m/s².

Wenn a Beschleunigung,
Δv Geschwindigkeitsänderung (Zu- oder Abnahme),
Δt Zeit (Dauer der Beschleunigung),

dann gilt

(M 18) $$a = \frac{\Delta v}{\Delta t}$$

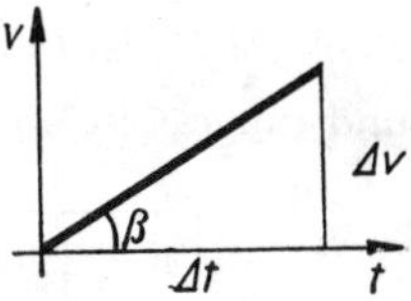

Demnach entspricht die Beschleunigung im v,t-Diagramm dem Tangens des Winkels zwischen Kurve und t-Achse: $a = \tan \beta$.

Beachte:

Die Verzögerung unterscheidet sich von der Beschleunigung nur durch das negative Vorzeichen des Zahlenwertes:

Beschleunigung: $a > 0$ Verzögerung: $a < 0$

Bei der gleichmäßig beschleunigten Translation müssen 2 Fälle unterschieden werden: *ohne* oder *mit* Anfangsgeschwindigkeit.

Ohne Anfangsgeschwindigkeit

Die Geschwindigkeit nimmt aus der Ruhe heraus gleichmäßig zu.

Wenn v Geschwindigkeit nach Ablauf der Zeit t,
s Weg, der in der Zeit t zurückgelegt wurde,
t Zeit
a Beschleunigung, während der Zeit t konstant,

dann gilt, weil im v,t-Diagramm der Weg dem Inhalt des Dreieckes entspricht,

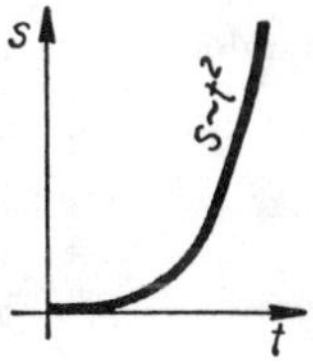

(M 19) $$s = \frac{vt}{2}$$

oder mit (M 21)

(M 20) $$s = \frac{at^2}{2}$$

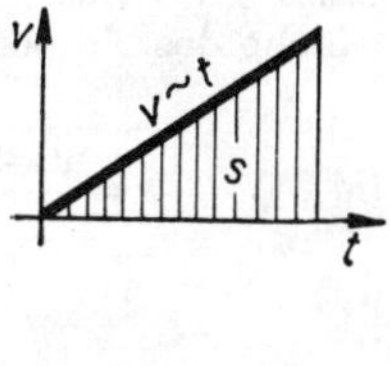

Weil die Bewegung aus der Ruhe beginnt, ist die Geschwindigkeitsänderung gleich der erreichten Geschwindigkeit, (M 18) nimmt die Form an

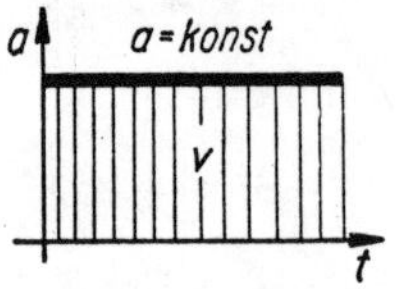

(M 21) $$v = at$$

Nach (M 21) ist $t = \frac{v}{a}$. Eingesetzt in (M 19) und umgestellt ergibt

(M 22) $$v = \sqrt{2as}$$

Die mittlere Geschwindigkeit (Durchschnittsgeschwindigkeit) v_m läßt sich aus

$$v_m = \frac{v_1 + v_2}{2} = \frac{0 + v}{2} = \frac{v}{2}$$

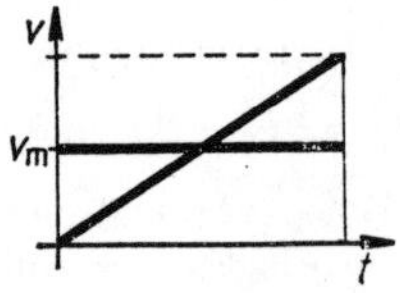

bestimmen zu

(M 23) $$v_m = \frac{at}{2} = \frac{s}{t}$$

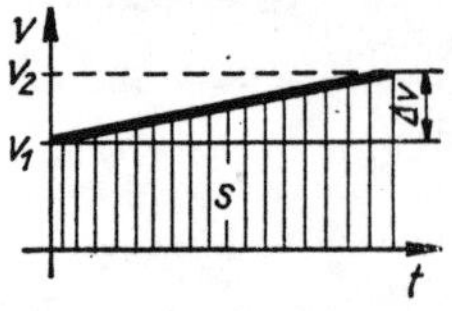

Mit Anfangsgeschwindigkeit

Die vorhandene Geschwindigkeit v_1 ändert sich gleichmäßig um Δv, die Beschleunigung ist konstant.

Wenn v_1 Anfangsgeschwindigkeit,
v_2 Endgeschwindigkeit,
s Weg, der in der Zeit t zurückgelegt wird,
t Zeit (Dauer der Beschleunigung),
a Beschleunigung, während der Zeit t konstant,

dann gilt, weil im v,t-Diagramm der zurückgelegte Weg der Fläche des Trapezes entspricht,

(M 24) $$s = \frac{v_1 + v_2}{2}\, t$$

oder, weil sich der Trapezinhalt auch als Summe der Inhalte von Rechteck und Dreieck darstellen läßt,

$$s = v_1 t + \frac{(v_2 - v_1)\,t}{2} \quad \text{und damit}$$

(M 25) $$\boxed{s = v_1 t + \frac{at^2}{2}}$$

Ferner ergibt sich aus dem Diagramm

$$v_2 = v_1 + \Delta v \text{ und daraus entsprechend (M 18)}$$

(M 26) $$\boxed{v_2 = v_1 + at}$$

Durch Quadrieren von (M 26) erhält man

$$v_2^2 = v_1^2 + 2v_1 at + a^2 t^2 \quad \text{oder}$$

$$v_2^2 = v_1^2 + 2a\left(v_1 t + \frac{at^2}{2}\right).$$ Die Klammer kann durch (M 25) ersetzt werden. Es ergibt sich

$$v_2^2 = v_1^2 + 2as \quad \text{oder}$$

(M 27) $$\boxed{v_2 = \sqrt{v_1^2 + 2as}}$$

Beachte:

1. Bei einer verzögerten Bewegung ist für a ein *negativer* Zahlenwert einzusetzen.
2. (M 19) bis (M 22) sind Sonderfälle von (M 24) bis (M 27). Weil die Bewegung aus der Ruhe beginnt, ist in ihnen v_1 gleich Null.

5.1.3. Ungleichmäßig beschleunigte Translation

Die Geschwindigkeit ändert sich ungleichmäßig, die Beschleunigung ist nicht konstant.

Augenblickliche Geschwindigkeit

Das s,t-Diagramm zeigt den zu bestimmten Zeiten zurückgelegten Weg. Je steiler die Kurve, desto größer ist die augenblickliche Geschwindigkeit.

Wenn α Winkel zwischen Tangente und t-Achse,
v augenblickliche Geschwindigkeit,
s Weg nach Ablauf der Zeit t,

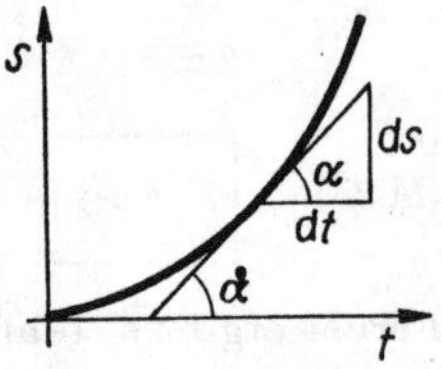

dann gilt

$v = \tan \alpha$ oder

(M 28) $$v = \frac{ds}{dt}$$

Die augenblickliche Geschwindigkeit ist die 1. Ableitung der s,t-Funktion nach der Zeit. ($v = \dot{s}$).

Beachte:

1. Zur Berechnung von v muß das Weg-Zeit-Gesetz der jeweiligen Bewegung bekannt sein.
2. (M 17) und (M 19) sind einfache Sonderfälle von (M 28).

Aus (M 28) ergibt sich für den Weg $ds = v\,dt$ und durch Integration

$\int ds = \int v\,dt$ oder

(M 29) $$s = \int_{t_1}^{t_2} v\,dt$$

Der Weg ist das Zeitintegral der Geschwindigkeit.

Beachte:

Zur Berechnung von s muß das Geschwindigkeits-Zeit Gesetz der jeweiligen Bewegung bekannt sein.

Augenblickliche Beschleunigung

Das v,t-Diagramm zeigt die zu bestimmten Zeiten vorhandene Geschwindigkeit. Je steiler die Kurve, desto größer ist die Beschleunigung.

Wenn β Winkel zwischen Tangente und t-Achse,
a augenblickliche Beschleunigung,
v augenblickliche Geschwindigkeit,

dann gilt $a = \tan \beta$ oder

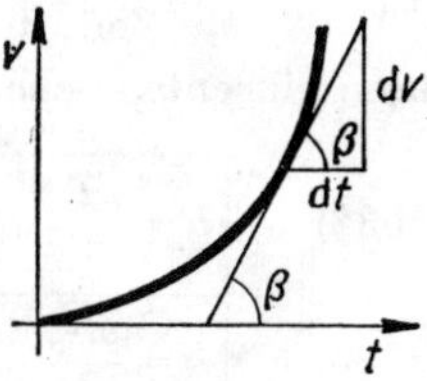

(M 30) $$a = \frac{dv}{dt}$$

Die augenblickliche Beschleunigung ist die 1. Ableitung der v,t-Funktion nach der Zeit ($a = \dot{v}$) bzw. die 2. Ableitung der s,t-Funktion nach der Zeit ($a = \ddot{s}$).

Beachte:

1. Zur Berechnung von a muß das Weg-Zeit-Gesetz der jeweiligen Bewegung bekannt sein.
2. (M 18) ist ein einfacher Sonderfall von (M 30).

Aus (M 30) ergibt sich für die augenblickliche Geschwindigkeit $dv = a\,dt$ und durch Integration

$$\int dv = \int a\,dt \text{ oder}$$

(M 31) $$v = \int_{t_1}^{t_2} a\,dt$$

Die Geschwindigkeit ist das Zeitintegral der Beschleunigung.

Beachte:

1. Zur Berechnung von v muß das Beschleunigungs-Zeit-Gesetz der jeweiligen Bewegung bekannt sein.
2. (M 21) ist ein einfacher Sonderfall von (M 31).

5.2. Fall und Wurf

5.2.1. Freier Fall

Er ist ein Sonderfall der gleichmäßig beschleunigten Translation ohne Anfangsgeschwindigkeit (5.1.2.). Bei ihm ist die Beschleunigung gleich der Fallbeschleunigung (Schwere- oder Erdbeschleunigung). Es gelten sinngemäß (M 19) bis (M 22).

Wenn v Fallgeschwindigkeit nach Ablauf der Zeit t,
g Fallbeschleunigung = 9,81 m/s²,
h Fallhöhe = in der Zeit t durchfallener Weg,
t Zeit, die für den Fall benötigt wird,

dann gilt entsprechend (M 19) bis (M 22)

(M 32)	$h = \frac{v\,t}{2}$
(M 33)	$h = \frac{g t^2}{2}$
(M 34)	$v = g t$
(M 35)	$v = \sqrt{2 g h}$

Beachte:
Der Luftwiderstand ist in diesen Beziehungen *nicht* berücksichtigt.

5.2.2. Senkrechter Wurf

Er ist ein Sonderfall der gleichmäßig beschleunigten Translation mit Anfangsgeschwindigkeit (5.1.2.). Bei ihm ist die Beschleunigung gleich der Fallbeschleunigung. Es gelten sinngemäß (M 24) bis (M 27).

Wenn v_0 Anfangsgeschwindigkeit,
v_t Endgeschwindigkeit nach Ablauf der Zeit t,
g Fallbeschleunigung = 9,81 m/s²,
h Höhe, die in der Zeit t durchflogen wird,
t Zeit,

dann gilt entsprechend (M 24) bis (M 27)

(M 36)	$h = \frac{v_0 + v_t}{2}\, t$
(M 37)	$h = v_0 t + \frac{g t^2}{2}$
(M 38)	$v_t = v_0 + g t$
(M 39)	$v_t = \sqrt{v_0^2 + 2 g h}$

Beachte:

1. Beim Wurf nach oben ist für die Fallbeschleunigung $-9{,}81\ \frac{\mathrm{m}}{\mathrm{s}^2}$ einzusetzen; denn die Bewegung ist *verzögert*!
2. Der Luftwiderstand ist in diesen Gleichungen *nicht* berücksichtigt.

Beim senkrechten Wurf nach oben gibt es eine **maximale Steighöhe,** bei der die Geschwindigkeit v_t gleich Null geworden ist.

Wenn h_m maximale Steighöhe,
v_0 Geschwindigkeit zu Beginn des Wurfes,
t_{hm} Zeit zum Erreichen von h_m,
g Fallbeschleunigung $= -9{,}81\ \mathrm{m/s^2}$,

dann gilt entsprechend (M 39) mit $v_t = 0$

(M 40) $$h_m = -\frac{v_0^2}{2g}$$

und entsprechend (M 38) mit $v_t = 0$

(M 41) $$t_{hm} = -\frac{v_0}{g}$$

5.2.3. Zusammensetzen von Bewegungen

Ein Körper kann gleichzeitig mehrere Bewegungen verschiedener Art ausführen. Da Beschleunigungen, Geschwindigkeiten und Wege vektorielle Größen sind, können sie nach den Gesetzen der geometrischen (vektoriellen) Addition zusammengesetzt werden:

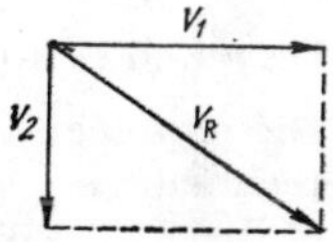

Parallelogramm der Bewegungen

Wenn v_1 Augenblicksgeschwindigkeit der Bewegung 1,
v_2 Augenblicksgeschwindigkeit der Bewegung 2,
α Winkel zwischen beiden Bewegungsrichtungen,
v_R resultierende Augenblicksgeschwindigkeit,

dann gilt entsprechend dem Cosinussatz der Trigonometrie

(M 42) $$v_R = \sqrt{v_1^2 + v_2^2 + 2v_1v_2\cos\alpha}$$

Bilden die beiden Bewegungen einen rechten Winkel, dann vereinfacht sich (M 42), weil $\cos 90° = 0$, zu

(M 42a) $$v_R = \sqrt{v_1^2 + v_2^2}$$

Beachte:

1. Entsprechendes gilt für die Beschleunigungen und Wege!
2. Der senkrechte Wurf ist ein Sonderfall von (M 42); bei ihm ist $\alpha = 0°$ bzw. $180°$.

5.2.4. Waagerechter Wurf

Er ist zusammengesetzt aus einer waagerechten gleichförmigen Translation (→ 5.1.1.) und einem freien Fall (→ 5.2.1.). Die Richtungen beider Bewegungen bilden miteinander einen rechten Winkel.

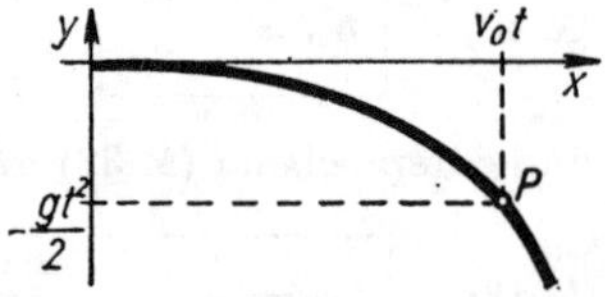

Legt man die Wurfbahn in ein Koordinatensystem, so sind die Koordinaten eines beliebigen Punktes P der Bahn

$x = v_0 t$ und $y = -\frac{gt^2}{2}$. Daraus ergibt sich mit $t = \frac{x}{v_0}$ die

Bahngleichung des waagerechten Wurfes:

(M 43) $$y = -\frac{g}{2 v_0^2} x^2$$

Da g und v_0 konstant sind, ist die Wurfbahn eine **Parabel.**

Die einzelnen Größen des waagerechten Wurfes lassen sich berechnen.

Wenn
- s Weg, der in horizontaler Richtung während der Zeit t zurückgelegt wird,
- h Weg, der in vertikaler Richtung während der Zeit t zurückgelegt wird,
- v_0 Anfangsgeschwindigkeit (in horizontaler Richtung),
- v_B Bahngeschwindigkeit nach Ablauf der Zeit t,
- t Zeit, Dauer des Wurfes,
- g Fallbeschleunigung $= 9{,}81\ \mathrm{m/s^2}$,

dann gilt entsprechend (M 17) und (M 33)

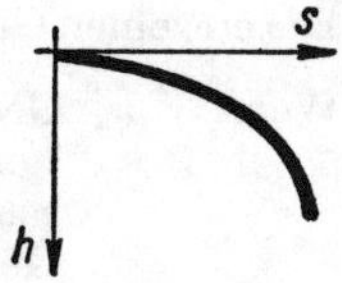

(M 44) $$\boxed{s = v_0 t = v_0 \sqrt{\frac{2h}{g}}}$$ und

(M 45) $$\boxed{h = \frac{gt^2}{2}}$$

und entsprechend (M 42a) und (M 34)

(M 46) $$\boxed{v_B = \sqrt{v_0^2 + g^2 t^2}}$$

Beachte:

Der Luftwiderstand ist in diesen Gleichungen *nicht* berücksichtigt.

5.2.5. Schräger Wurf

Er ist zusammengesetzt aus einer gleichförmigen Translation unter dem Winkel α zur Waagerechten und einem freien Fall.

Die Koordinaten eines beliebigen Punktes P der Bahn sind

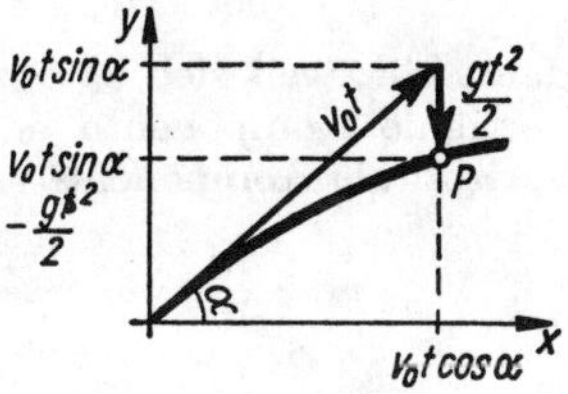

$$x = v_0 t \cos\alpha \text{ und } y = v_0 t \sin\alpha - \frac{gt^2}{2}.$$

Mit $t = \dfrac{x}{v_0 \cos\alpha}$ ergibt sich

$$y = \frac{v_0 x \sin\alpha}{v_0 \cos\alpha} - \frac{gx^2}{2v_0^2 \cos^2\alpha}$$ und daraus die

Bahngleichung des schrägen Wurfes:

(M 47) $$\boxed{y = x \tan\alpha - \frac{g}{2v_0^2 \cos^2\alpha} x^2}$$

Da v_0, α und g konstant sind, ist die Wurfbahn eine **Parabel.**

Die einzelnen Größen des schrägen Wurfes lassen sich berechnen.

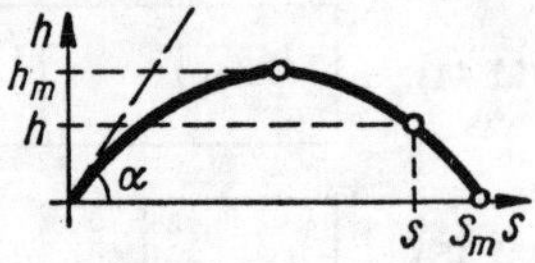

Wenn v_x Geschwindigkeit in horizontaler Richtung nach Ablauf der Zeit t,
v_y Geschwindigkeit in vertikaler Richtung nach Ablauf der Zeit t,
v_B Bahngeschwindigkeit nach Ablauf der Zeit t,
s Wurfweite nach Ablauf der Zeit t,
h Wurfhöhe nach Ablauf der Zeit t,
s_m größte Wurfweite nach Ablauf der Zeit t_{sm},
h_m größte Steighöhe nach Ablauf der Zeit t_{hm},
t_{hm} Zeit zum Erreichen von h_m,
t_{sm} Zeit zum Erreichen von s_m,
t Zeit zum Erreichen von s und h,
α Winkel zwischen der Abwurfrichtung und der Waagerechten,

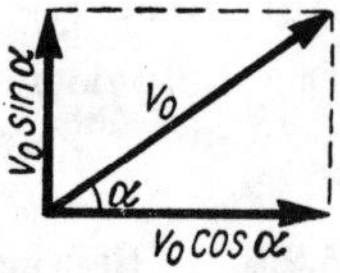

dann gilt, weil sich v_0 zerlegen läßt in eine vertikale Komponente $v_0 \sin\alpha$ und in eine horizontale Komponente $v_0 \cos\alpha$, nach Ablauf der Zeit t

$$v_x = \frac{dx}{dt} = v_0 \cos\alpha \text{ und mit (M 38)}$$

$$v_y = \frac{dy}{dt} = v_0 \sin\alpha - gt.$$

Daraus ergibt sich nach (M 42a)

$$v_B = \sqrt{v_0^2 \cos^2\alpha + (v_0 \sin\alpha - gt)^2}$$

$$= \sqrt{v_0^2 \cos^2\alpha + v_0^2 \sin^2\alpha - 2gtv_0 \sin\alpha + g^2t^2}$$

$$= \sqrt{v_0^2 (\cos^2\alpha + \sin^2\alpha - 2g\left(v_0 t \sin\alpha - \frac{gt^2}{2}\right)}$$

$$= \sqrt{v_0^2 - 2g\left(v_0 t \sin\alpha - \frac{gt^2}{2}\right)} \text{ oder nach (M 50)}$$

(M 48) $$\boxed{v_B = \sqrt{v_0^2 - 2gh}}$$

Für die nach Ablauf der Zeit t zurückgelegten Wege gilt entsprechend (M 17) und (M 37)

(M 49) $$\boxed{s = v_0 t \cos\alpha}$$ und

(M 50) $$\boxed{h = v_0 t \sin\alpha - \frac{gt^2}{2}}$$

Die Steigzeit ergibt sich mit $v_y = 0$ aus

$$0 = v_0 \sin\alpha - g t_{hm} \text{ zu}$$

(M 51) $$\boxed{t_{hm} = \frac{v_0 \sin\alpha}{g}}$$

Da die Wurfzeit doppelt so groß sein muß (Steigzeit = Fallzeit), ergibt sich

(M 52) $$\boxed{t_{sm} = \frac{2v_0 \sin\alpha}{g}}$$

Die Wurfhöhe ergibt sich entsprechend (M 50) zu

$$h_m = v_0 t_{hm} \sin\alpha - \frac{g t_{hm}^2}{2}$$ und nach Einsetzen von (M 51)

$$h_m = \frac{v_0^2 \sin^2\alpha}{g} - \frac{v_0^2 \sin^2\alpha}{2g};$$

(M 53) $$\boxed{h_m = \frac{v_0^2 \sin^2\alpha}{2g}}$$

Die Wurfweite ergibt sich entsprechend (M 49) zu $s_m = v_0 t_{sm} \cos\alpha$ und nach Einsetzen von (M 52) zu

$$s_m = \frac{2v_0^2 \sin\alpha \cos\alpha}{g}$$ oder vereinfacht zu

(M 54) $$\boxed{s_m = \frac{v_0^2 \sin 2\alpha}{g}}$$

Beachte:

1. Der Luftwiderstand ist *nicht* berücksichtigt.
2. Die größte Wurfweite s_m bei bestimmter Anfangsgeschwindigkeit v_0 läßt sich entsprechend (M 54) mit $\alpha = 45°$ erzielen. Dann ist $\sin 2\alpha = 1$. Kleinere Wurfweiten ergeben sich sowohl bei $\alpha < 45°$ als auch bei $\alpha > 45°$.
3. Sonderfälle von (M 48) bis (M 54) sind (M 36) bis (M 41) für $\alpha = 90°$ und (M 44) bis (M 46) für $\alpha = 0°$.

5.3. Rotation (Drehbewegung)

Übersicht:

Rotationsart	Winkel-geschwindigkeit ω	Winkel-beschleu-nigung α	→ Abschn.
gleichförmig	konstant	0	5.3.1.
gleichmäßig beschleunigt	ändert sich gleichmäßig	konstant	5.3.2.
ungleichmäßig beschleunigt	ändert sich ungleichmäßig	ändert sich	5.3.3.

Bei der Rotation werden alle Winkel im Bogenmaß ausgedrückt. Es ist das Verhältnis des vom Winkel eingeschlossenen Kreisbogens zum Radius. Die Einheit dieses Verhältnisses ist der Radiant (rad).

Wenn φ Winkel im Bogenmaß,
s Länge des eingeschlossenen Kreisbogens,
r Radius,

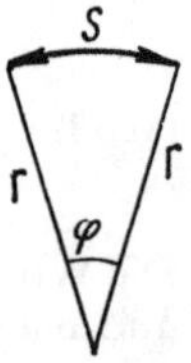

dann gilt

(M 55) $$\varphi = \frac{s}{r}$$

Umrechnung:

$$\frac{\varphi/\text{rad}}{\varphi/°} = \frac{\pi}{180}; \quad 1\ \text{rad} = 57{,}3 \quad ; \quad 1° = 17{,}45\ \text{mrad}$$

Beachte:
Die Einheit Radiant (rad) wird nur mitgeschrieben, wenn die Möglichkeit einer Verwechslung mit Grad besteht. Als das Verhältnis zweier Strecken ist 1 rad = 1!

Übersicht:

in Grad	in rad	in Grad	in rad
360	$2\pi = 6{,}28$	180	$\pi = 3{,}14$
270	$\frac{3\pi}{2} = 4{,}71$	90	$\frac{\pi}{2} = 1{,}57$

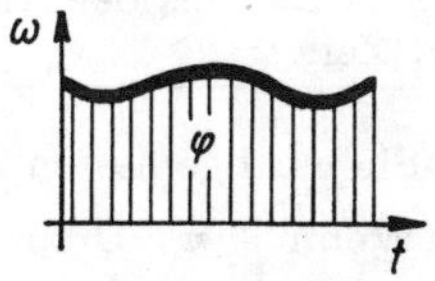

Die Beziehungen zwischen der Winkelgeschwindigkeit, dem Drehwinkel und der Zeit zeigt bei allen Rotationsarten das Winkelgeschwindigkeits-Zeit-Diagramm (ω,t-Kurve). Es läßt erkennen, welche Winkelgeschwindigkeit zu den verschiedenen Zeiten vorliegt und um welchen Winkel (er entspricht der Fläche φ) bisher gedreht wurde.
Ferner werden das Winkel-Zeit-Diagramm (φ,t-Kurve) und das Winkelbeschleunigungs-Zeit-Diagramm (α,t-Kurve) benutzt, um die gesetzmäßigen Verbindungen der genannten Größen zu veranschaulichen.

5.3.1. Gleichförmige Rotation

Eine Rotation heißt gleichförmig, wenn die Winkelgeschwindigkeit konstant ist, d. h. in gleichen Zeitabschnitten um gleiche Winkel gedreht wird.

Wenn ω Winkelgeschwindigkeit (während der Zeit t konstant),
φ Winkel, der in der Zeit t gedreht wird,
t Zeit, die für die Drehung um φ benötigt wird,

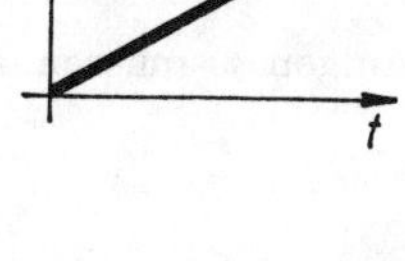

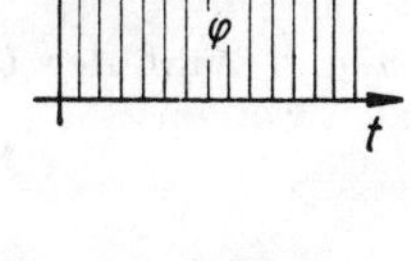

dann gilt, weil im φ,t-Diagramm der Drehwinkel dem Inhalt des Rechtecks entspricht, $\varphi = \omega t$ oder

(M 56) $$\boxed{\omega = \frac{\varphi}{t}}$$ (φ im Bogenmaß!)

> Unter der konstanten Winkelgeschwindigkeit ω versteht man das Verhältnis des Drehwinkels zu der für die Drehung benötigten Zeit.

Sie wird gemessen in rad/s = 1/s.

> Unter der **Drehzahl** bzw. **Umlauffrequenz** versteht man das Verhältnis der Anzahl der Umdrehungen zu der benötigten Zeit.

Sie wird gemessen in U/min oder U/s.

Wenn n Drehzahl,
z Anzahl der Umdrehungen während der Zeit t,
t Zeit, Dauer der Rotation,
φ Drehwinkel,
T Umlaufdauer (Dauer einer Umdrehung),

dann gilt

(M 57) $$\boxed{n = \frac{z}{t}}$$ und ferner

(M 58) $$\boxed{T = \frac{1}{n}}$$

Außerdem gilt, weil Gesamtwinkel dividiert durch den Winkel eines Umlaufs 2π die Zahl der Umläufe ergeben muß,

(M 59) $$\boxed{z = \frac{\varphi}{2\pi}}$$

Beachte:

Drehzahl n und Zahl der Umdrehungen z müssen sorgfältig unterschieden werden!

5.3.2. Gleichmäßig beschleunigte Rotation

Eine Rotation ist gleichmäßig (winkel)beschleunigt, wenn sie eine konstante Winkelbeschleunigung besitzt, d. h. ihre Winkelgeschwindigkeit sich gleichmäßig ändert.

> Unter konstanter Winkelbeschleunigung versteht man das Verhältnis der Winkelgeschwindigkeitsänderung zu der dafür benötigten Zeit.

Sie wird gemessen in $\text{rad/s}^2 = 1/\text{s}^2$.

Wenn α Winkelbeschleunigung,
$\Delta\omega$ Winkelgeschwindigkeitsänderung (Zu- oder Abnahme),
Δt Zeit (Dauer der Winkelbeschleunigung),

dann gilt

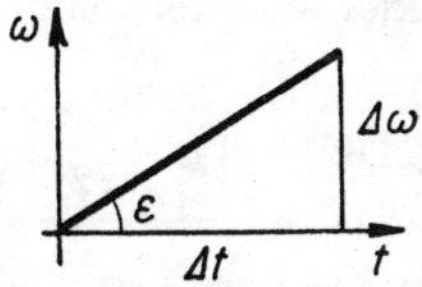

(M 60) $$\alpha = \frac{\Delta\omega}{\Delta t}$$

Demnach entspricht die Winkelbeschleunigung im ω,t-Diagramm dem Tangens des Winkels zwischen Kurve und t-Achse: $\alpha = \tan \varepsilon$.

Beachte:

Die Winkelverzögerung unterscheidet sich von der Winkelbeschleunigung nur durch das negative Vorzeichen des Zahlenwertes:

Winkelbeschleunigung:	Winkelverzögerung:
$\alpha > 0$	$\alpha < 0$

Bei der gleichmäßig beschleunigten Rotation müssen 2 Fälle unterschieden werden: ohne oder mit Anfangswinkelgeschwindigkeit.

Ohne Anfangswinkelgeschwindigkeit

Die Winkelgeschwindigkeit nimmt aus der Ruhe heraus gleichmäßig zu.

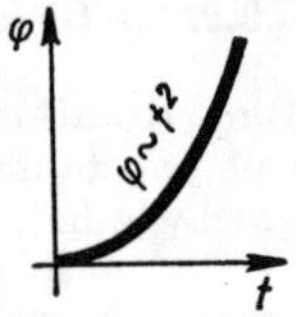

Wenn ω Augenblickswinkelgeschwindigkeit nach Ablauf der Zeit t,
α Winkelbeschleunigung, während der Zeit t konstant,
φ Winkel, um den in der Zeit t gedreht wird,
t Zeit (Dauer der Winkelbeschleunigung),

dann gilt, weil im φ,t-Diagramm der Drehwinkel dem Inhalt des Dreiecks entspricht,

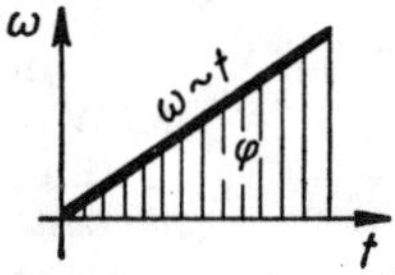

(M 61) $\varphi = \dfrac{\omega t}{2}$ (φ im Bogenmaß!)

oder entsprechend (M 63)

(M 62) $\varphi = \dfrac{\alpha t^2}{2}$ (φ im Bogenmaß!)

Weil die Rotation aus der Ruhe heraus beginnt, ist die Winkelgeschwindigkeitsänderung $\Delta\omega$ gleich der erreichten Winkelgeschwindigkeit ω, (M 60) nimmt die Form an:

(M 63) $\omega = \alpha t$

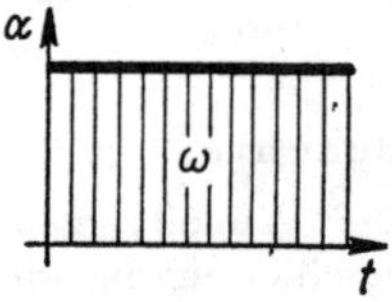

Nach (M 63) ist $t = \dfrac{\omega}{\alpha}$. Eingesetzt in (M 61) und umgestellt ergibt

(M 64) $\omega = \sqrt{2\alpha\varphi}$

Die mittlere Winkelgeschwindigkeit ω_m läßt sich aus

$$\omega_m = \frac{\omega_1 + \omega_2}{2} = \frac{0 + \omega}{2} = \frac{\omega}{2}$$

bestimmen zu

(M 65) $\omega_m = \dfrac{\alpha t}{2} = \dfrac{\varphi}{t}$

Mit Anfangswinkelgeschwindigkeit

Die vorhandene Winkelgeschwindigkeit ω_1 ändert sich gleichmäßig um $\Delta\omega$, die Winkelbeschleunigung ist konstant.

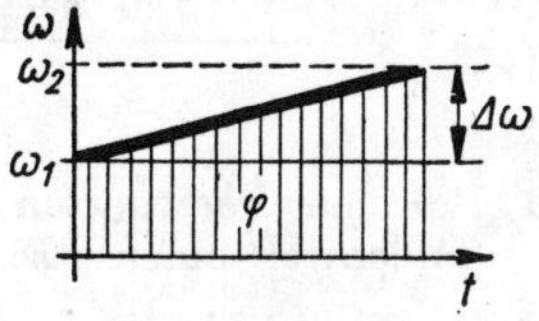

Wenn
- ω_1 Anfangswinkelgeschwindigkeit,
- ω_2 Endwinkelgeschwindigkeit,
- φ Winkel, der in der Zeit t gedreht wird,
- t Zeit (Dauer der Winkelbeschleunigung),
- α Winkelbeschleunigung, während der Zeit t konstant,

dann gilt, weil im ω,t-Diagramm der Drehwinkel der Fläche des Trapezes entspricht,

(M 66) $$\boxed{\varphi = \frac{\omega_1 + \omega_2}{2}\, t}$$ (φ im Bogenmaß!)

oder, weil sich der Trapezinhalt auch als Summe der Inhalte von Rechteck und Dreieck darstellen läßt,

$$\varphi = \omega_1 t + \frac{(\omega_2 - \omega_1)\, t}{2} \quad \text{und damit}$$

(M 67) $$\boxed{\varphi = \omega_1 t + \frac{\alpha t^2}{2}}$$ (φ im Bogenmaß!)

Ferner ergibt sich aus dem Diagramm

$$\omega_2 = \omega_1 + \Delta\omega \quad \text{und daraus entsprechend (M 60)}$$

(M 68) $$\boxed{\omega_2 = \omega_1 + \alpha t}$$

Durch Quadrieren von (M 68) erhält man

$$\omega_2^2 = \omega_1^2 + 2\omega_1 \alpha t + \alpha^2 t^2 \quad \text{oder}$$

$$\omega_2^2 = \omega_1^2 + 2\alpha \left(\omega_1 t + \frac{\alpha t^2}{2}\right)$$

Die Klammer kann durch (M 67) ersetzt werden. Es ergibt sich

$$\omega_2^2 = \omega_1^2 + 2\alpha\varphi \text{ oder}$$

(M 69) $$\boxed{\omega_2 = \sqrt{\omega_1^2 + 2\alpha\varphi}} \quad (\varphi \text{ im Bogenmaß!})$$

Beachte:

1. Bei einer verzögerten Drehbewegung ist für α ein *negativer* Zahlenwert einzusetzen.
2. (M 61) bis (M 64) sind Sonderfälle von (M 66) bis (M 69). Weil die Drehbewegung aus der Ruhe beginnt, ist ω_1 gleich Null.

5.3.3. Ungleichmäßig beschleunigte Rotation

Die Winkelgeschwindigkeit ändert sich ungleichmäßig, die Winkelbeschleunigung ist nicht konstant.

Augenblickliche Winkelgeschwindigkeit

Das φ,t-Diagramm zeigt den zu bestimmten Zeiten erreichten Drehwinkel. Je steiler die Kurve, desto größer ist die augenblickliche Winkelgeschwindigkeit.

Wenn δ Winkel zwischen Tangente und t-Achse,
ω augenblickliche Winkelgeschwindigkeit,
φ Drehwinkel nach Ablauf der Zeit t,

dann gilt $\omega = \tan\delta$ oder

(M 70) $$\boxed{\omega = \frac{d\varphi}{dt}}$$

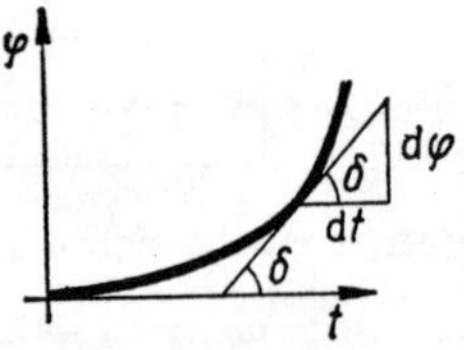

Die augenblickliche Winkelgeschwindigkeit ist die 1. Ableitung der φ,t-Funktion nach der Zeit ($\omega = \dot{\varphi}$).

Beachte:

1. Zur Berechnung von ω muß das Winkel-Zeit-Gesetz der jeweiligen Rotation bekannt sein.
2. (M 56) und (M 61) sind Sonderfälle von (M 70).

Aus (M 70) ergibt sich für den Winkel $\mathrm{d}\varphi = \omega\,\mathrm{d}t$ und durch Integration $\int \mathrm{d}\varphi = \int \omega\,\mathrm{d}t$ oder

(M 71) $$\varphi = \int_{t_1}^{t_2} \omega\,\mathrm{d}t$$

Der Drehwinkel ist das Zeitintegral der Winkelgeschwindigkeit.

Beachte:

Zur Berechnung von φ muß das Winkelgeschwindigkeit-Zeit-Gesetz der jeweiligen Bewegung bekannt sein.

Augenblickliche Winkelbeschleunigung

Das ω,t-Diagramm zeigt die zu bestimmten Zeiten vorhandene Winkelgeschwindigkeit. Je steiler die Kurve, desto größer ist die Winkelgeschwindigkeit.

Wenn ε Winkel zwischen Tangente und t-Achse
α augenblickliche Winkelbeschleunigung,
ω augenblickliche Winkelgeschwindigkeit,

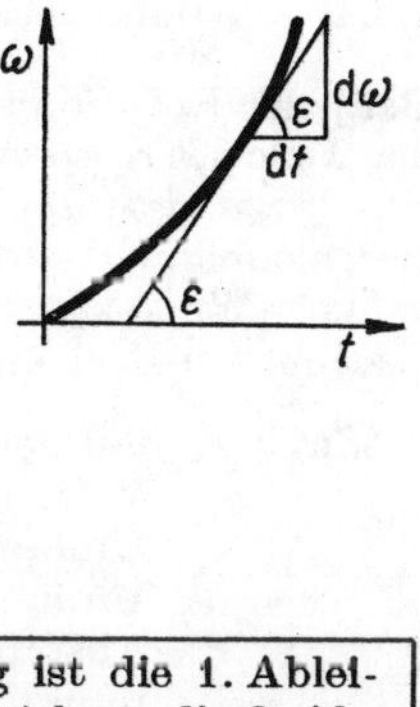

dann gilt $\alpha = \tan \varepsilon$ oder

(M 72) $$\alpha = \frac{\mathrm{d}\omega}{\mathrm{d}t}$$

Die augenblickliche Winkelbeschleunigung ist die 1. Ableitung der ω,t-Funktion nach der Zeit ($\alpha = \dot{\omega}$) bzw. die 2. Ableitung der φ,t-Funktion nach der Zeit ($\alpha = \ddot{\varphi}$).

Beachte:

1. Zur Berechnung von α muß das Winkel-Zeit-Gesetz der jeweiligen Rotation bekannt sein.
2. (M 60) ist ein Sonderfall von (M 72).

Aus (M 72) ergibt sich für die augenblickliche Winkelgeschwindigkeit $d\omega = \alpha\, dt$ und durch Integration

$$\int d\omega = \int \alpha\, dt \text{ oder}$$

(M 73) $$\boxed{\omega = \int_{t_1}^{t_2} \alpha\, dt}$$

Die Winkelgeschwindigkeit ist das Zeitintegral der Winkelbeschleunigung.

Beachte:

1. Zur Berechnung von ω muß das Winkelbeschleunigungs-Zeit-Gesetz der jeweiligen Bewegung bekannt sein.
2. (M 63) ist ein einfacher Sonderfall von (M 73).

5.3.4. Umfangsbewegung

Bei jeder Rotation führen die nicht im Drehmittelpunkt liegenden Teile des Körpers eine Bewegung auf einer Kreisbahn durch: eine *Umfangsbewegung*. Ihre Größen (Weg, Geschwindigkeit und Beschleunigung) stehen mit den Größen der Rotation (Drehwinkel, Winkelgeschwindigkeit und Winkelbeschleunigung) in bestimmten Beziehungen.

Wenn
- s auf dem Umfang (einer Kreisbahn) zurückgelegter Weg,
- v Umfangsgeschwindigkeit,
- a Umfangsbeschleunigung,
- r Abstand der Umfangsbewegung vom Drehmittelpunkt,
- d Durchmesser der Umfangsbewegung,
- φ Drehwinkel des Körpers, wenn auf dem Umfang der Weg s zurückgelegt wird,
- ω Winkelgeschwindigkeit des Körpers, wenn auf dem Umfang die Geschwindigkeit v herrscht,
- α Winkelbeschleunigung, wenn auf dem Umfang die Beschleunigung a herrscht,
- f Frequenz,

dann gilt

(M 74) $s = \varphi r$ (φ im Bogenmaß!)

(M 75) $v = \omega r$

(M 76) $a = \alpha r$

Ferner bestehen zwischen der Frequenz und der Umfangs- bzw. Winkelgeschwindigkeit die Beziehungen

(M 77) $\omega = 2\pi f$

(M 78) $v = \pi d f$

Beachte:

(M 74) bis (M 78) gelten für alle Arten der Rotation.

5.4. Bewegung auf gekrümmter Bahn

Da die Geschwindigkeit ein Vektor ist, also nach Größe (Betrag) und Richtung bestimmt ist, bedeutet jede Änderung dieser Größen eine Beschleunigung. Es gibt dabei 3 Möglichkeiten:

1. Änderung des Geschwindigkeitsbetrages. Das entspricht einer Beschleunigung auf gerader Bahn (**Tangentialbeschleunigung,** $a = \frac{\Delta v}{\Delta t}$ bzw. $a = \frac{\mathrm{d}v}{\mathrm{d}t}$).
2. Änderung der Geschwindigkeitsrichtung. Das entspricht einer Beschleunigung senkrecht zur Bahn (**Radial-, Zentral-** oder **Normalbeschleunigung**), also gleichförmige Bewegung auf gekrümmter Bahn.
3. Gleichzeitige Änderung von Betrag und Richtung der Geschwindigkeit. Das entspricht einer beschleunigten Bewegung auf gekrümmter Bahn.

5.4.1. Zentralbeschleunigung

Entsprechend Fall 2 erfährt ein Körper, der sich mit konstanter Geschwindigkeit v auf einer Kreisbahn bewegt, ständig eine gleichbleibende Beschleunigung zum Kreismittelpunkt hin.

Soll sich ein Körper auf einer Kreisbahn bewegen, so muß er eine zum Mittelpunkt gerichtete konstante Beschleunigung erfahren. Man nennt sie Zentralbeschleunigung.

In einer kurzen Zeit t legt der Körper auf der Kreisbahn den Weg vt zurück, während er sich radial in der gleichen Zeit um die Strecke $\frac{at^2}{2}$ bewegt. Wegen der Kürze kann der Weg auf der Kreisbahn der Sekante gleichgesetzt werden.

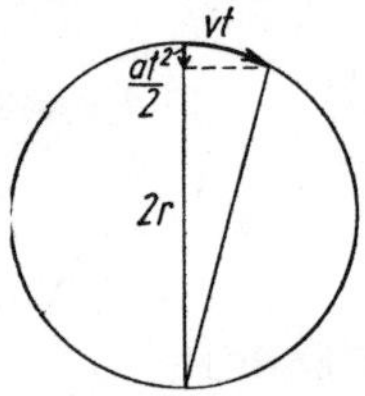

Wenn v Bahngeschwindigkeit des Körpers,
r Radius der Kreisbahn,
a_Z Zentralbeschleunigung zum Drehzentrum hin,

dann gilt entsprechend dem Satz des Euklid

$$v^2t^2 = 2r\,\frac{a_Z t^2}{2} \quad \text{oder umgestellt}$$

(M 79) $$a_Z = \frac{v^2}{r} = \omega^2 r$$

SI:

a_Z	ω	v	r
$\frac{\text{m}}{\text{s}^2}$	$\frac{1}{\text{s}}$	$\frac{\text{m}}{\text{s}}$	m

Beachte:
Die Zentralbeschleunigung ändert nur die Richtung, nicht den Betrag der Bahngeschwindigkeit.

Zum gleichen Ergebnis kommt man, wenn man von den Koordinaten ausgeht, die der Körper in einem Punkte P der Kreisbahn hat.
Sie betragen

$$x = r\cos\varphi \text{ und } y = r\sin\varphi.$$

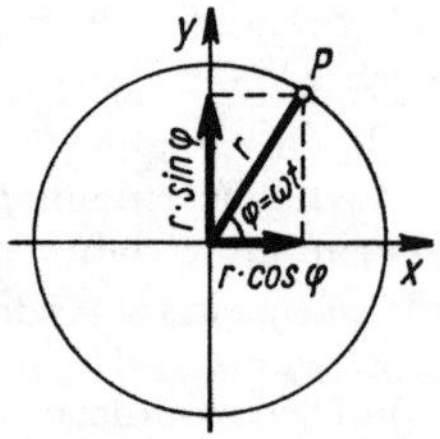

Darin ist nach (M 56) $\varphi = \omega t$. Da nach (M 30) $a = \ddot{s}$, also die Beschleunigung gleich der 2. Ableitung des Weges nach der Zeit ist, erhält man die Beschleunigungen in Richtung der Koordinatenachsen durch zweimaliges Differenzieren der Koordinaten:

$$\dot{x} = -\omega r \sin\omega t \quad \text{und} \quad \dot{y} = \omega r \cos\omega t$$

$$\ddot{x} = -\omega^2 r \cos\omega t \quad \text{und} \quad \ddot{y} = -\omega^2 r \sin\omega t$$

Die Minuszeichen zeigen, daß die Beschleunigungen zum Koordinatenmittelpunkt hin gerichtet sind. Aus diesen beiden Teilbeschleunigungen ergibt sich

$$a_Z^2 = (-\omega^2 r \cos \omega t)^2 + (-\omega^2 r \sin \omega t)^2$$
$$= \omega^4 r^2 (\cos^2 \omega t + \sin^2 \omega t) \text{ und}$$
$$a_Z = \sqrt{\omega^4 r^2} = \omega^2 r, \text{ also übereinstimmend mit (M 79).}$$

6. Dynamik (Kinetik)

In der Dynamik werden die Kräfte als Ursachen der Bewegungsänderungen untersucht. Es wird unterschieden zwischen Dynamik der fortschreitenden Bewegung und Dynamik der Drehbewegung.

6.1. Kräfte bei der Translation

6.1.1. Masse und Gewichtskraft

1. Bewegungsgesetz von Newton:

> Ein Körper verharrt in Ruhe oder in geradliniger, gleichförmiger Bewegung, solange er nicht durch einwirkende Kräfte gezwungen wird, diesen Bewegungszustand zu ändern.

Man spricht kurz vom Beharrungsvermögen, von der Trägheit der Körper.

Aus dem 1. Bewegungsgesetz folgt:

> Ursache jeder Änderung des Bewegungszustandes ist das Wirken von Kräften.

Untersucht man die Beziehungen zwischen der wirkenden Kraft als Ursache und der darauf folgenden Änderung des Bewegungszustandes (Beschleunigung) als Wirkung, so erhält man das

2. Bewegungsgesetz von Newton:

> Die wirkende Kraft und die erzielte Beschleunigung sind einander proportional: $F \sim a$.

Aus dem 2. Bewegungsgesetz folgt:

> Das Verhältnis der wirkenden Kraft zur erzielten Beschleunigung ist für jeden Körper eine konstante Größe. Es ist seine Masse.
>
> $$\text{Masse} = \frac{\text{Kraft}}{\text{Beschleunigung}}$$

Allgemein erklärt man die Masse als die **Eigenschaft, träge und schwer zu sein.**

Wenn F Kraft, die auf den Körper beschleunigend wirkt,
m Masse des Körpers,
a erzielte Beschleunigung,

dann gilt das

Kraftwirkungsgesetz (Grundgesetz der Dynamik)

(M 80) $\boxed{F = ma}$

	F	m	a
SI:	N	kg	$\frac{\text{m}}{\text{s}^2}$

SI-Einheit der Kraft ist das Produkt der Einheiten von Masse und Beschleunigung: kg m/s². Man nennt sie Newton (N).

Es gilt also:

> 1 N ist die Kraft, die einer Masse von 1 kg eine Beschleunigung von 1 m/s² erteilt.

Umrechnung:

1 kp = 9,806 65 N; 1 N = 10^5 dyn

1 long ton-force (Ton)	= 1016 kp
1 long ton-weight	= 9964 N
1 short ton-force	= 907,2 kp
1 short ton-weight (sh tn wt)	= 8896 N
1 pound-force (Lb = lbf)	= 0,4536 kp
1 pound-weight (lb wt)	= 4,448 N
1 poundal (pdl)	= 0,0141 kp
	= 0,1328 N

Auf alle Körper wirkt die Schwerkraft der Erde.

> Unter der **Gewichtskraft** (bisher Gewicht) eines Körpers versteht man die auf ihn wirkende Schwerkraft.

Auch diese Kraft ruft eine Beschleunigung entsprechend (M 80) hervor. Man nennt sie **Fall-, Erd-** oder **Schwerebeschleunigung.**

Wenn G Gewichtskraft des Körpers,
m Masse des Körpers,
g Fallbeschleunigung,

dann gilt entsprechend (M 80)

(M 81) $$G = mg$$

	G	m	g
SI:	N	kg	$\frac{\text{m}}{\text{s}^2}$

Beachte:

1. Die Normfallbeschleunigung (am Normort, d. h. 45° nördl. Br. in Meeresspiegelhöhe) beträgt $g_n = 9{,}80665\ \text{m/s}^2$.
2. Umrechnung von Krafteinheiten → auch Tabelle U 4!

6.1.2. Dichte

Körper mit gleichem Volumen haben, wenn sie aus verschiedenem Material sind, verschiedene Masse.

> Das Verhältnis der Masse eines Körpers zu seinem Volumen bezeichnet man als seine Dichte.
>
> $$\text{Dichte} = \frac{\text{Masse}}{\text{Volumen}}$$

Wenn ϱ Dichte des Stoffes,
m Masse des Körpers,
V Volumen des Körpers,

dann gilt

(M 82) $$\varrho = \frac{m}{V}$$

	ϱ	m	V
bei festen und flüssigen, ges:	$\frac{\text{kg}}{\text{dm}^3}$	kg	dm^3
bei gasförmigen Körpern SI:	$\frac{\text{kg}}{\text{m}^3}$	kg	m^3

Beachte:

1. Zahlenwerte für die Dichte → Tabelle 1 (Anhang)!
2. Die Dichte der festen und flüssigen Körper ist temperaturabhängig. Umrechnung auf andere Temperaturen, als in der Tabelle angegeben, mit Hilfe Gleichung (W 10).
3. Die Dichte der gasförmigen Körper ist druck- und temperaturabhängig. Tabellenwerte beziehen sich auf 0 °C und 101,3 kPa[1]) (Normdichte ϱ_0). Umrechnung auf andere Daten mit Hilfe der Gleichung (W 19).
4. Unter der vielfach verwendeten **Wichte** versteht man das Verhältnis der Körpergewichtskraft zum Körpervolumen. Verwendet man kp/dm³ (bzw. kp/m³ bei Gasen), so stimmen die Zahlenwerte von Wichte und Dichte überein. Das Formelzeichen für die Wichte ist γ.

6.1.3. Trägheitskräfte bei der Translation

Kräfte sind *Ursache* jeder Änderung eines Bewegungszustandes, also jeder Beschleunigung. Sie wirken in Richtung der Beschleunigung. Daneben kennt man Trägheitskräfte, die eine *Folge* von Beschleunigungen sind. Ihre Richtung ist der der Beschleunigung entgegengesetzt. Man erkennt Trägheitskräfte nur in einem beschleunigten Bezugssystem.

> Kraft und Trägheitskraft als Ursache und Wirkung ein und derselben Beschleunigung sind stets gleich groß, aber entgegengerichtet.

Wenn F beschleunigende Kraft,
F_T Trägheitskraft,
m beschleunigte Masse,
a Beschleunigung,

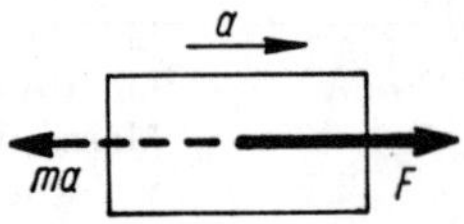

dann gilt

$$F_T = -F \text{ oder}$$

(M 83) $$F_T = -ma \text{ oder } F - ma = 0$$

[1]) bis 1977: 760 Torr

Beachte:

Zur Bestimmung des Bewegungszustandes eines Körpers unter dem Einfluß mehrerer Kräfte wird gern von einem *dynamischen Gleichgewicht* ausgegangen, bei dem auch die Trägheitskräfte zu berücksichtigen sind **(Prinzip von d'Alembert).**

6.1.4. Reibungskraft

Außer dem Widerstand des umgebenden Mediums tritt bei Bewegungen die Reibung als energiezehrender Widerstand auf. Sie wirkt zwischen den Oberflächen zweier sich berührender fester Körper und hemmt eine Relativbewegung beider Körper gegeneinander.

Die Reibungskraft wirkt stets parallel zur Berührungsfläche und ist der Bewegung entgegengerichtet. Sie beträgt einen Bruchteil der Normalkraft.

Wenn F_R Reibungskraft,
μ Reibungszahl,
F_N Normalkraft = Kraft, mit der der Körper gegen die Unterlage gedrückt wird,

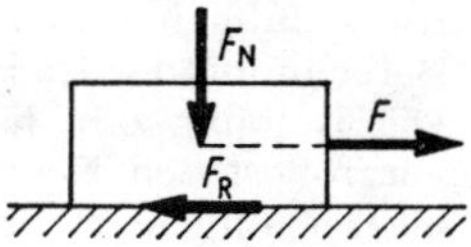

dann gilt

(M 84) $$F_R = \mu F_N$$

Beachte:

1. Die Reibung ist unabhängig von der Größe der Berührungsfläche.
2. Richtwerte für die Reibungszahl μ → Tabelle 2 (Anhang)!

Man unterscheidet folgende Reibungsarten:

1. **Haftreibung.** Sie tritt auf, wenn ein Körper auf seiner Unterlage ruht und in Bewegung gesetzt werden soll. Die Reibungszahl wird meist mit μ_0 bezeichnet.

2. **Gleitreibung.** Sie wirkt bei einer bereits bestehenden Bewegung und ist erheblich kleiner als die Haftreibung ($\mu < \mu_0$).

3. Rollreibung. Sie tritt auf, wenn der Körper auf der Unterlage rollt, und ist noch kleiner. Da hierbei der Radius des Körpers mit in die Rechnung eingeht, kann nicht mit (M 84) gerechnet werden.

Wenn F_R Rollreibungskraft,
μ' Rollreibungszahl,
F_N Normalkraft,
r Radius des rollenden Körpers,

dann gilt

(M 85) $$F_R = \frac{\mu'}{r} F_N$$

ges:	r	μ'
	cm	cm

Fahrwiderstand

Für Fahrzeugräder wirkt nicht nur die Rollreibung am Umfang des Rades, sondern auch noch die Reibung in den Achslagern energiezehrend. Beide Reibungszahlen und den Radius des Rades faßt man in der **Fahrwiderstandszahl** zusammen. Für die Berechnung der Reibungskraft gilt dann auch (M 84).
Die Reibungszahl läßt sich durch Versuche bestimmen. Man vergrößert den Neigungswinkel einer schiefen Ebene so lange, bis der aufgelegte Probekörper zu gleiten beginnt (Haftreibung μ_0) bzw. gleichförmig gleitet (Gleitreibung μ).

Wenn μ zu bestimmende Reibungszahl,
ϱ Neigungswinkel der geneigten Ebene = Reibungswinkel,

dann gilt, weil unter den genannten Bedingungen

Reibungskraft = Hangabtriebskraft

$$\mu F_N = F_H\,,$$

$$\mu G \cos\varrho = G \sin\varrho\,,$$

$$\mu = \frac{\sin\varrho}{\cos\varrho} \text{ oder}$$

(M 86) $$\mu = \tan\varrho$$

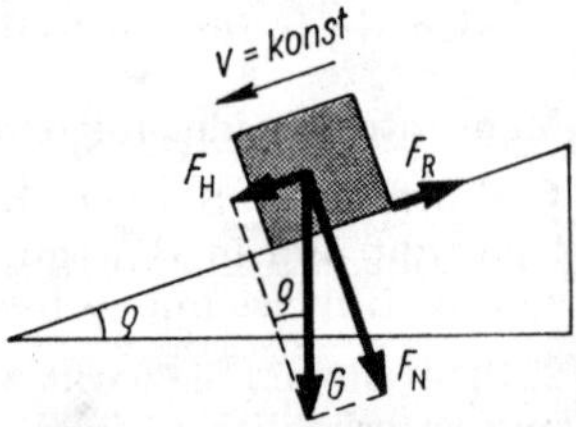

6.2. Arbeit, Energie und Leistung

6.2.1. Arbeit

Wenn eine Kraft einen Körper auf einem bestimmten Weg verschiebt, so verrichtet sie am Körper Arbeit.

> Unter Arbeit versteht man das Produkt aus Kraft und Weg.
> Arbeit = Kraft mal Weg.

SI-Einheit der Arbeit ist das Produkt der Einheiten von Kraft und Weg: $\text{Nm} = \frac{\text{kg m}^2}{\text{s}^2}$. Man nennt sie Joule (J) oder Wattsekunde (Ws). Bis 1977 zulässige Einheiten sind erg und kpm.

> 1 kpm = 9,80665 J; 1 J = 10^7 erg
> 1 horsepower-hour (h p hr) = 2,737 · 10^5 kpm
> 1 foot-pound (ft lb) = 0,1383 kpm
> 1 inch-pound (in lb) = 0,01152 kpm

Beachte:

Umrechnungen von Arbeitseinheiten → auch Tabelle U 5!

Wenn W verrichtete Arbeit,
F konstante Kraft, die in Richtung des Weges wirkt,
s vom Körper zurückgelegter Weg,

dann gilt

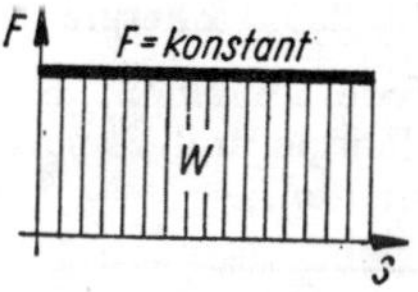

(M 87) $W = Fs$

SI: | W / J | F / N | s / m |

Beachte:

1. Kraft- und Wegrichtung müssen gleich sein. Sonst (M 88) benutzen!
2. Die Kraft muß während des Vorganges konstant sein. Bei linearer Änderung, z. B. Federspannarbeit, Mittelwert einsetzen, sonst (M 89) benutzen!

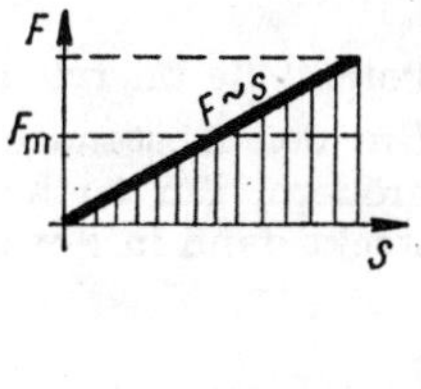

Bilden Kraft und Weg einen Winkel $<90°$ miteinander, dann darf der Weg nur mit der Kraftkomponente in Wegrichtung multipliziert werden.

Wenn α Winkel zwischen den Richtungen von Kraft und Weg,

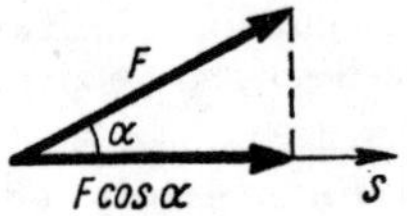

dann gilt entsprechend (M 87)

(M 88) $$W = Fs \cos \alpha$$

Ist die Kraft nicht konstant, sondern eine Funktion des Weges $F(s)$, und bilden Kraft und Weg den Winkel α, dann gilt

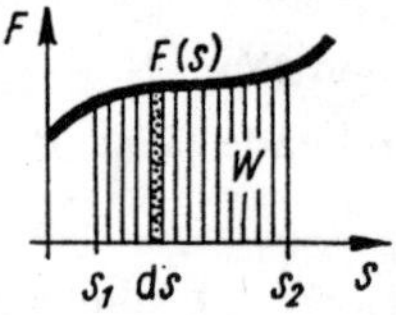

(M 89) $$W = \int_{s_1}^{s_2} F \cos \alpha \, \mathrm{d}s$$

Die Arbeit ist das Wegintegral der Kraft.

Beachte:

In (M 89) vereinfacht sich $F \cos \alpha$ zu F, wenn $\alpha = 0$, also Kraft und Weg gleiche Richtung haben.

6.2.2. Energie

Jede an einem Körper verrichtete Arbeit vergrößert dessen Energie und versetzt ihn in die Lage, seinerseits Arbeit zu verrichten.

Unter Energie versteht man die Fähigkeit eines Körpers, Arbeit zu verrichten.

Sie wird in den gleichen Einheiten gemessen wie die Arbeit, also in Joule (J) = Wattsekunde (Ws). Bis 1977 zulässige Einheiten sind Erg und Kilopondmeter; → auch 6.2.1.!

Potentielle Energie (Energie der Lage)

Um den Abstand eines Körpers vom Erdmittelpunkt zu vergrößern, ihn zu heben, muß Arbeit verrichtet werden. Diese steckt dann in Form von potentieller Energie im Körper.

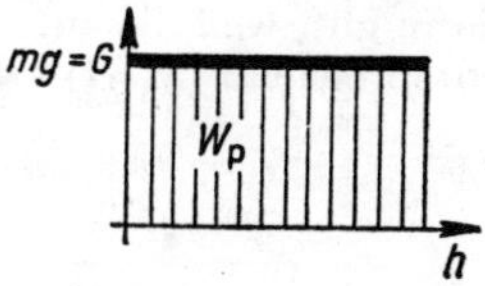

Wenn W_p potentielle Energie des Körpers,
m Masse des Körpers,
h Höhe, um die der Körper gehoben wird,
g Fallbeschleunigung $= 9{,}81\ \mathrm{m/s^2}$,

dann gilt, weil die aufzuwendende Arbeit **(Hubarbeit)** entsprechend (M 87) $W = Gh = mgh$,

(M 90) $$\boxed{W_p = mgh}$$

	W	m	g	h
SI:	J	kg	$\frac{\mathrm{m}}{\mathrm{s}^2}$	m

(M 90) gilt nur für den Fall, daß die Fallbeschleunigung über die gesamte Hubhöhe annähernd konstant ist. Ist sie jedoch eine Funktion der Höhe, also $g(h)$, dann gilt

(M 91) $$\boxed{W_p = m\int_{h_1}^{h_2} g\,\mathrm{d}h}$$

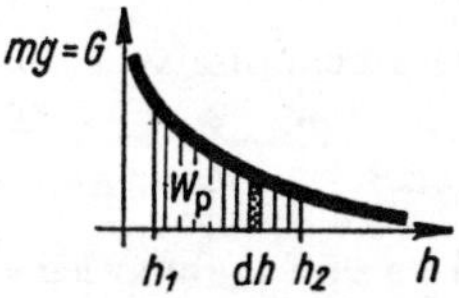

Beachte:

1. Wird der Körper um die Höhe h gesenkt, so gibt er eine ebenfalls nach (M 90) bzw. (M 91) zu berechnende Energie ab.
2. Wenn der Körper aus der Höhe h herunterfällt, dann wandelt sich seine potentielle Energie in Bewegungsenergie um.
3. Auch die Energie einer gespannten Feder u. ä. wird als potentielle Energie bezeichnet.
4. Umrechnung von Energieeinheiten → Tabelle U 5!

Kinetische Energie (Energie der Bewegung)

Um einen Körper zu beschleunigen und ihn auf eine bestimmte Geschwindigkeit zu bringen, muß Arbeit verrichtet werden. Diese steckt dann in Form von kinetischer Energie im Körper.

Wenn W_k kinetische Energie des Körpers,
m Masse des Körpers,
v Geschwindigkeit des Körpers,

dann gilt, weil die aufgewendete Arbeit **(Beschleunigungsarbeit)** entsprechend (M 87)

$$W = Fs = mas = m\frac{v^2}{2s}s$$

(M 92) $$W_k = \frac{mv^2}{2}$$

	W	m	v
SI:	J	kg	$\frac{m}{s}$

Eine Änderung der Geschwindigkeit von v_1 auf v_2 hat demnach eine Änderung der kinetischen Energie zur Folge. Diese ist dann

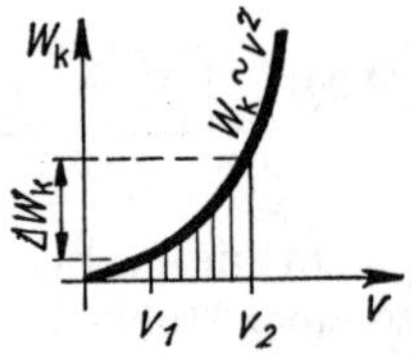

(M 93) $$\Delta W_k = \frac{m}{2}(v_2^2 - v_1^2)$$

Beachte:

Umrechnung von Energieeinheiten → Tabelle U 5!

6.2.3. Gesetz von der Erhaltung der Energie

Das von Robert Mayer formulierte Gesetz besagt, daß Energie weder entstehen noch verschwinden kann. Daraus folgt:

> Die Energiesumme ist in einem abgeschlossenen System konstant.

Dieser allgemeingültige Satz läßt sich auch auf das Teilgebiet Mechanik beziehen.

Gesetz von der Erhaltung der mechanischen Energie

> Bei mechanischen Vorgängen bleibt die Summe der mechanischen Energien (*potentielle*, *kinetische* und *Rotationsenergie*) der beteiligten Körper konstant.

Beachte:

1. Rotationsenergie → 6.4.7.!
2. In der Praxis gibt es kaum rein mechanische Vorgänge.

6.2.4. Leistung

Unter der Leistung versteht man das Verhältnis der Arbeit zur Arbeitszeit.

$$\text{Leistung} = \frac{\text{Arbeit}}{\text{Zeit}}$$

SI-Einheit der Leistung ist der Quotient aus den Einheiten von Arbeit und Zeit: $\frac{\text{J}}{\text{s}} = \frac{\text{kg m}^2}{\text{s}^3}$. Man nennt sie Watt (W).
Bis 1977 zulässige Einheiten sind $\frac{\text{erg}}{\text{s}}$, $\frac{\text{kpm}}{\text{s}}$ und PS.

Umrechnung:

$$1\,\frac{\text{kpm}}{\text{s}} = 9{,}806\,65\ \text{W};\ 1\text{W} = 10^7\,\frac{\text{erg}}{\text{s}}$$

1 horsepower (h p)	= 745,7 W
1 foot-pound force/second (ft Lb/s)	= 1,356 W
1 inch-pound force/second (in Lb/s)	= 0,1129 W

Beachte:

Umrechnungen von Leistungseinheiten → auch Tabelle U 6!

Wenn
- P Leistung,
- W verrichtete Arbeit,
- t Zeit, die für die Arbeit benötigt wurde,
- F Kraft, die einen Körper auf die Geschwindigkeit v bringt,
- v Geschwindigkeit, hervorgerufen durch das Wirken der Kraft F,

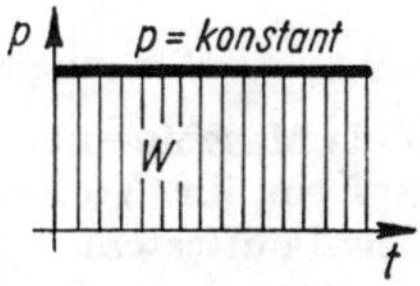

dann gilt

(M 94) $$P = \frac{W}{t}$$

	P	W	t
SI:	W	J	s
77:	$\frac{\text{kpm}}{\text{s}}$	kpm	s

(M 94) gilt nur für *konstante* Leistung, anderenfalls ergibt sich mit ihr die *mittlere* Leistung.

Ist die Leistung jedoch eine Funktion der Zeit, also $P(t)$, so gilt die

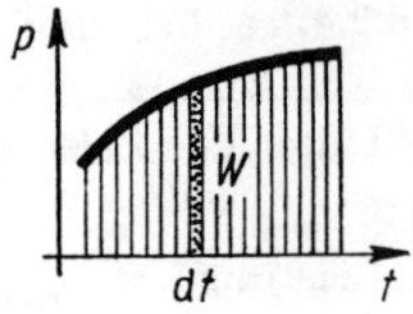

augenblickliche Leistung

(M 95) $$P = \frac{dW}{dt}$$

Die augenblickliche Leistung ist der Differentialquotient der Arbeit nach der Zeit: $P = \dot{W}$.

Aus (M 94) ergibt sich wegen $W = Fs$ und $\frac{s}{t} = v$

(M 96) $$P = Fv = \frac{mv^2}{t}$$

	P	F	v
SI:	W	N	$\frac{m}{s}$
77:	$\frac{kpm}{s}$	kp	$\frac{m}{s}$

Beachte:

Aus (M 96) ergibt sich eine konstante Leistung, wenn Kraft und Geschwindigkeit konstant sind. Ist jedoch Kraft oder Geschwindigkeit nicht konstant, so ergibt sich die augenblickliche Leistung für einen bestimmten Zeitpunkt, z. B. bei einer gleichmäßig beschleunigten Bewegung die mittlere Leistung aus der mittleren Geschwindigkeit und die Endleistung aus der Endgeschwindigkeit.

6.2.5. Wirkungsgrad

Jede Maschine nimmt eine größere Leistung auf, als sie abgibt, weil in ihr Verluste (Reibung, Luftwiderstand, Erwärmung usw.) auftreten.

Unter dem Wirkungsgrad versteht man das Verhältnis der abgegebenen Leistung zur zugeführten Leistung.

Wenn η Wirkungsgrad,
P_{ab} abgegebene Leistung = Nutz- oder effektive Leistung = zugeführte Leistung minus Verlustleistung,
P_{zu} zugeführte Leistung = Antriebs-, Nenn- oder indizierte Leistung,

dann gilt

(M 97) $$\eta = \frac{P_{zu} - P_{verlust}}{P_{zu}} = 1 - \frac{P_{verlust}}{P_{zu}} = \frac{P_{ab}}{P_{zu}}$$

Beachte:

1. Der Wirkungsgrad ist stets kleiner als eins.
2. Statt mit den Leistungen kann man auch mit der zugeführten Arbeit und der in der gleichen Zeit abgegebenen Arbeit rechnen.
3. Häufig wird der Wirkungsgrad in Prozenten ausgedrückt, also $\eta = \frac{P_{ab}}{P_{zu}} \cdot 100\,\%$.

6.3. Impuls und Stoß

6.3.1. Impuls

> Unter dem Impuls eines Körpers versteht man das Produkt aus seiner Masse und seiner Geschwindigkeit.

Er wird gemessen in $\frac{\text{kgm}}{\text{s}}$. Für den Impuls ist auch die Bezeichnung Bewegungsgröße gebräuchlich.

Wenn p Impuls des Körpers,
m Masse des Körpers,
v Geschwindigkeit des Körpers,

dann gilt

(M 98) $$p = mv$$

SI:	p	m	v
	$\frac{\text{kgm}}{\text{s}}$	kg	$\frac{\text{m}}{\text{s}}$

Die Größe des Impulses, den ein Körper erhält, hängt von Dauer und Größe der beschleunigenden Kraft ab.

Wenn Δp Impulsänderung,
F beschleunigende Kraft,
t Dauer der Kraftwirkung,
m Masse des Körpers,
Δv Geschwindigkeitsänderung $= v_2 - v_1$,

dann gilt entsprechend (M 80) und (M 18)

$$F = ma = m\frac{\Delta v}{t}$$

(M 99) $$\boxed{\Delta p = m\Delta v = Ft}$$

SI:

p	F	t	v	m
$\frac{\text{kgm}}{\text{s}}$	N	s	$\frac{\text{m}}{\text{s}}$	kg

Das Produkt Ft heißt **Kraftstoß** oder **Antrieb.** Es ist gleich der erzielten Impulsänderung. Seine Einheit ist Newtonsekunde (Ns). Sie ist identisch mit $\frac{\text{kgm}}{\text{s}}$. (M 99) gilt nur bei konstanter Kraft. Ist diese jedoch eine Funktion der Zeit, also $F(t)$, so gilt

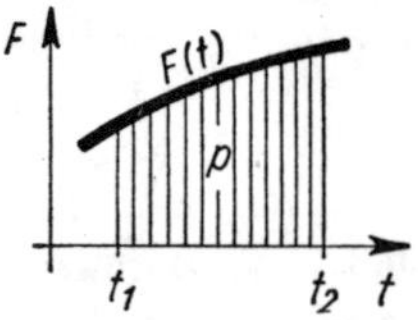

(M 100) $$\boxed{m\Delta v = \int_{t_1}^{t_2} F\,\mathrm{d}t}$$

> Die Impulsänderung bzw. der Kraftstoß ist das Zeitintegral der Kraft.

Gesetz von der Erhaltung des Impulses:

> Der Gesamtimpuls eines abgeschlossenen Systems (es wirken keine äußeren Kräfte) ist konstant.

(M 101) $$\boxed{(m_1 + m_2 + m_3 + \ldots)\,v = m_1v_1 + m_2v_2 + m_3v_3 + \ldots}$$

6.3.2. Unelastischer Stoß

Als Stoß bezeichnet man das Zusammenprallen von 2 Körpern. Sind die Körper unelastisch, so drücken sie sich an den Berührungsstellen ein und bewegen sich dann mit gemeinsamer Geschwindigkeit weiter.

Wenn m_1 Masse des Körpers 1,
m_2 Masse des Körpers 2,
v_1 Geschwindigkeit des Körpers 1 vor dem Stoß,
v_2 Geschwindigkeit des Körpers 2 vor dem Stoß,
v gemeinsame Geschwindigkeit beider Körper nach dem Stoß,

dann gilt entsprechend (M 101)

$$m_1v_1 + m_2v_2 = (m_1 + m_2)v$$

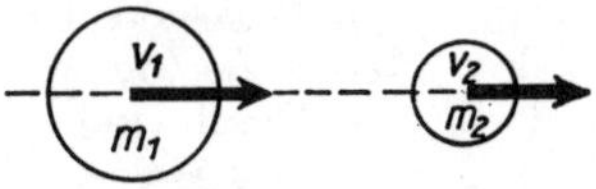

Umgestellt ergibt sich

(M 102) $$\boxed{v = \frac{m_1v_1 + m_2v_2}{m_1 + m_2}}$$

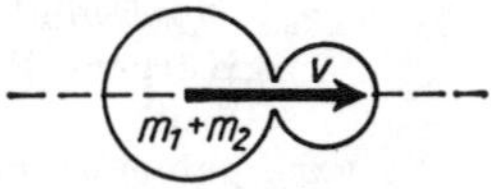

Nach dem Gesetz von der Erhaltung der Energie ist die Bewegungsenergie nach dem Stoß kleiner als vor dem Stoß, weil ein Teil der Energie für die Verformung der unelastischen Körper benötigt wird.

Wenn W_1 Bewegungsenergie beider Körper vor dem Stoß,
W_2 Bewegungsenergie beider Körper nach dem Stoß,
ΔW Energieverlust = Verformungsarbeit,

dann gilt entsprechend (M 92)

$$W_1 = \frac{m_1v_1^2}{2} + \frac{m_2v_2^2}{2} \text{ und}$$

$$W_2 = \frac{(m_1 + m_2)\, v^2}{2}.$$

Ersetzt man v durch (M 102), so folgt nach entsprechender Umformung für die

Verformungsarbeit

(M 103) $$\boxed{\Delta W = W_1 - W_2 = \frac{m_1m_2}{2\,(m_1 + m_2)}\,(v_1 - v_2)^2}$$

Beachte:

1. Die Beziehungen gelten für den zentralen Stoß, d. h., wenn sich die Körper auf einer gemeinsamen Geraden bewegen.
2. Geschwindigkeiten in Gegenrichtung erhalten einen *negativen* Zahlenwert.

6.3.3. Elastischer Stoß

Sind die an einem Stoßvorgang beteiligten Körper elastisch, so stoßen sie sich nach der kurzen Phase, in der sie sich mit gemeinsamer Geschwindigkeit bewegen, wieder voneinander ab. Jeder erhält eine andere Geschwindigkeit.

Wenn m_1 Masse des Körpers 1,
m_2 Masse des Körpers 2,
v_1 Geschwindigkeit des Körpers 1 vor dem Stoß,
v_2 Geschwindigkeit des Körpers 2 vor dem Stoß,
v gemeinsame Geschwindigkeit beider Körper während des Stoßes,
v_3 Geschwindigkeit des Körpers 1 nach dem Stoß,
v_4 Geschwindigkeit des Körpers 2 nach dem Stoß,

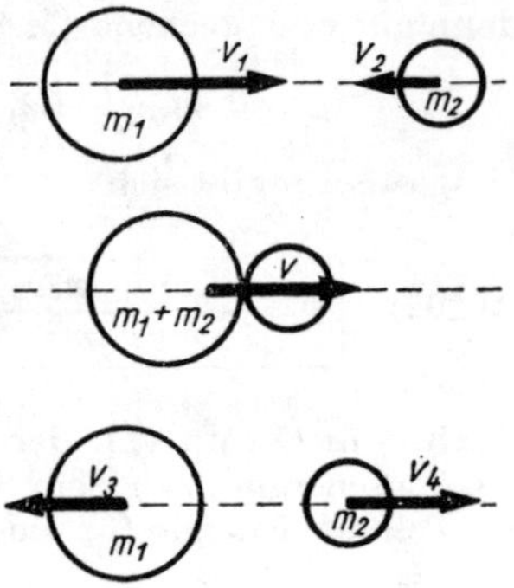

dann gilt entsprechend (M 101)

$$m_1 v_1 + m_2 v_2 = (m_1 + m_2) v = m_1 v_3 + m_2 v_4.$$

Da $v - v_1 = v_3 - v$ bzw. $v - v_2 = v_4 - v$, ergibt sich

(M 104)
$$v_3 = 2v - v_1 = \frac{2(m_1 v_1 + m_2 v_2)}{m_1 + m_2} - v_1$$
$$v_4 = 2v - v_2 = \frac{2(m_1 v_1 + m_2 v_2)}{m_1 + m_2} - v_2$$

Daraus folgt

(M 105) $$v_1 + v_3 = v_2 + v_4$$

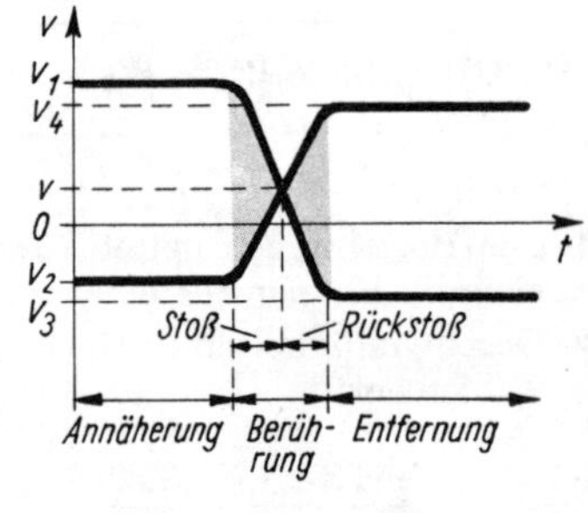

Die Summe der Geschwindigkeiten ist für jeden am Stoß beteiligten Körper gleich groß.

Beachte:

1. Die Beziehungen gelten nur für den zentralen Stoß, d. h., wenn sich die Körper auf einer gemeinsamen Geraden bewegen.
2. Geschwindigkeiten in der Gegenrichtung erhalten einen *negativen* Zahlenwert.

3. Die Energiesumme ist beim elastischen Stoß konstant, es bleiben also keine Verformungen bestehen.

6.3.4. Teilelastischer Stoß

Bei einem unelastischen Stoß bleiben die entstandenen Verformungen bestehen, bei einem elastischen Stoß gehen sie wieder zurück. Beides sind Sonderfälle. Im allgemeinen geht die Verformung teilweise zurück.

Wenn m_1 Masse des Körpers 1,
m_2 Masse des Körpers 2,
v_1 Geschwindigkeit des Körpers 1 vor dem Stoß,
v_2 Geschwindigkeit des Körpers 2 vor dem Stoß,
v_3 Geschwindigkeit des Körpers 1 nach dem Stoß,
v_4 Geschwindigkeit des Körpers 2 nach dem Stoß,
k Stoßzahl,

dann gilt für die Geschwindigkeiten nach dem Stoß

(M 103)
$$v_3 = \frac{m_1 v_1 + m_2 v_2 - m_2 (v_1 - v_2) k}{m_1 + m_2}$$
$$v_4 = \frac{m_1 v_1 + m_2 v_2 + m_1 (v_1 - v_2) k}{m_1 + m_2}$$

Von der Verformungsarbeit $(W_1 - W_2)$ wird der Teil $(W_1 - W_2)k^2$ wieder in kinetische Energie zurückverwandelt, so daß der Verlust nur noch $\Delta W = W_1 - W_2 - (W_1 - W_2)k^2$ beträgt. Daraus ergibt sich $\Delta W = (W_1 - W_2)(1 - k^2)$ und mit (M 103)

(M 107)
$$\Delta W = \frac{m_1 m_2}{2(m_1 + m_2)} (v_1 - v_2)^2 (1 - k^2)$$

Die Stoßzahl *k*, die gewissermaßen den Grad der Elastizität angibt, läßt sich experimentell bestimmen. Man läßt eine Kugel auf eine Platte gleichen Materials fallen und zurückprallen. Der Quotient aus den Geschwindigkeiten nach und vor dem Aufprall ist dann k.

Wenn v_1 Geschwindigkeit vor dem Aufprallen,
v_2 Geschwindigkeit nach dem Aufprallen,
h_1 Fallhöhe,
h_2 Rückprallhöhe,
k Stoßzahl,

dann gilt

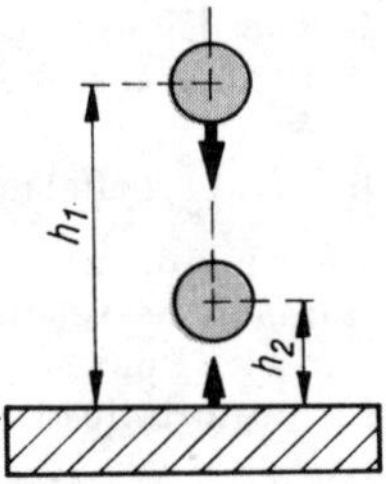

$$k = \frac{v_2}{v_1}. \text{ Aus } v = \sqrt{2gh} \text{ folgt}$$

$$k = \frac{\sqrt{2gh_2}}{\sqrt{2gh_1}} \text{ und daraus}$$

(M 108) $$\boxed{k^2 = \frac{h_2}{h_1}}$$

Beachte:

1. Elastischer Stoß (→ 6.3.3.) und unelastischer Stoß (→ 6.3.2.) sind Sonderfälle des teilelastischen Stoßes:

$0 = k$: unelastisch,
$0 < k < 1$: teilelastisch,
$k = 1$: elastisch

2. Die Stoßzahl k ist keine reine **Materialkonstante**, sondern auch von v_1 abhängig.

3. Die Beziehungen gelten nur für den zentralen Stoß.

6.4. Kräfte bei der Rotation

6.4.1. Zentripetalkraft

Bewegt sich ein Körper auf einer Kreisbahn, so erfährt er ständig eine zum Mittelpunkt gerichtete Zentralbeschleunigung (→ 5.4.1.). Auch für diese Zentralbewegung gilt das Gesetz $F = ma$. Die Kraft ist ebenfalls zum Zentrum hin gerichtet und zwingt den Körper auf die Bahn. Sie heißt Zentripetalkraft.

Wenn F_r Zentripetalkraft = zum Mittelpunkt hin beschleunigende Kraft,
v Bahngeschwindigkeit des Körpers,
ω Winkelgeschwindigkeit des Körpers,
r Radius der Kreisbahn,
m Masse des Körpers,

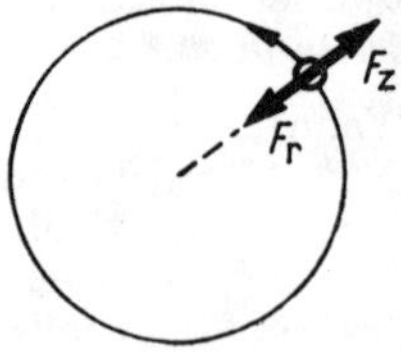

dann gilt entsprechend (M 80)

$F_r = ma_r$ oder entsprechend (M 79)

(M 109) $$F_r = \frac{mv^2}{r} = m\omega^2 r$$

SI:

F_r	m	v	r
N	kg	$\frac{m}{s}$	m

Beachte:

1. Die Zentripetalkraft ist die Ursache der Zentralbewegung.
2. Die **Zentrifugalkraft** (Fliehkraft) ist die Trägheitskraft, die der Änderung des Bewegungszustandes entgegengerichtet, also vom Drehzentrum weg gerichtet ist (→ 6.4.2.).

> Zentripetal- und Zentrifugalkraft sind gleich groß, aber entgegengerichtet.

6.4.2. Trägheitskräfte bei der Rotation

Zentrifugalkraft (Fliehkraft)

Die Zentripetalkraft (→ 6.4.1.) zwingt einen Körper auf eine Kreisbahn und hindert ihn, der Trägheit folgend, tangential weiterzufliegen. Für ein rotierendes Bezugssystem bedeutet eine Tangentialbewegung allerdings eine Radialbewegung vom Mittelpunkt weg. Die infolgedessen in dieser Richtung wirkende Kraft heißt Zentrifugalkraft. In der Größe entspricht sie der Zentripetalkraft.

Wenn F_Z Fliehkraft, bei einer Kreisbewegung radial nach außen wirkende Trägheitskraft,

dann gilt in Übereinstimmung mit (M 109)

(M 109a) $$F_Z = \frac{mv^2}{r} = m\omega^2 r$$

SI:

F_Z	m	v	ω	r
N	kg	$\frac{m}{s}$	$\frac{1}{s}$	m

Beachte:

Da der eine Kreisbahn beschreibende Körper auch der Schwerkraft unterliegt, wirkt zusätzlich zur Zentrifugalkraft stets noch die Gewichtskraft des Körpers. Beide sind nach den Gesetzen der Addition von Kräften zusammenzufassen (→ 4.1.).

Corioliskraft

Bewegt sich in einem rotierenden Bezugssystem ein Körper radial nach innen oder außen, so erfährt er tangential eine Beschleunigung, deren Ursache die CORIOLIS-Kraft ist.

Wenn v konstante Radialgeschwindigkeit des Körpers,
ω Winkelgeschwindigkeit des rotierenden Systems,
m Masse des Körpers,
a_C CORIOLIS-Beschleunigung,
F_C CORIOLIS-Kraft,

dann gilt: Während der Körper den Weg $r = vt$ zurücklegt, bewegt sich ein Punkt im Abstand r vom Drehzentrum um die Strecke $s = r\omega t$ fort, also

$$s = vt\omega t = v\omega t^2.$$

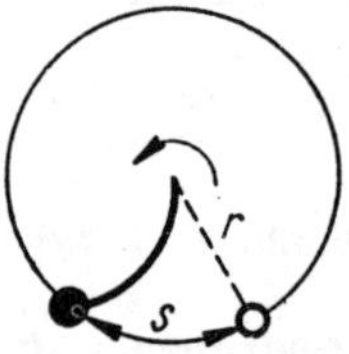

Dieser wegen $s \sim t^2$ beschleunigt zurückgelegte Weg ist andererseits $s = \frac{a}{2}t^2$ (M 20). Daraus folgt $v\omega t^2 = \frac{a}{2}t^2$ und für die CORIOLIS-Beschleunigung

(M 110) $\boxed{a_C = 2v\omega}$ und für

die CORIOLIS-Kraft wegen (M 80)

(M 111) $\boxed{F_C = 2mv\omega}$

SI:

F	m	v	ω
N	kg	$\frac{\text{m}}{\text{s}}$	$\frac{1}{\text{s}}$

Beachte:

1. (M 110) und (M 111) gelten auch, wenn v und ω nicht konstant sind. Es ergibt sich dann der augenblickliche Wert der CORIOLIS-Beschleunigung bzw. -Kraft.
2. Die Gleichungen gelten auch, wenn die Bewegung des Körpers nicht radial, sondern in beliebiger Richtung erfolgt.

6.4.3. Dynamisches Grundgesetz der Rotation

An einem drehbaren starren Körper erzeugt ein Drehmoment eine Winkelbeschleunigung.

> Das Verhältnis des wirkenden Drehmomentes zur erzielten Winkelbeschleunigung nennt man das Massenträgheitsmoment des Körpers.
>
> $$\text{Massenträgheitsmoment} = \frac{\text{Drehmoment}}{\text{Winkelbeschleunigung}}$$

Wenn M Drehmoment, das auf den gesamten Körper wirkt = Summe der auf die einzelnen Massenpunkte wirkenden Drehmomente $M_1 + M_2 \cdots$,
m Masse des Körpers = Summe der einzelnen Massenpunkte $\Delta m_1 + \Delta m_2 + \Delta m_3 + \ldots$,
r_1 Abstand des Teilchens Δm_1 von der Drehachse usw.,
α Winkelbeschleunigung, die von M erzeugt wird,
J Massenträgheitsmoment,

dann gilt

$$M = M_1 + M_2 + M_3 + \ldots =$$

$$= F_1 r_1 + F_2 r_2 + F_3 r_3 + \ldots$$

Da $Fr = mar = m \dfrac{\Delta v}{t} r = m \dfrac{r \Delta \omega}{t} r = mr^2\alpha$, ergibt sich

$$M = r_1^2 \Delta m_1 \alpha + r_2^2 \Delta m_2 \alpha + r_3^2 \Delta m_3 \alpha + \ldots =$$

$$= \alpha \left(r_1^2 \Delta m_1 + r_2^2 \Delta m_2 + r_3^2 \Delta m_3 + \ldots\right)$$

$$M = \alpha \sum r^2 \Delta m \text{ und schließlich}$$

(M 112) $\boxed{M = J\alpha}$

	M	J	α
SI:	Nm	kg m²	$\frac{1}{s^2}$

Beachte:

1. Näheres über das Massenträgheitsmoment $J \rightarrow$ 6.4.4.!
2. Die Gleichung $M = J\alpha$ bei der Rotation entspricht der Gleichung $F = ma$ bei der Translation.

6.4.4. Massenträgheitsmoment

In 6.4.3. ist das Massenträgheitsmoment abgeleitet zu

(M 113) $\boxed{J = \sum r^2 \Delta m}$

	J	Δm	r
SI:	kg m²	kg	m

Diese Gleichung ist strenggenommen nur bei punktförmiger Massenverteilung anwendbar. Bei kontinuierlicher Massenverteilung muß von (M 113) zur Integralform übergegangen werden:

(M 113a) $$J = \int r^2 \, dm$$

> Unter dem Massenträgheitsmoment eines Körpers versteht man die Summe der Produkte aus den Massenelementen und den Quadraten ihrer Abstände von der Drehachse.

Daraus ergibt sich, daß das Massenträgheitsmoment eines Körpers abhängt von

1. der Masse des Körpers und
2. der Verteilung der Masse bezüglich der jeweiligen Drehachse.

Eine Berechnung des Massenträgheitsmomentes ist also nur möglich, wenn die Masse und ihre Verteilung bekannt sind. Das ist einfach, wenn alle Massenelemente Δm den gleichen Abstand von der Drehachse haben, z. B. bei einem dünnen Kreisring oder einer Punktmasse.

Wenn m Masse eines dünnen Kreisringes,
r einheitlicher Abstand aller Massenelemente von der Drehachse,
J_S Massenträgheitsmoment, wenn Drehachse durch den Kreismittelpunkt geht,

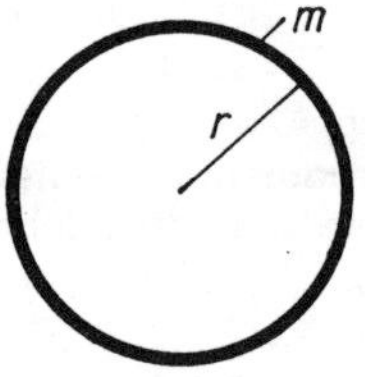

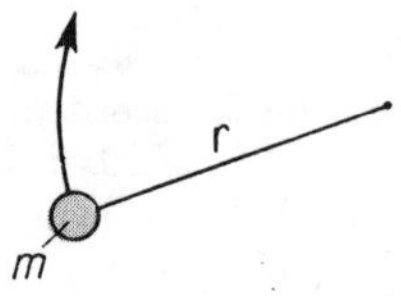

dann gilt entsprechend (M 113), weil $\Sigma \, \Delta m = m$,

(M 114) $$J_S = mr^2$$

SI:

J_S	m	r
kg m²	kg	m

Beachte:

1. Die Massenträgheitsmomente anderer wichtiger Körper sind in folgender Übersicht zusammengestellt.
2. Das Gesamtmassenträgheitsmoment eines zusammengesetzten Körpers ist gleich der Summe der Massenträgheitsmomente seiner Einzelteile, bezogen auf die gleiche Drehachse.
3. Häufig wird das Massenträgheitsmoment auch **Drehmasse** genannt.

Übersicht:

Massenträgheitsmoment J_s einiger Körper
(bezogen auf eine durch S gehende Drehachse)

Körper	Lage der Drehachse	Massenträgheitsmoment
Kreisring, dünn Hohlzylinder, dünnwandig	senkrecht zur Ringebene	mr^2
Vollzylinder	Längsachse	$\frac{m}{2} r^2$
Hohlzylinder, dickwandig	Längsachse	$\frac{m}{2} (r_1^2 + r_2^2)$
Kreisscheibe	senkrecht zur Scheibenebene	$\frac{m}{2} r^2$
Kreisscheibe	Durchmesser	$\frac{m}{4} r^2$
Kugel	durch Mittelpunkt	$\frac{2m}{5} r^2$
Hohlkugel, dünnwandig	durch Mittelpunkt	$\frac{2m}{3} r^2$
Stab, dünn mit Länge l	senkrecht zur Stabmitte	$\frac{m}{12} l^2$

Hauptachsen

Durch den Schwerpunkt jedes Körpers lassen sich beliebig viele Drehachsen legen. Für zwei bestimmte, senkrecht aufeinander stehende Achsen hat das Massenträgheitsmoment einen größten bzw. kleinsten Wert. Zusammen mit einer auf beiden senkrecht stehenden dritten Achse nennt man sie **Hauptträgheitsachsen** eines Körpers. Da bei einer Drehung um eine der Hauptträgheitsachsen sich alle Zentrifugalkräfte aufheben, werden diese auch als **freie Achsen** bezeichnet.

Parallele Achsen

Eine parallele Verlagerung einer Schwerpunktsdrehachse führt zu einer Vergrößerung des Massenträgheitsmomentes.

Wenn J_S Massenträgheitsmoment eines Körpers, bezogen auf eine durch den Schwerpunkt S gehende Drehachse,

J_A Massenträgheitsmoment des gleichen Körpers, bezogen auf eine Drehachse durch A,

s Abstand beider parallel zueinander verlaufender Achsen,

m Masse des Körpers,

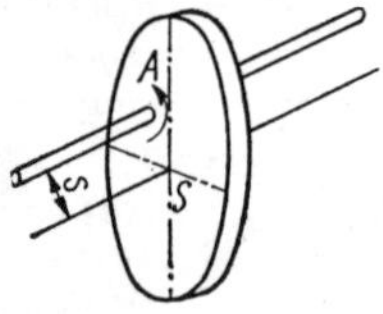

dann gilt der **Steinersche Satz:**

(M 115) $$\boxed{J_A = J_S + ms^2}$$ SI: $\left|\frac{J}{\mathrm{kg\,m^2}}\right|\frac{m}{\mathrm{kg}}\left|\frac{s}{\mathrm{m}}\right|$

Beachte:

1. Die Achsen durch A und S müssen parallel zueinander verlaufen.
2. Jeder Körper besitzt sein kleinstes Massenträgheitsmoment, wenn die Drehachse durch den Schwerpunkt geht. Dann ist ms^2 gleich Null.

Reduzierte Masse

Als reduzierte Masse m_{red} bezeichnet man eine Ersatzmasse, die, einheitlich im Abstand r von der Drehachse angeordnet, das gleiche Massenträgheitsmoment besitzt.

Wenn m_{red} reduzierte Masse = Ersatzmasse mit gleichem Massenträgheitsmoment,

J Massenträgheitsmoment des Körpers,

r einheitlicher Abstand aller Teile der Ersatzmasse von der Drehachse.

dann gilt entsprechend (M 114) $J = m_{red} r^2$ oder

(M 116) $$m_{red} = \frac{J}{r^2}$$

SI:	m	J	r
	kg	kg m²	m

Trägheitsradius

Als Trägheitsradius i eines Körpers bezeichnet man den Abstand von der Drehachse, den seine *gesamte* Masse bei gleichem Massenträgheitsmoment haben müßte.

Wenn i Trägheitsradius = einheitlicher Abstand aller Masseteilchen von der Drehachse,
J Massenträgheitsmoment des Körpers,
m Masse des Körpers,

dann gilt entsprechend (M 114) $J = mi^2$ oder

(M 117) $$i = \sqrt{\frac{J}{m}}$$

SI:	i	J	m
	m	kg m²	kg

Schwungmoment

Häufig wird in der Technik der Begriff Schwungmoment benutzt.

Wenn mD^2 Schwungmoment des Körpers,
m Masse des Körpers,
D Trägheitsdurchmesser = $2i$,
J Massenträgheitsmoment des Körpers,

dann gilt entsprechend (M 117) $J = mi^2 = \frac{m}{4} D^2$ oder

(M 118) $$mD^2 = 4J$$

SI:	m	D	J
	kg	m	kg m²

6.4.5. Arbeit bei der Rotation

Nach (M 87) ist Arbeit gleich Kraft mal Weg. Das gilt auch für die Rotation.

Wenn W verrichtete Arbeit,
F konstante Kraft, die tangential am Umfang des rotierenden Körpers wirkt,
s Weg, der von einem Punkt des Umfanges dabei zurückgelegt wird.

M konstantes Drehmoment, das der am Umfang angreifenden Kraft entspricht,

φ Winkel, um den sich der Körper dreht,

dann gilt $W = Fs$, worin $F = \frac{M}{r}$ (M 4) und $s = \varphi r$ (M 74),

$$W = \frac{M}{r}\varphi r, \text{ also}$$

(M 119) $\boxed{W = M\varphi}$ SI: $\left|\frac{W}{\text{J}}\right|\frac{M}{\text{Nm}}\left|\frac{\varphi}{\text{rad}}\right|$

Beachte:

1. Das Drehmoment muß während des Vorganges konstant sein. Bei linearer Änderung Mittelwert einsetzen, sonst (M 120) benutzen.
2. Umrechnung von Arbeitseinheiten → Tabelle U 5!

Ist das Drehmoment nicht konstant, sondern eine Funktion des Drehwinkels, also $M(\varphi)$,
dann gilt

(M 120) $$\boxed{W = \int\limits_{\varphi_1}^{\varphi_2} M \,\mathrm{d}\varphi}$$ SI: $\left|\frac{W}{\text{J}}\right|\frac{M}{\text{Nm}}\left|\frac{\varphi}{\text{rad}}\right|$

6.4.6. Leistung bei der Rotation

Nach (M 96) ist die Leistung gleich Kraft mal Geschwindigkeit. Das gilt auch für die Rotation.

Wenn P Leistung,

M Drehmoment, das einen Körper auf die Winkelgeschwindigkeit ω bringt,

ω Winkelgeschwindigkeit, hervorgerufen durch das Wirken des Drehmomentes M,

dann gilt $P = Fv$, worin $F = \frac{M}{r}$ (M 4) und $v = \omega r$ (M 75),

$$P = \frac{M}{r}\omega r, \text{ also}$$

(M 121) $\boxed{P = M\omega}$ SI: $\left|\frac{P}{\text{W}}\right|\frac{M}{\text{Nm}}\left|\frac{\omega}{\frac{1}{\text{s}}}\right|$

Beachte:

1. (M 121) gilt auch, wenn Drehmoment oder Winkelgeschwindigkeit nicht konstant sind.
2. Umdrehung von Leistungseinheiten → Tabelle U 6!

6.4.7. Rotationsenergie

Ein rotierender Körper besitzt auf Grund der Geschwindigkeit seiner einzelnen Massenelemente Bewegungsenergie, die in diesem Fall als Rotationsenergie bezeichnet wird. Dabei ist die Energie des gesamten Körpers gleich der Summe der Energien seiner einzelnen Massenelemente.

Wenn W_{rot} Energie des rotierenden Körpers,
J Massenträgheitsmoment des Körpers (bezogen auf die Rotationsachse),
ω Winkelgeschwindigkeit des Körpers,
m_1 Masse des Teilchens 1 usw.
v_1 Bahngeschwindigkeit des Teilchens 1 usw.,
r_1 Abstand des Teilchens 1 von der Drehachse usw.,

dann gilt

$$W_{rot} = W_1 + W_2 + \dots =$$

$$= \frac{r_1^2 \Delta m_1 \omega_1^2}{2} + \frac{r_2^2 \Delta m_2 \omega_2^2}{2} + \dots =$$

$$= (r_1^2 \Delta m_1 + r_2^2 \Delta m_2 + \dots) \frac{\omega^2}{2} = \sum r^2 \Delta m \frac{\omega^2}{2}$$

(M 122) $$\boxed{W_{rot} = \frac{J\omega^2}{2}}$$

	W	J	ω
SI:	J	kg m²	$\frac{1}{s}$

Eine Änderung der Winkelgeschwindigkeit von ω_1 auf ω_2 hat demnach eine Änderung der Rotationsenergie zur Folge. Diese ist dann

(M 123) $$\boxed{\Delta W_{rot} = \frac{J}{2}(\omega_2^2 - \omega_1^2)}$$

Beachte:

1. Das in (M 122) bzw. (M 123) einzusetzende Massenträgheitsmoment J muß auf die Achse bezogen sein, um die der Körper rotiert; bei Rotation um S: J_S, bei exzentrischer Rotation: J_A.
2. Umrechnung von Energieeinheiten → Tabelle U 5!

6.4.8. Drehimpuls (Drall)

> Unter dem Drehimpuls (Drall) eines rotierenden Körpers versteht man das Produkt aus seinem Massenträgheitsmoment und seiner Winkelgeschwindigkeit.

Er wird gemessen in $\frac{\text{kg m}^2}{\text{s}}$.

Wenn D Drehimpuls des rotierenden Körpers,
J Massenträgheitsmoment des Körpers,
ω Winkelgeschwindigkeit des rotierenden Körpers,

dann gilt

(M 124) $$\boxed{D = J\omega}$$

SI:

D	J	ω
$\frac{\text{kg m}^2}{\text{s}}$	kg m^2	$\frac{1}{\text{s}}$

Die Größe des Drehimpulses, den ein Körper erhält, hängt von Dauer und Größe des beschleunigenden Drehmomentes ab.

Wenn ΔD Änderung des Drehimpulses,
M beschleunigendes Drehmoment,
t Dauer der Beschleunigung,
J Massenträgheitsmoment des Körpers (bezogen auf die Drehachse),
$\Delta\omega$ Änderung der Winkelgeschwindigkeit des Körpers,

dann gilt entsprechend (M 112) und (M 60)

$$M = J\alpha = J\,\frac{\Delta\omega}{t}$$

(M 125) $$\boxed{\Delta D = Mt = J\Delta\omega}$$

SI:

D	M	t	J	ω
$\frac{\text{kg m}^2}{\text{s}}$	Nm	s	kg m^2	$\frac{1}{\text{s}}$

Das Produkt Mt heißt **Antriebsmoment.** Es ist gleich der erzielten Drehimpulsänderung. Seine Einheit ist Newton-Meter-Sekunde (Nms). Sie ist identisch mit $\frac{\text{kg m}^2}{\text{s}}$.

(M 125) gilt nur bei konstantem Drehmoment. Ist dieses jedoch eine Funktion der Zeit, also $M(t)$, dann gilt

(M126) $$J\Delta\omega = \int_{t_1}^{t_2} M \, \mathrm{d}t$$

Gesetz von der Erhaltung des Drehimpulses:

Der Gesamtdrehimpuls eines abgeschlossenen Systems (es wirken keine äußeren Drehmomente) ist konstant.

(M 127) $$(J_1 + J_2 + \dots)\,\omega = J_1\omega_1 + J_2\omega_2 + \dots$$

6.5. Massenanziehung

6.5.1. Planetenbewegung

Sie ist eine Zentralbewegung, also eine Bewegung unter dem Einfluß einer vom Beschleunigungszentrum ausgehenden Zentralkraft. Für sie gelten die

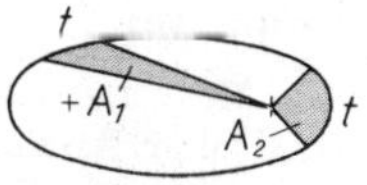

Keplerschen Gesetze:

1. Die Planeten bewegen sich auf Ellipsen, in deren einem Brennpunkt die Sonne steht.
2. Der Fahrstrahl Sonne – Planet überstreicht in gleichen Zeiten gleiche Flächen (Flächensatz: $\frac{A}{t}$ ist konstant).
3. Die Quadrate der Umlaufzeiten verhalten sich wie die 3. Potenzen der mittleren Entfernungen von der Sonne: $T_1^2 : T_2^2 = r_1^3 : r_2^3$

Beachte:

1. Bei zunehmender Entfernung Sonne – Planet wird die Bahngeschwindigkeit kleiner und umgekehrt (folgt aus dem 2. Keplerschen Gesetz).

2. Die gleichen Gesetze gelten für künstliche Planeten in bezug auf die Sonne und für künstliche Monde (Satelliten) in bezug auf die Erde oder andere Planeten.
3. Zahlenangaben zum Planetensystem → Übersicht, S. 100!

6.5.2. Gravitationsgesetz

Die mit den drei KEPLERschen Gesetzen beschriebene Planetenbewegung setzt das Vorhandensein einer zur Sonne gerichteten Zentralkraft voraus, die die Planeten auf ihrer Bahn hält. Diese Kraft nennt man Gravitationskraft. Sie tritt stets zwischen zwei Massen als Anziehungskraft auf.

Wenn F Kraft, mit der sich zwei Massen gegenseitig anziehen,
m_1 Masse des Körpers 1,
m_2 Masse des Körpers 2,
r Abstand der Schwerpunkte beider Körper voneinander,
γ Gravitationskonstante $= 6{,}67 \cdot 10^{-11}$ m³/kg s²,

dann gilt

(M 128) $$F = \gamma \frac{m_1 m_2}{r^2}$$

SI:	F	γ	m	r
	N	$\frac{m^3}{kg\,s^2}$	kg	m

Beachte:

Die Massenanziehung darf nicht mit magnetischer oder elektrostatischer Anziehung verwechselt werden. Sie ist ihrem Wesen nach etwas völlig anderes.

Schwerebeschleunigung

Mit Hilfe der Gl. (M 128) kann man die Schwerebeschleunigung für beliebigen Abstand von der Erde bestimmen.

Wenn g_0 Fallbeschleunigung auf der Erdoberfläche $= 9{,}81$ m/s²,
r_0 mittlerer Erdradius $= 6{,}37 \cdot 10^6$ m,
g Fallbeschleunigung in einem Punkt mit Abstand r vom Erdmittelpunkt,
r Abstand vom Erdmittelpunkt,
m_1 Masse eines beliebigen Körpers im Schwerefeld der Erde,
m_2 Erdmasse,

dann gilt

Gewichtskraft eines Körpers = Gravitationskraft,

$$m_1 g_0 = \frac{\gamma m_1 m_2}{r_0^2} \text{ (auf Erdoberfläche)}$$

und $$m_1 g = \frac{\gamma m_1 m_2}{r^2} \text{ (im Abstand } r\text{).}$$

Durch Division erhält man $\frac{g_0}{g} = \frac{r^2}{r_0^2}$ oder

(M 129) $$\boxed{g = g_0 \frac{r_0^2}{r^2}}$$

Kreisbahngeschwindigkeit

Aus (M 129) kann man die Kreisbahngeschwindigkeit eines Satelliten in beliebiger Höhe bestimmen.

Wenn v_k Kreisbahngeschwindigkeit eines Satelliten,
r Abstand des Satelliten vom Erdmittelpunkt,
r_0 Erdradius = $6{,}37 \cdot 10^6$ m,
g_0 Fallbeschleunigung auf der Erdoberfläche = $9{,}81$ m/s²,

dann gilt

$G = F_Z$ oder $mg = \frac{m v_k^2}{r}$. Daraus ergibt sich

$v_k = \sqrt{gr}$ und g ersetzt durch (M 129)

$$v_k = \sqrt{\frac{g_0 r_0^2}{r^2} r} = \sqrt{\frac{g_0 r_0^2}{r}} \text{ oder}$$

(M 130) $$\boxed{v_k = r_0 \sqrt{\frac{g_0}{r}}}$$

SI:	v_k	g	r
	$\frac{m}{s}$	$\frac{m}{s^2}$	m

(M 130) läßt sich in eine für die Berechnung der Kreisbahngeschwindigkeit bei anderen Himmelskörpern günstigere Form bringen.

Wenn m Masse des Himmelskörpers,
r Radius der Kreisbahn,
γ Gravitationskonstante = $6{,}67 \cdot 10^{-11}$ m³/kg s²,
v_k Kreisbahngeschwindigkeit,

dann gilt für die Oberfläche eines Himmelskörpers

Gewichtskraft eines Körpers = Gravitationskraft,

$$m_K g_0 = \gamma \frac{m_K m}{r_0^2}, \text{ vereinfacht}$$

$$g_0 r_0^2 = \gamma m \text{ und eingesetzt in (M 130)}$$

(M 131) $$v_K = \sqrt{\frac{\gamma m}{r}}$$

	v_K	γ	m	r
SI:	$\frac{m}{s}$	$\frac{m^2}{kg\,s^2}$	kg	m

Beachte:

(M 130) und (M 131) liefern nur die Geschwindigkeit in der Kreisbahn, nicht aber die Startgeschwindigkeit. Diese muß wegen der aufzubringenden Hubarbeit entsprechend größer sein.

Übersicht:

Die Planeten unseres Sonnensystems

Planet	mittl. Sonnen-entfernung in Gm	Umlauf-zeit in Jahren	numerische Exzen-trizität	Masse im Verhältnis zur Erde
Merkur	58	0,24	0,21	0,053
Venus	108	0,62	0,01	0,8149
Erde	150	1,00	0,02	1,000
Mars	228	1,88	0,09	0,107
Jupiter	778	11,86	0,05	318,00
Saturn	1428	29,46	0,06	95,22
Uranus	2872	84,02	0,05	14,55
Neptun	4498	164,78	0,01	17,23
Pluto	5910	248,4	0,25	0,9

Beachte:

1. Unter numerischer Exzentrizität versteht man das Verhältnis des Brennpunktabstandes zur großen Achse der Ellipse.
2. Die Masse der Erde beträgt $5{,}97 \cdot 10^{24}$ kg.
3. Die Masse der Sonne beträgt $3{,}334 \cdot 10^5$ Erdmassen.

4. Die Masse des Mondes beträgt 0,0123 Erdmassen. Sein mittlerer Erdabstand beträgt 384400 km, die Exzentrizität seiner Bahn um die Erde 0,0549.
5. Der mittlere Äquatorradius der Erde beträgt (6378,169 ± 0,008) km.

7. Schwingungen und Wellen

7.1. Harmonische Schwingung

Von allen Schwingungsarten ist die harmonische die wichtigste.

Eine harmonische Schwingung kann als Projektion einer gleichförmigen Kreisbewegung angesehen werden. Stellt man die Schwingung als Weg-Zeit-Diagramm grafisch dar, so ergibt sich eine Sinuskurve.

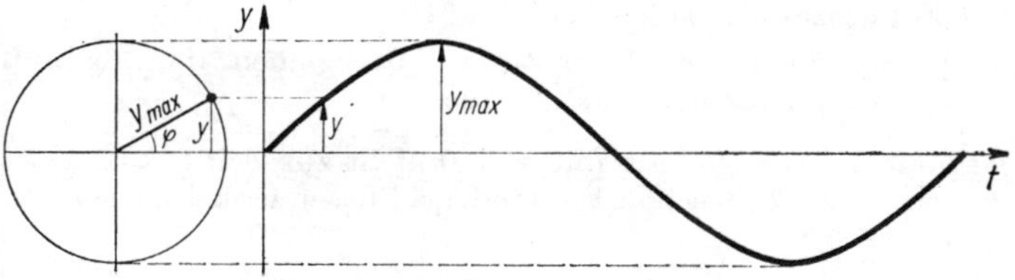

Beim Durchgang durch die Mittellage hat der schwingende Körper seine größte Geschwindigkeit, in den Umkehrpunkten ist sie Null.

7.1.1. Elongation

Unter der Elongation y versteht man den Abstand, den ein schwingender Körper zu einer bestimmten Zeit von seiner Mittellage hat.

Wenn y Elongation = Abstand von der Mittellage nach Ablauf der Zeit t,
y_{max} Amplitude = Schwingungsweite, größter Abstand von der Mittellage (Entfernung Mittellage – Umkehrpunkt),
φ Phasenwinkel = ωt (im Bogenmaß),

ω Kreisfrequenz $= 2\pi f =$ Winkelgeschwindigkeit bei der Kreisbewegung, deren Projektion die harmonische Schwingung ist,

f Frequenz, Anzahl der Schwingungen in einer Sekunde,

t Zeit, die seit Beginn der Schwingung vergangen ist,

dann gilt entsprechend der Zeichnung

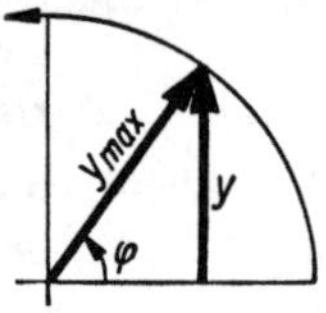

$$y = y_{max} \sin \varphi \text{ oder wegen } \varphi = \omega t$$

(M 132) $$\boxed{y = y_{max} \sin \omega t}$$

(ωt im Bogenmaß!)

Beachte:

1. Der Phasenwinkel $\varphi = \omega t$ ist zur Bestimmung des Sinus in Grad umzurechnen; → 5.3., S. 58!
2. Die Schwingung muß zur Zeit $t = 0$ beginnen, d. h., φ muß Null sein, sonst nach (M 133) rechnen.

Beginnt die Schwingung mit $\varphi = 0$ nicht zur Zeit $t = 0$, so ist der zu dieser Zeit schon vorhandene Phasenwinkel zu berücksichtigen.

Wenn y Elongation zur Zeit t,

y_{max} Amplitude,

ω Kreisfrequenz $= 2\pi f$,

t Zeit, die seit Beginn der Schwingung vergangen ist,

φ_0 zur Zeit $t = 0$ bereits vorhandener Phasenwinkel, Nullphasenwinkel,

dann gilt

(M 133) $$\boxed{y = y_{max} \sin (\omega t + \varphi_0)}$$ SI: $\left|\frac{\omega t}{\text{rad}}\right|\frac{\varphi}{\text{rad}}\right|$

7.1.2. Schwinggeschwindigkeit

Während der Schwingung besitzt der Körper eine sich ununterbrochen ändernde Geschwindigkeit. In jedem Augenblick ist sie entsprechend der Zeichnung gleich der Vertikalkomponente der Bahngeschwindigkeit, die wegen $v = \omega r$ gleich ωy_{max} ist.

Wenn v Augenblicksgeschwindigkeit nach Ablauf der Zeit t,
v_{max} Maximalgeschwindigkeit beim Durchgang durch die Mittellage,
ω Kreisfrequenz $= 2\pi f$,
φ Phasenwinkel $= \omega t + \varphi_0$,
t Zeit, die seit Beginn der Schwingung vergangen ist,

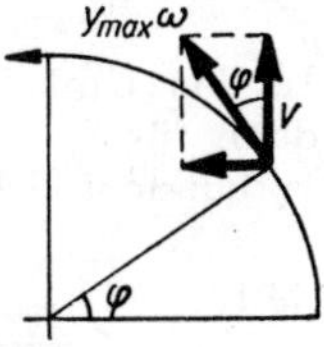

dann gilt entsprechend der Zeichnung

$\cos \varphi = \frac{v}{y_{max}\,\omega}$ bzw. nach (M 28) $v = \frac{dy}{dt}$. Aus beidem folgt

(M 134) $\boxed{v = y_{max}\,\omega \cos \varphi}$ (φ im Bogenmaß!)

Beim Durchgang durch die Mittellage ist $\varphi = 0$, also $\cos \varphi = 1$; (M 134) vereinfacht sich zu

(M 135) $\boxed{v_{max} = \omega y_{max} = 2\pi f y_{max}}$

woraus sich ergibt:

(M 136) $\boxed{v = v_{max} \cos \varphi}$

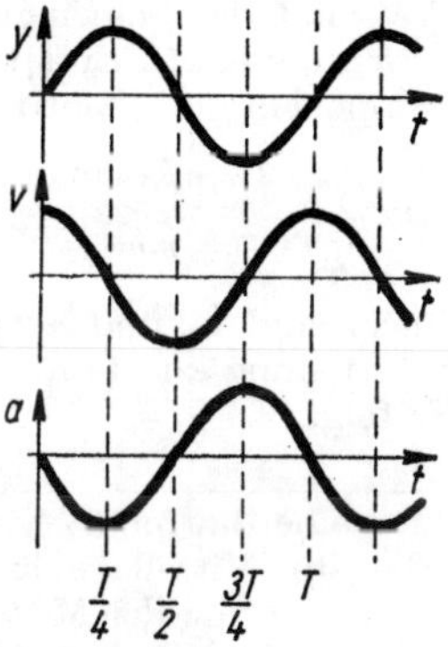

Da sich die Geschwindigkeit nicht linear ändert, ist die Beschleunigung nicht konstant. Die harmonische Schwingung ist eine ungleichmäßig beschleunigte Bewegung.

Wenn a augenblickliche Beschleunigung nach Ablauf der Zeit t,
y_{max} Amplitude,
ω Kreisfrequenz $= 2\pi f$,
t Zeit, die seit Beginn der Schwingung vergangen ist,
φ Phasenwinkel $= \omega t + \varphi_0$ (im Bogenmaß),

dann gilt nach (M 21) $a = \frac{dv}{dt}$ oder

(M 137) $$a = -y_{max}\omega^2 \sin \varphi$$

In den Umkehrpunkten ist die Beschleunigung am größten; denn für $\varphi = 90°$ bzw. $270°$ ist $\sin \varphi = 1$ bzw. -1. (M 137) vereinfacht sich dann zu

(M 138) $$a_{max} = -y_{max}\omega^2$$ und daraus ergibt sich

(M 139) $$a = a_{max} \sin \varphi$$

Beachte:

In allen Gleichungen ergibt sich der Phasenwinkel $\varphi = \omega t + \varphi_0$ in rad (Bogenmaß) und muß zur Bestimmung der Winkelfunktion in Grad umgerechnet werden; → 5.3., S. 58!

7.1.3. Kräfte bei der Schwingung

Während der Schwingung wirkt stets eine zur Mittellage hin gerichtete Kraft. Entsprechend der Zeichnung ist sie die Vertikalkomponente der Zentripetalkraft.

$$F = F_Z \sin \varphi = m\omega^2 y_{max} \frac{y}{y_{max}}$$
$$= m\omega^2 y$$

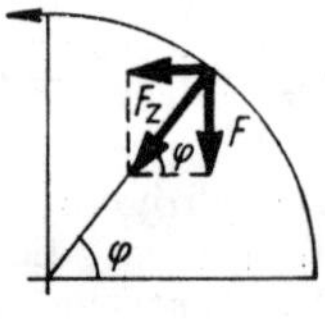

Darin sind m und ω bei einer bestimmten Schwingung konstant.
Es folgt:

Bei einer harmonischen Schwingung ist in jedem Augenblick die zur Mittellage hin gerichtete Kraft proportional dem Abstand von der Mittellage: $F \sim y$.

Ersetzt man y in $F = m\omega^2 y$ nach (M 132), so erhält man in Übereinstimmung mit $F = ma$ und (M 137)

(M 140) $$F = -my_{max}\omega^2 \sin \varphi$$

Beachte:

1. Das Minuszeichen bedeutet, daß die Kraft der Elongation stets entgegengerichtet ist.
2. Der Phasenwinkel $\varphi = \omega t + \varphi_0$ ist zur Bestimmung des Sinus in Grad umzurechnen: → 5.3.!

7.2. Elastische Schwingungen

Nach dem HOOKEschen Gesetz (11.1.1.) ist bei allen elastischen Körpern die verformende Kraft proportional der Verformung. Deshalb müssen die von ihnen auf Grund ihrer Elastizität ausgeführten Schwingungen harmonisch sein.

7.2.1. Lineare Schwingung

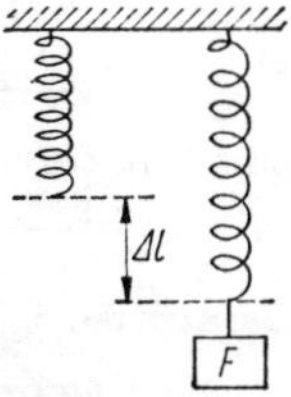

Darunter versteht man Schwingungen, die ein elastischer Körper entlang einer Geraden ausführt. Der Grad seiner Elastizität drückt sich in der *Richtgröße* aus.

> Unter der Richtgröße versteht man das Verhältnis der dehnenden Kraft zur Dehnung.

Wenn D Richtgröße,
F dehnende Kraft,
Δl Längenänderung,

dann gilt

(M 141) $$D = \frac{F}{\Delta l}$$

SI:	D	F	Δl
	$\frac{\mathrm{N}}{\mathrm{m}}$	N	m

Beachte:

In der Technik wird die Richtgröße D häufig als Federkonstante k bezeichnet.

Wird eine belastete Schraubenfeder um die Strecke $\Delta l = y_{max}$ gedehnt und dann losgelassen, dann schwingt sie mit einer bestimmten Frequenz und braucht für jede Schwingung eine bestimmte Zeit.

Wenn D Richtgröße der Feder,
m schwingende Masse (hängt als Belastung an der Feder),
T Periodendauer $= 1/f =$ Dauer einer vollen Schwingung (Hin- und Hergang),
f Frequenz der Schwingung $= 1/T$,

dann gilt, da die Energie eines schwingenden Körpers beim Durchgang durch die Mittellage $\frac{mv^2_{max}}{2} = Fy_{max} = \frac{Dy^2_{max}}{2}$,

$$v_{max} = 2\pi f y_{max} = y_{max}\sqrt{\frac{D}{m}},$$

$$f = \frac{1}{2\pi}\sqrt{\frac{D}{m}} \text{ und}$$

(M 142) $$T = 2\pi\sqrt{\frac{m}{D}}$$

SI:

T	m	D
s	kg	$\frac{\text{N}}{\text{m}}$

Beachte:

1. Die Eigenmasse der Feder bleibt im allgemeinen unberücksichtigt.
2. In (M 141) bedeutet Δl nicht nur eine Längenänderung, sondern auch Durchbiegung und andere elastische Formveränderungen.
3. Die Periodendauer ist unabhängig von der Amplitude.

7.2.2. Drehschwingung

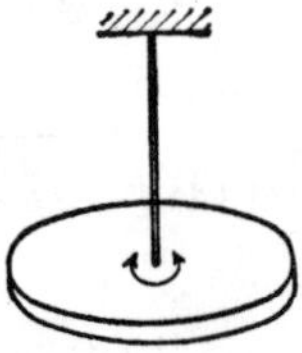

Auch die von elastischen Körpern ausgeführten Drehschwingungen folgen dem Hookeschen Gesetz und sind demnach harmonisch. Der Grad der Elastizität drückt sich in der Winkelrichtgröße aus.

> Unter der Winkelrichtgröße versteht man das Verhältnis des wirksamen Drehmomentes zum Drehwinkel.

Wenn D^* Winkelrichtgröße,
M wirksames Drehmoment,
φ Drehwinkel, hervorgerufen durch M,

dann gilt

(M 143) $$D^* = \frac{M}{\varphi}$$

SI: | D^* Nm | M Nm | φ rad |

Beachte:

φ ist im Bogenmaß auszudrücken!

Wird ein Körper, der elastische Drehschwingungen ausführen kann, um einen Winkel gedreht und losgelassen, so schwingt er mit einer bestimmten Frequenz f bzw. benötigt für jede Schwingung eine bestimmte Zeit T.

Wenn T Periodendauer $= 1/f$ = Dauer einer vollen Drehschwingung,
J Massenträgheitsmoment des schwingenden Körpers,
D^* Winkelrichtgröße,

dann gilt analog zu (M 142)

(M 144) $$T = 2\pi \sqrt{\frac{J}{D^*}}$$

SI: | T s | J kg m² | D^* Nm |

7.3. Pendelschwingungen

7.3.1. Mathematisches Pendel

Darunter versteht man ein Fadenpendel, bei dem die Masse des Fadens vernachlässigt und die Masse des Pendelkörpers als praktisch punktförmig angesehen wird. Wenn die Ausschläge nach jeder Seite etwa 8° nicht überschreiten, kann die Schwingung als harmonisch bezeichnet werden.

Wenn T Periodendauer des Pendels,
l Länge des Pendels (Abstand Aufhängepunkt – Schwerpunkt),
g Fallbeschleunigung $= 9{,}81\ \mathrm{m/s^2}$,

F_1 Kraft, die den Pendelkörper in die Mittellage zurückzieht,
y Elongation = horizontaler Abstand von der Mittellage,

dann gilt $\frac{F_1}{G} = \frac{y}{l}$ und, wenn y bei kleinen Winkeln φ dem Weg auf dem Bogen gleichgesetzt werden kann, entsprechend (M 141)

$$D = \frac{F_1}{y} = \frac{G}{l} = \frac{mg}{l} \text{ und eingesetzt in (M 142)}$$

$$T = 2\pi \sqrt{\frac{ml}{mg}} \text{ oder}$$

(M 145) $$\boxed{T = 2\pi \sqrt{\frac{l}{g}}}$$

SI:	T	l	g
	s	m	$\frac{m}{s^2}$

Beachte:

1. Die Periodendauer hängt nicht von der Masse des Pendelkörpers ab.
2. Die Periodendauer hängt innerhalb der angegebenen Grenzen ($\varphi < 8°$) nicht von der Amplitude ab.
3. Die Periodendauer hängt von der Fallbeschleunigung ab, ist also von örtlich geringem Unterschied.
4. Obwohl ein mathematisches Pendel eine Abstraktion ist, kann man mit (M 145) mit genügender Genauigkeit rechnen, wenn die Ausdehnung des Pendelkörpers klein ist im Verhältnis zur Pendellänge l und wenn das Fadengewicht klein ist im Verhältnis zum Pendelgewicht G.

7.3.2. Physisches Pendel

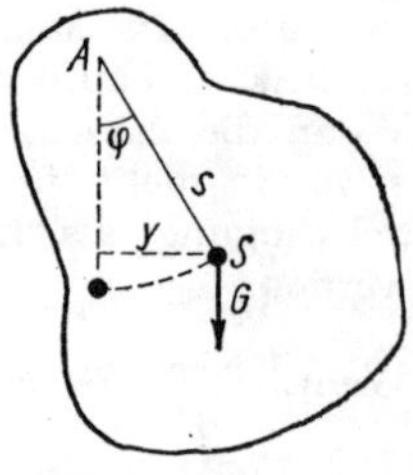

Pendel, bei denen die Bedingungen des mathematischen Pendels nicht erfüllt sind, heißen physische (d. h. körperliche) Pendel. Strenggenommen führt ein physisches Pendel Drehschwingungen aus.

Wenn T Periodendauer des physischen Pendels,
J_A Massenträgheitsmoment des pendelnden Körpers, bezogen auf die durch den Aufhängepunkt A gehende Achse,

m Masse des pendelnden Körpers,
G Gewichtskraft des pendelnden Körpers,
s Abstand Aufhängepunkt – Schwerpunkt,
φ Auslenkungswinkel,
D^* Winkelrichtgröße,
g Fallbeschleunigung = 9,81 m/s²,

dann gilt entsprechend (M 143)

$$D^* = \frac{M}{\varphi} = \frac{Gs\sin\varphi}{\varphi},$$ oder weil bei kleinen Winkeln

$$\frac{\sin\varphi}{\varphi} \approx 1,$$

$D^* = Gs$ und entsprechend (M 144)

(M 146) $$T = 2\pi\sqrt{\frac{J_A}{mgs}}$$

	T	J	m	g	s
SI:	s	kg m²	kg	$\frac{\text{m}}{\text{s}^2}$	m

Beachte:

1. (M 145) ist ein Sonderfall von (M 146), denn dort ist die Masse *m* punktförmig.
2. J_A ist mit Hilfe des Steinerschen Satzes (M 115) zu bestimmen.
3. (M 116) gilt nur für kleine Amplituden, also kleiner als ≈8°.

7.3.3. Bestimmung des Massenträgheitsmomentes

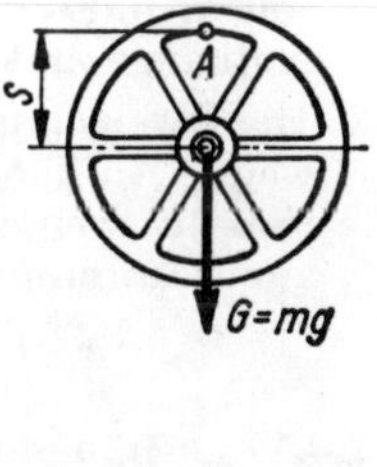

Die Bedeutung von (M 146) liegt in der Möglichkeit, das Massenträgheitsmoment eines beliebigen Körpers durch Messung von *s*, *m* und *T* experimentell bestimmen zu können. Aus (M 146) und (M 115) folgt

$$J_S = \frac{mgsT^2}{4\pi^2} - ms^2 \text{ oder}$$

(M 147) $$J_S = ms\left(\frac{gT^2}{4\pi^2} - s\right)$$

	J_S	m	g	s	T
SI:	kg m²	kg	$\frac{\text{m}}{\text{s}^2}$	m	s

Beachte:

Zur Bestimmung von J_S ist der Körper an einem Punkt außerhalb S aufzuhängen und mit kleiner Amplitude anzustoßen.

7.3.4. Reduzierte Pendellänge

> Unter der *reduzierten Pendellänge* eines physischen Pendels versteht man die Länge eines mathematischen Pendels gleicher Periodendauer.

Wenn l' reduzierte Pendellänge,
J_A Massenträgheitsmoment, bezogen auf die durch den Aufhängepunkt A gehende Achse,
m Masse des physischen Pendels,
s Abstand Schwerpunkt S – Aufhängepunkt A,

dann gilt entsprechend (M 145) und (M 146)

$$2\pi\sqrt{\frac{l'}{g}} = 2\pi\sqrt{\frac{J_A}{mgs}} \quad \text{oder}$$

(M 148) $$\boxed{l' = \frac{J_A}{ms}}$$

SI:	l'	J_A	m	s
	m	kg m²	kg	m

Beachte:

1. Im Abstand l' senkrecht unter dem Aufhängepunkt eines drehbaren Körpers befindet sich der **Schwingungs-** bzw. **Stoßmittelpunkt.** Stöße, die den Körper zum Pendeln bringen sollen, müssen gegen diesen Punkt gerichtet sein, wenn im Aufhängepunkt keine «Rückstöße» auftreten sollen.
2. Die Periodendauer eines physischen Pendels ändert sich nicht, wenn Aufhängepunkt und Schwingungsmittelpunkt vertauscht werden. (Anwendung beim **Reversionspendel** z. B. zur Bestimmung der Schwerebeschleunigung.)

7.4. Dämpfung

Bei jeder Schwingung treten durch Luftwiderstand, Reibung u. a. Energieverluste auf, die zu einer gesetzmäßigen Abnahme der Amplitude führen.

Unter Dämpfung versteht man das gesetzmäßige Abnehmen der Amplitude im Verlauf der Schwingung.

Das Verhältnis zweier benachbarter Amplituden (z. B. $\hat{y}_0 : \hat{y}_1$) wird dabei als **Amplitudenverhältnis** bezeichnet.

Wenn $\hat{y}_0$ Anfangsamplitude,
$\hat{y}_n$ Amplitude nach n Schwingungen,
k Amplitudenverhältnis,
n beliebige ganze Zahl,

dann gilt, weil $\hat{y}_1 = \frac{\hat{y}_0}{k}$ und $\hat{y}_2 = \frac{\hat{y}_1}{k} = \frac{\hat{y}_0}{k^2}$, allgemein

(M 149) $$\hat{y}_n = \frac{\hat{y}_0}{k^n}$$

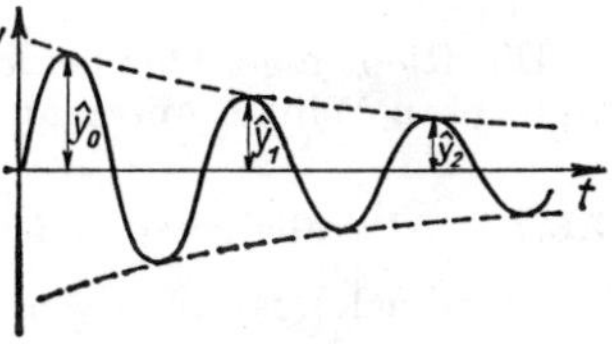

Beachte:

Die Amplituden nehmen exponentiell ab.

7.5. Resonanz

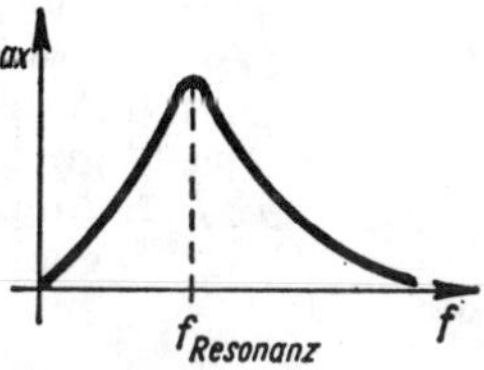

Wird ein schwingungsfähiger Körper im Rhythmus seiner Eigenschwingung angestoßen (erregt), so speichert sich in ihm die zugeführte Energie, seine Amplitude schaukelt sich auf. Die Energie kann auch von einem anderen, mit gleicher Frequenz schwingenden Körper kommen. In beiden Fällen spricht man von Resonanz.

Resonanz herrscht, wenn die Frequenz des Anstoßes mit der des schwingungsfähigen Körpers übereinstimmt.

Je mehr sich die Frequenzen unterscheiden, desto geringer ist die Energieübertragung, und desto fester muß die Kopplung sein. Bei sehr fester Kopplung schwingt der Körper auch in einer ihm fremden Frequenz. Er führt **erzwungene Schwingungen** aus.

7.6. Überlagerung von Schwingungen

Jeder Körper kann gleichzeitig zwei oder mehrere Schwingungen ausführen. Anstelle der Einzelschwingungen vollführt er dann eine resultierende Schwingung. Diese kann rechnerisch oder zeichnerisch bestimmt werden. Für beide Methoden gilt, daß die Elongationen der Einzelschwingungen zu jedem Zeitpunkt als Vektoren zusammengesetzt werden. Dabei gibt es zwei Möglichkeiten der Überlagerung:

1. Die beiden Einzelschwingungen verlaufen in derselben Richtung.
2. Die Richtungen der beiden Einzelschwingungen bilden einen rechten Winkel miteinander.

7.6.1. Parallel zueinander verlaufende Schwingungen

Die Einzelelongationen werden algebraisch addiert.

Wenn y_1 Elongation der Schwingung 1,
y_2 Elongation der Schwingung 2,
y_{ges} resultierende Elongation,
$\hat{y}_1, f_1, t_1$ Amplitude, Frequenz und Dauer der Schwingung 1,
$\hat{y}_2, f_2, t_2$ Amplitude, Frequenz und Dauer der Schwingung 2,

dann gilt

$$y_{ges} = y_1 + y_2$$

(M 150)
$$\boxed{\begin{aligned} y_{ges} &= \hat{y}_1 \sin(\omega_1 t_1) + \hat{y}_2 \sin(\omega_2 t_2) \\ &= \hat{y}_1 \sin(2\pi f_1 t_1) + \hat{y}_2 \sin(2\pi f_2 t_2) \end{aligned}}$$

Beachte:

1. Die Zeit t zählt jeweils vom ersten Durchgang durch die Mittellage nach oben.
2. Überlagerung harmonischer Schwingungen gleicher Frequenz ergibt wieder eine harmonische resultierende Schwingung.

3. Überlagerung harmonischer Schwingungen ungleicher Frequenz ergibt eine nicht harmonische resultierende Schwingung.

4. Umgekehrt ist es möglich, jede nichtharmonische Schwingung in einzelne harmonische Schwingungen aufzulösen. Die zu verwendende mathematische Methode heißt **Fourieranalyse.**

Zeichnerisch reiht man die Einzelelongationen unter Berücksichtigung der Richtung aneinander. Verbindet man die Endpunkte der resultierenden Elongationen, so erhält man die Kurve der resultierenden Schwingung.

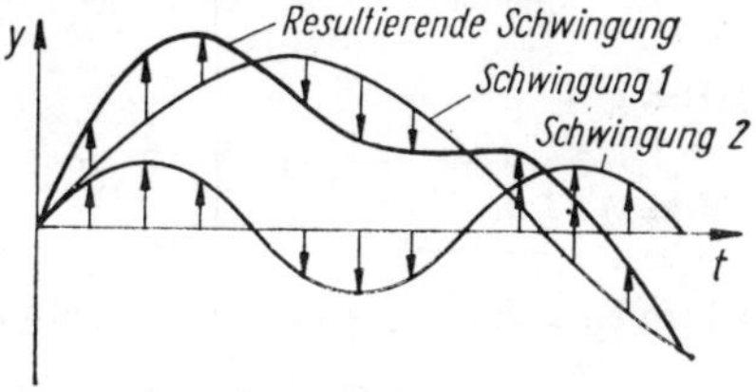

Sonderfälle:

Bedingungen	Überlagerungsergebnis
$\hat{y}_1 = \hat{y}_2;\ f_1 = f_2;\ \Delta\varphi = 0$	Verdoppelung aller Elongationen
$\hat{y}_1 \neq \hat{y}_2;\ f_1 = f_2;\ \Delta\varphi = 0$	Addition der Elongationen
$\hat{y}_1 = \hat{y}_2;\ f_1 = f_2;\ \Delta\varphi = \pi$	völlige Auslöschung
$\hat{y}_1 \neq \hat{y}_2;\ f_1 = f_2;\ \Delta\varphi = \pi$	Subtraktion der Elongationen
$\hat{y}_1 = \hat{y}_2;\ f_1 \gtrless f_2$; veränderlich	Schwebung

Beachte:

1. Unter $\Delta\varphi$ ist die Differenz der Phasenwinkel beider Schwingungen zu verstehen.

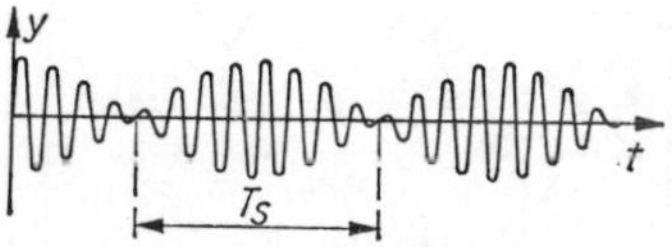

2. Das typische Bild einer Schwebung ergibt sich nur, wenn der Unterschied zwischen f_1 und f_2 gering ist. Die Zahl der je Sekunde auftretenden Schwingungsmaxima bzw. -minima bezeichnet man als Schwebungsfrequenz f_S.

(M 151) $$f_s = f_1 - f_2$$

7.6.2. Senkrecht zueinander verlaufende Schwingungen

Die Einzelelongationen werden geometrisch (vektoriell) addiert.

Wenn y_1 Elongation der Schwingung 1,
y_2 Elongation der Schwingung 2,
y_{ges} resultierende Elongation
$\hat{y}_1, f_1, t_1$ Amplitude, Frequenz und Dauer der Schwingung 1,
$\hat{y}_2, f_2, t_2$ Amplitude, Frequenz und Dauer der Schwingung 2,

dann gilt

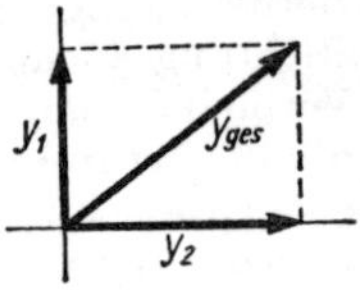

(M 152) $$y_{ges} = \sqrt{y_1^2 + y_2^2}$$

darin sind $y_1 = \hat{y}_1 \sin(\omega_1 t_1) = \hat{y}_1 \sin(2\pi f_1 t_1)$,

$$y_2 = \hat{y}_2 \sin(\omega_2 t_2) = \hat{y}_2 \sin(2\pi f_2 t_2).$$

Beachte:

Die Zeit t zählt jeweils vom ersten positiven Durchgang durch die Mittellage.

Verbindet man die Endpunkte der resultierenden Elongationen, dann erhält man einen verschlungenen Kurvenzug, eine **Lissajoussche Figur.**

Sonderfälle:

Bedingungen	Überlagerungsfigur
$f_1 = f_2;\ \hat{y}_1 = \hat{y}_2;\ \Delta\varphi = 0$	 Gerade (Diagonale)
$f_1 = f_2;\ \hat{y}_1 = \hat{y}_2;\ \Delta\varphi = \frac{\pi}{2}$	 Kreis
$f_1 = f_2;\ \hat{y}_1 \lesseqgtr \hat{y}_2;\ \Delta\varphi = \frac{\pi}{2}$	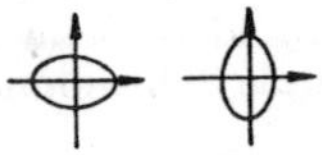 Ellipse

Bedingungen	Überlagerungsfigur
$f_1 = f_2;\ \hat{y}_1 = \hat{y}_2;\ \Delta\varphi = \pi$	 Gerade (Diagonale)
$f_1 = f_2;\ \hat{y}_1 = \hat{y}_2;\ 0 < \Delta\varphi < \frac{\pi}{2}$	 Ellipse
$f_1 = f_2;\ \hat{y}_1 = \hat{y}_2;\ \frac{\pi}{2} < \Delta\varphi < \pi$	 Ellipse

Beachte:

1. Unter $\Delta\varphi$ ist die Differenz der Phasenwinkel beider Schwingungen zu verstehen.
2. Die Form der LISSAJOUSschen Figur wird vom Frequenzverhältnis und der zu Beginn vorhandenen Phasenwinkeldifferenz bestimmt.
3. Bilden die Frequenzen beider Schwingungen ein rationales Verhältnis, so ist die LISSAJOUSsche Figur unveränderlich.

7.7. Wellen

Mechanische Wellen können sich nur in **Medien** bilden und ausbreiten. Diese bestehen aus schwingungsfähigen Teilchen, die alle miteinander gekoppelt sind. Schwingt eines dieser Teilchen, so wird es zum Erregungszentrum sich ausbreitender Wellenzüge. In einer Welle wird Schwingungsenergie übertragen.

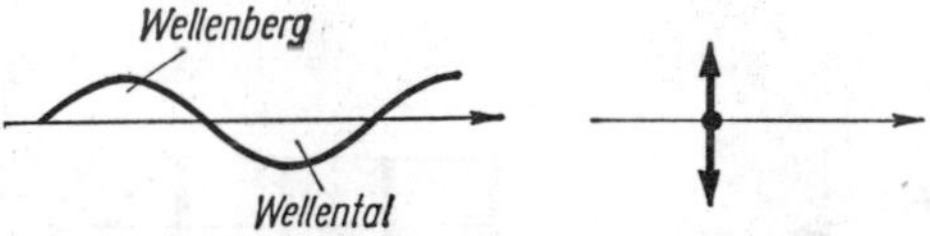

7.7.1. Wellenarten

Schwingen die Teilchen *quer* zur Ausbreitungsrichtung der Welle, so heißt sie **Quer-** oder **Transversalwelle.** In ihr wechseln *Wellenberge* und *Wellentäler*.

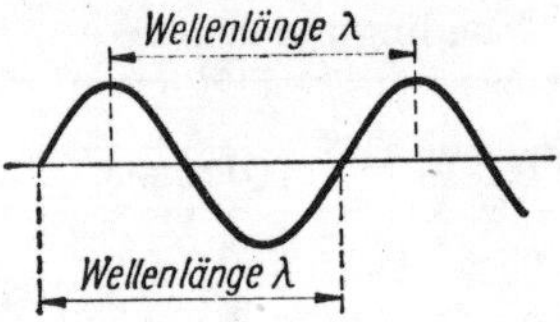

Schwingen die Teilchen in der Ausbreitungsrichtung der Welle, so heißt sie **Längs-** oder **Longitudinalwelle.** In ihr wechseln *Verdichtungen* und *Verdünnungen.*
Wellenberg und -tal bzw. Verdichtung und Verdünnung ergeben zusammen eine **Wellenlänge.** Man kann auch sagen:

> Unter der Wellenlänge λ versteht man den Abstand zweier Teilchen in gleicher Schwingungsphase.

Entsprechend ihrer Ausbreitungsrichtung unterscheidet man *lineare Wellen*, *Flächenwellen* und *Raumwellen.* Die Ausbreitungsrichtung einer Welle wird als **Wellenstrahl** bezeichnet. Senkrecht zu diesem verläuft die **Wellenfront.** Sie ist der geometrische Ort aller Teilchen in gleicher Phase. Bei Flächen- und Raumwellen mit punktförmigem Erregerzentrum verlaufen die Strahlen **radial,** die Wellenfronten sind *Kreise* bzw. *Kugelschalen.* Bei flächenhaften bzw. weit entfernten Wellenzentren kann man von *ebenen* Wellen sprechen. Die Strahlen sind **parallel,** die Fronten eben.

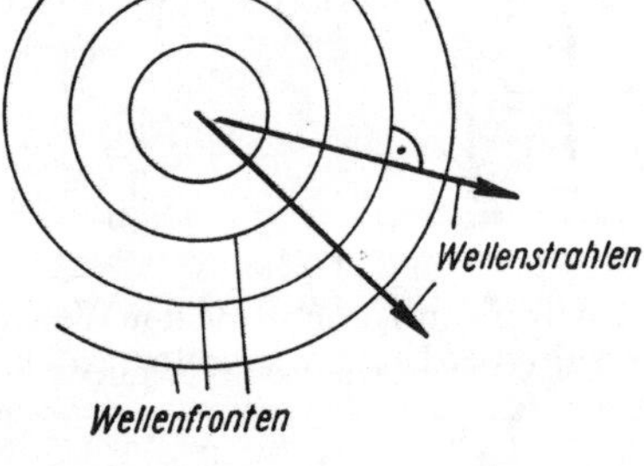

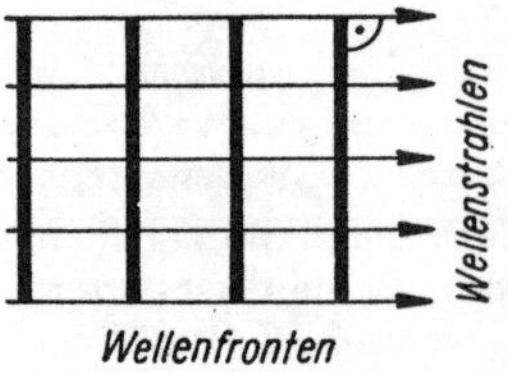

7.7.2. Wellenbewegung

Wellengeschwindigkeit

Die Ausbreitungsgeschwindigkeit der Wellen (kurz Wellengeschwindigkeit) ist i. allg. zugleich die Geschwindigkeit des Energietransportes innerhalb der Welle. Sie hängt von den physikalischen Eigenschaften des Mediums ab. Zwischen ihr und den anderen wichtigen Größen einer Welle besteht folgende Beziehung:

Wenn c Ausbreitungsgeschwindigkeit (Phasengeschwindigkeit) der Welle,
f $= 1/T$ Frequenz, mit der die einzelnen Teilchen schwingen,
T $= 1/f$ Periodendauer, Dauer der vollen Schwingung eines Teilchens,
λ Wellenlänge = Abstand zweier Teilchen gleicher Phase,

dann gilt entsprechend (M 17) $c = \frac{\lambda}{T}$ oder

(M 153) $$\boxed{c = \lambda f}$$

SI:

c	λ	f
$\frac{\text{m}}{\text{s}}$	m	Hz

Beachte:

1. Diese Gleichung gilt für alle Wellenarten, auch für elektromagnetische Wellen.
2. Spezielle Gleichungen für die Berechnung der Ausbreitungsgeschwindigkeit longitudinaler mechanischer Wellen in verschiedenen Medien → 13.1. (Schallgeschwindigkeit)!

Elongation

Da sich eine Welle mit endlicher Geschwindigkeit ausbreitet, muß jedes in ihr schwingende Teilchen eine von Wellengeschwindigkeit und Entfernung abhängige Phasendifferenz zum Teilchen im Erregerzentrum haben.

Wenn y Elongation eines beliebigen Teilchens im Abstand x vom Erregerzentrum zur Zeit t,
y_{max} Amplitude der Welle,
ω $= 2\pi f$ Kreisfrequenz,
t Dauer der Schwingung des erregenden Teilchens,

x Abstand eines beliebigen Teilchens vom erregenden Teilchen, Laufstrecke der Welle,
c Ausbreitungsgeschwindigkeit der Welle,

dann gilt für die Elongation des erregenden Teilchens (M 132)

$$y = y_{max} \sin \omega t.$$

Ein anderes Teilchen erreicht diese Elongation erst später. Die Zeit t ist um die Laufzeit für die Laufstrecke x der Welle zu verringern. Es ergibt sich

(M 154) $$y = y_{max} \sin \omega \left(t - \frac{x}{c}\right)$$

SI:	ω	t	x	c
	$\frac{1}{s}$	s	m	$\frac{m}{s}$

Energie der Welle

In jeder Welle wird Energie transportiert, die als Schwingungsenergie von einem zum anderen der miteinander gekoppelten Teilchen weitergeleitet wird. Den Energiegehalt der Welle, bezogen auf ein bestimmtes Volumen des Mediums, nennt man **Energiedichte w.**

Unter der Energiedichte w innerhalb der Welle versteht man das Verhältnis der Schwingungsenergie der Teilchen eines bestimmten Volumens des Mediums zur Größe dieses Volumens.

$$\text{Energiedichte } w = \frac{\text{Schwingungsenergie } W}{\text{Volumen}}$$

Sie wird in J/m^3 angegeben.

Die Energie einer bestimmten Masse des Mediums ergibt sich aus der kinetischen Energie der Teilchen beim Durchlaufen der Mittellage.

Wenn w Energiedichte innerhalb einer Welle,
ϱ Dichte des Mediums,
$v_{max} = \omega y_{max}$ Geschwindigkeit beim Durchlaufen der Mittellage,

dann gilt entsprechend (M 92) $W_k = \frac{mv_{max}^2}{2}$ und für die Energiedichte $w = \dfrac{mv_{max}^2}{2V}$ oder wegen $\dfrac{m}{V} = \varrho$

(M 155) $$w = \frac{1}{2}\varrho v_{max}^2$$

SI:

w	ϱ	v_{max}
$\dfrac{J}{m^3}$	$\dfrac{kg}{m^3}$	$\dfrac{m}{s}$

Beachte:

1. v_{max} wird häufig (vor allem in Schallwellen) als Schnelle u bezeichnet.
2. Wegen $v_{max}^2 = \omega^2 y_{max}^2 = 4\pi^2 f^2 y_{max}^2$ ist die Energiedichte den Quadraten von Frequenz und Amplitude proportional:

   $$w \sim f^2 y_{max}^2$$

3. Genauere Betrachtungen zeigen, daß die Energiedichte zeitlich schwankt. (M 55) liefert den zeitlichen Mittelwert.

7.7.3. Huygenssches Prinzip

Die Erscheinungen der Wellenausbreitung lassen sich leicht erklären und deuten, wenn man ihnen das HUYGENSsche Prinzip zugrunde legt.

> Jeder von einer Welle getroffene Punkt ist Ausgangspunkt einer neuen Elementarwelle.

Die vielen neuentstehenden Elementarwellen kommen zur Überlagerung. Als Ergebnis entsteht die der Beobachtung zugängliche gemeinsame Wellenfront aller Elementarwellen. Das HUYGENSsche Prinzip gilt für alle Wellenarten, auch für elektromagnetische Wellen.

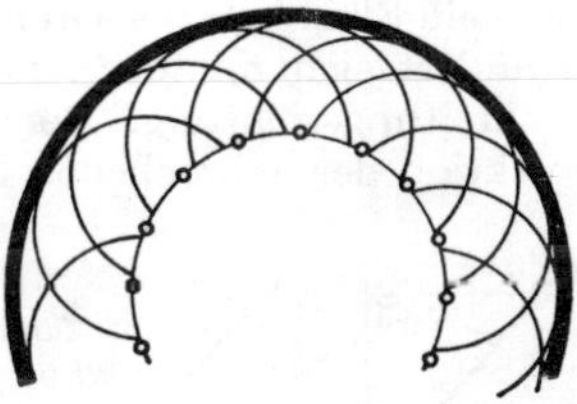

7.7.4. Reflexion

Trifft eine Welle an der Grenze des Mediums auf einen Stoff, in dem sie sich nicht ausbreiten kann, so tritt eine Reflexion (Zurückwerfung) auf. Die Konstruktion der reflektierten Strahlen

1' und *2'* erfolgt nach dem HUYGENSschen Prinzip, wonach im Punkt *A* eine Elementarwelle entsteht, deren Radius die Größe $\overline{AC} = \overline{BD}$ erreicht hat, wenn Strahl *2* in *D* auf die Grenzfläche trifft. Nach Konstruktion der gemeinsamen Wellenfront durch *D* und *C* ergibt sich die neue Wellenrichtung.

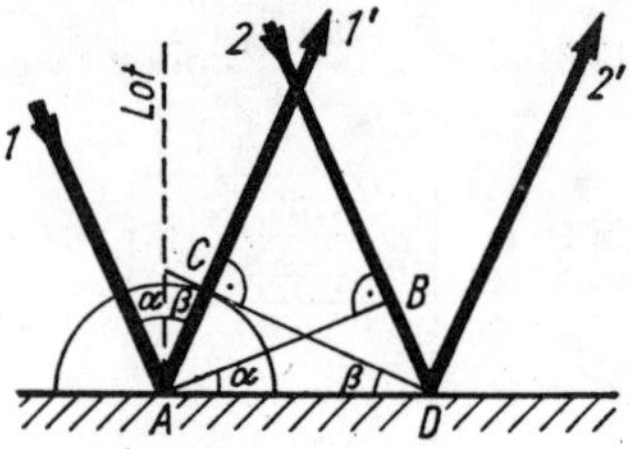

Wenn α Einfallswinkel = Winkel zwischen dem auftreffenden Strahl und dem auf der Grenzfläche errichteten Lot,

β Reflexionswinkel = Winkel zwischen dem reflektierten Strahl und dem Lot,

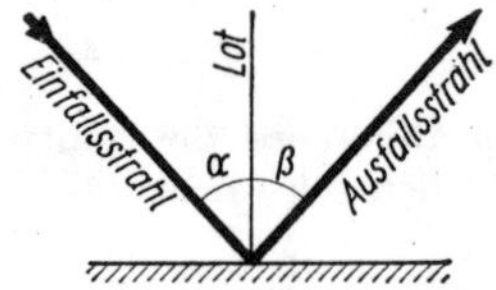

dann gilt das **Reflexionsgesetz**

(M 156) $\boxed{\alpha = \beta}$ Beide Strahlen und das Lot liegen in einer Ebene.

Beachte:

(M 156) gilt auch für elektromagnetische Wellen, z. B. Licht; → 22.2.!

7.7.5. Brechung

Tritt ein Strahl an der Grenze des Mediums in ein anderes über so ändert sich mit der Ausbreitungsgeschwindigkeit auch die Ausbreitungsrichtung. Der Strahl wird gebrochen. Die Konstruktion der gebrochenen Strahlen *1'* und *2'* erfolgt nach dem

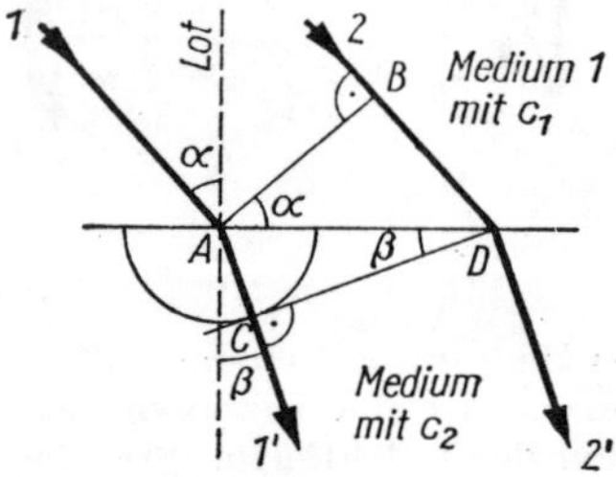

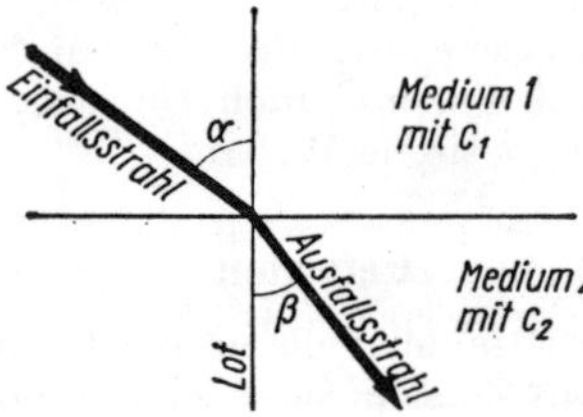

HUYGENSschen Prinzip, wonach im Punkt A eine Elementarwelle entsteht, deren Radius die Größe $\overline{AC} = \overline{BD}\,\frac{c_2}{c_1}$ erreicht hat, wenn Strahl *2* in D auf die Grenzfläche trifft. Nach Konstruktion der gemeinsamen Wellenfront durch D und C ergibt sich die neue Wellenrichtung.

Wenn c_1 Ausbreitungsgeschwindigkeit im 1. Medium,
c_2 Ausbreitungsgeschwindigkeit im 2. Medium,
α Einfallswinkel, gemessen zwischen Strahl und Lot,
β Brechungswinkel, gemessen zwischen Strahl und Lot,

dann gilt das **Brechungsgesetz**

(M 157) $$\boxed{\frac{\sin\alpha}{\sin\beta} = \frac{c_1}{c_2}}$$ Beide Strahlen und das Lot liegen in einer Ebene.

Beachte:
(M 157) gilt auch für elektromagnetische Wellen, z. B. Licht; → (O 4)!

7.7.6. Beugung

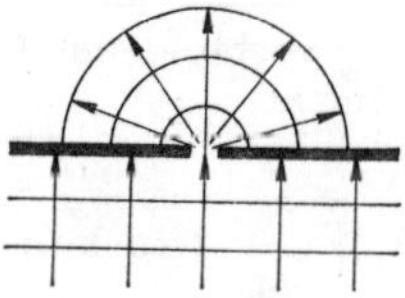

Trifft eine Welle auf eine Wand mit einer kleinen Öffnung, dann breitet sich der durch die Öffnung hindurchgelangende Strahl *fächerartig* auseinander, die Welle wird gebeugt. Die Erklärung liefert das HUYGENSsche Prinzip. Der Winkel zwischen der ursprünglichen und der neuen Richtung wird als Beugungswinkel bezeichnet. Die Energie des zu beugenden Strahles verteilt sich nicht gleichmäßig auf die verschiedenen Richtungen. Sie nimmt mit zunehmendem Beugungswinkel ab.

7.7.7. Stehende Wellen

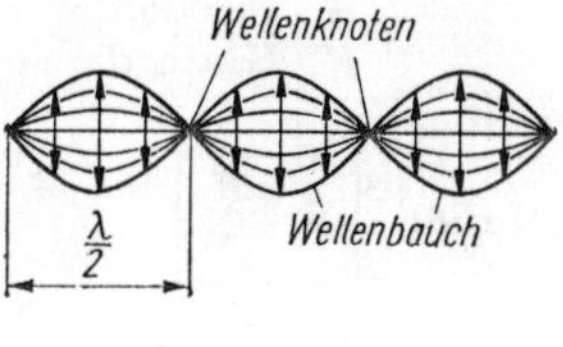

Wird eine Welle so reflektiert, daß sie auf der gleichen Bahn wieder zurückläuft, dann überlagern sich ankommende und reflektierte Welle. Es entsteht als Resultierende eine stehende Welle. Bei ihr beobachtet man **Wellenknoten,** das sind Teilchen, die stets in Ruhe bleiben, und dazwischen die **Wellenbäuche.** Der Abstand zweier Knoten entspricht einer halben Wellenlänge ($\lambda/2$).

8. Ruhende Flüssigkeiten (Hydrostatik)

Charakteristisch für Flüssigkeiten ist die gegenseitige Verschiebbarkeit der Moleküle. Dadurch besitzen Flüssigkeiten keine eigene Gestalt, sondern nehmen die des Gefäßes an.

8.1. Verbundene Gefäße

Auf Grund der Verschiebbarkeit der Moleküle stellt sich die Oberfläche einer Flüssigkeit senkrecht zur wirkenden Kraft ein.

> Der Spiegel einer ruhenden Flüssigkeit stellt sich unter dem Einfluß der Schwerkraft stets horizontal, d. h. auf gleiche Höhe ein.

Das gilt auch für kompliziert geformte oder mehrere miteinander verbundene Gefäße.

> In verbundenen Gefäßen steht eine Flüssigkeit überall gleich hoch.

8.2. Druck in Flüssigkeiten

8.2.1. Kolbendruck

Wird von außen auf eine Flüssigkeit ein Druck ausgeübt, so pflanzt sich dieser auf Grund der Verschiebbarkeit der Moleküle allseitig mit gleicher Stärke fort.
Die Größe dieses Druckes kann berechnet werden. Er wird in N/m^2 = Pascal (Pa) angegeben. Ferner: Bar (bar) = 100 kPa.

Wenn p Druck in der Flüssigkeit,
A Fläche,
F Kraft, die auf die Fläche wirkt,

dann gilt

(M 158) $$p = \frac{F}{A}$$

	p	F	A
SI:	$\mathrm{Pa} = \frac{\mathrm{N}}{\mathrm{m}^2}$	N	m^2

Beachte:

1. Diese Gleichung gilt nicht nur für den Kolbendruck, sondern für jeden Druck in festen, flüssigen und gasförmigen Körpern.
2. Der Druck ist keine vektorielle Größe. Er hat also keine bestimmte Richtung.
3. Zum Kolbendruck kommt noch der Schweredruck hinzu. → 8.2.2.!
4. Umrechnung von Druckeinheiten → auch Tabelle U 3!

Umrechnung:

	1 bar = 0,1 MPa	
ferner	1 at = 1 kp/cm² = 10 mWS	= 98066,5 Pa
	= 0,981 bar = 736 Torr	= 9,81 N/cm²;
	1 Pa = $1{,}02 \cdot 10^{-5}$ at	
	1 pound-force/square yard (Lb/yd²)	= 53,20 µbar
	1 pound-force/square foot (Lb/ft²)	= 478,8 µbar
	1 pound-force/square inch (Lb/in² = psi)	= 68,95 mbar
	1 ounce/square foot (oz/ft²)	= 29,94 µbar
	1 ounce/square inch (oz/in²)	= 4,309 mbar
	1 Ton/square foot (Ton/ft²)	= 1,073 bar
	1 inch of water (in water)	= 2,491 mbar
	1 inch mercuri (in Hg)	= 33,88 mbar

Bei einer **hydraulischen Presse** wirkt auf alle Kolben der gleiche Druck. Er übt aber auf die verschieden großen Kolbenflächen unterschiedliche Kräfte aus. Dabei gilt entsprechend (M 158)

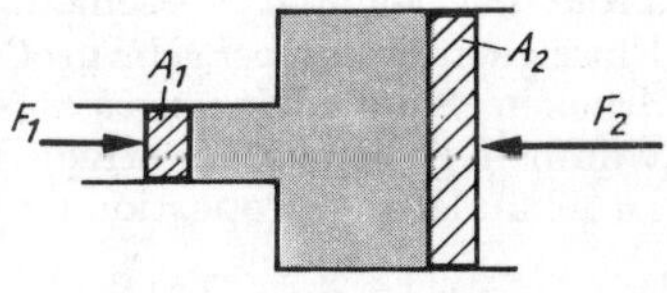

Die Kräfte verhalten sich wie die Kolbenflächen, also wie die Quadrate der Kolbendurchmesser.

$$\frac{F_1}{F_2} = \frac{A_1}{A_2} = \frac{d_1^2}{d_2^2} \text{ oder } p = \frac{F_1}{A_1} = \frac{F_2}{A_2}$$

8.2.2. Schweredruck

Jede Flüssigkeit erfährt infolge ihres eigenen Gewichtes einen Druck. Er beträgt je 10 m Wassersäule $\approx$ 1 bar.

Wenn p Schweredruck,
h Höhe der drückenden Flüssigkeitssäule,
ϱ Dichte der Flüssigkeit,
g Fallbeschleunigung $= 9{,}81\ \mathrm{m/s^2}$,

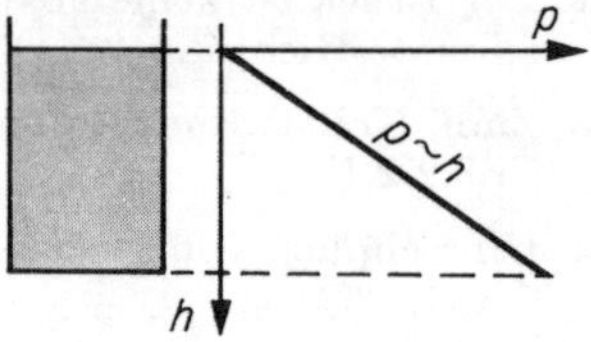

dann gilt

(M 159) $\boxed{p = h\varrho g}$

SI:

p	h	ϱ	g
$\mathrm{Pa} = \frac{\mathrm{N}}{\mathrm{m^2}}$	m	$\frac{\mathrm{kg}}{\mathrm{m^3}}$	$\frac{\mathrm{m}}{\mathrm{s^2}}$

Beachte:

1. Die Dichte ϱ ist temperaturabhängig. Für sehr genaue Rechnungen Dichte mit (W 10) umrechnen!
2. Die Einheit der Dichte weicht von der in den Tabellen verwendeten ab.
3. Boden-, Seiten- und Aufdruck sind in der gleichen Tiefe ebenso groß wie der Schweredruck.
4. Umrechnung für die Druckeinheiten → auch Tabelle U 3!
5. Die Summe aus Schwere- und Kolbendruck bezeichnet man als *hydrostatischen Druck*.

8.2.3. Kompressibilität

Trotz der leichten Verschiebbarkeit der Moleküle lassen sich Flüssigkeiten nur bei sehr großen Drücken merklich zusammendrücken. Sie sind *kaum volumenelastisch*. Die auf das Anfangsvolumen bezogene (relative) Volumenänderung ist dabei der Druckänderung proportional:

$$\frac{\Delta V}{V} \sim \Delta p\,.$$

Wenn Δp Änderung des auf die Flüssigkeit ausgeübten Druckes,
$\varkappa$ Kompressibilität der Flüssigkeit,
ΔV Volumenabnahme bei Drucksteigerung,
V Volumen der Flüssigkeit,

dann gilt

(M 160) $\Delta V = \varkappa \Delta p V$

	$\Delta V, V$	Δp	$\varkappa$
SI:	beliebig	$Pa = \frac{N}{m^2}$	$\frac{1}{Pa} = \frac{m^2}{N}$
77:		$at = \frac{kp}{cm^2}$	$\frac{cm^2}{kp} = \frac{1}{at}$

Beachte:

1. Die Volumenänderung ist wegen ihrer Kleinheit in vielen Fällen zu vernachlässigen.
2. Zahlenwerte für die Kompressibilität $\varkappa$ → Tabelle 3 (Anhang)!

8.3. Auftrieb

Jeder in eine Flüssigkeit getauchte Körper verliert scheinbar einen Teil seiner Gewichtskraft. Man nennt die seiner Gewichtskraft entgegengerichtete Kraft Auftriebskraft. Sie entspricht der Gewichtskraft der vom Körper verdrängten Flüssigkeit und entsteht als Differenz von Aufdruckkraft und Bodendruckkraft. Diese Gesetzmäßigkeit bezeichnet man als

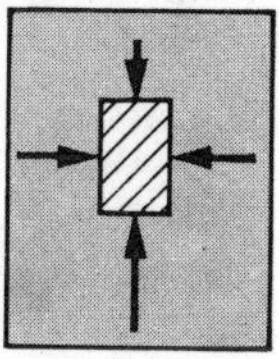

Archimedisches Prinzip:

> Die Auftriebskraft ist gleich der Gewichtskraft der vom Körper verdrängten Flüssigkeitsmenge.

Wenn F_A Auftriebskraft = scheinbarer Gewichtsverlust des eintauchenden Körpers,
V Volumen der vom Körper verdrängten Flüssigkeit,
ϱ Dichte der Flüssigkeit,
g Fallbeschleunigung = 9,81 m/s²,
γ Wichte = G/V,

dann gilt

(M 161) $F_A = V \varrho g$

	F_A	V	ϱ	g
SI:	N	m³	$\frac{kg}{m^3}$	$\frac{m}{s^2}$

oder $F_A = V \gamma$

	F_A	V	γ
77:	kp	dm³	$\frac{kp}{dm^3}$

Beachte:

Die Einheit der Dichte weicht von der in den Tabellen verwendeten ab.

Je nach der Größe des Auftriebes gibt es für einen Körper drei Möglichkeiten.

Übersicht:

1. $G < F_A$:	Körper steigt zur Oberfläche und taucht nur teilweise ein.
2. $G = F_A$:	Körper taucht vollkommen ein und schwebt.
3. $G > F_A$:	Körper sinkt.

8.3.1. Dichtebestimmung bei festen Körpern

Man benutzt eine hydrostatische Waage, die es gestattet, einen festen Körper sowohl in Luft als auch in einer Flüssigkeit zu wägen.

Wenn
- ϱ zu bestimmende Dichte des festen Körpers,
- ϱ_F Dichte der Flüssigkeit, in der der Körper gewogen wird,
- G Gewichtskraft des Körpers in Luft,
- G_F Gewichtskraft des Körpers, wenn er völlig in die Flüssigkeit eintaucht ($G - F_A$),

dann gilt

(M 162) $$\varrho = \varrho_F \frac{G}{G - G_F} = \frac{\varrho_F}{1 - \frac{G_F}{G}}$$

Beachte:

Messung ist nur möglich, wenn der Körper nicht auf der Flüssigkeit schwimmt.

8.3.2. Dichtebestimmung bei Flüssigkeiten

Wenn
- ϱ_1 zu bestimmende Dichte der Flüssigkeit 1,
- ϱ_2 Dichte einer bekannten Flüssigkeit 2 (z. B. Wasser),
- G Gewichtskraft des festen Körpers in Luft,
- G_{F1} Gewichtskraft des Körpers in der Flüssigkeit 1,
- G_{F2} Gewichtskraft des Körpers in der Flüssigkeit 2,

dann gilt

(M 163) $$\varrho_1 = \varrho_2 \frac{G - G_{F1}}{G - G_{F2}}$$

Beachte:

Es kann ein beliebiger fester Körper benutzt werden, sofern er auf beiden Flüssigkeiten nicht schwimmt. Sein Volumen und seine Dichte brauchen nicht bekannt zu sein.

9. Ruhende Gase (Aerostatik)

Charakteristisch für sie ist das fast völlige Fehlen einer Kohäsion. Sie sind daher unbestimmt an Gestalt und Volumen und nehmen beides vom Gefäß an. Sie füllen also jedes ihnen gebotene Volumen. Jedes Gas steht unter einem bestimmten Druck. Dieser pflanzt sich nach allen Seiten gleichmäßig fort.

9.1. Druck und Volumen eines Gases

Der Druck eines Gases ist bei konstanter Temperatur proportional der im Raum anwesenden Zahl von Molekülen. Ferner gilt das **Gesetz von Boyle-Mariotte:**

Das Volumen eines eingeschlossenen Gases gleichbleibender Temperatur ist seinem Druck umgekehrt proportional.

oder

Das Produkt aus Druck und Volumen ist bei einem eingeschlossenen Gas gleichbleibender Temperatur konstant.

oder

Bei einem eingeschlossenen Gas konstanter Temperatur sind Druck und Dichte einander proportional:

$$p \sim \varrho$$

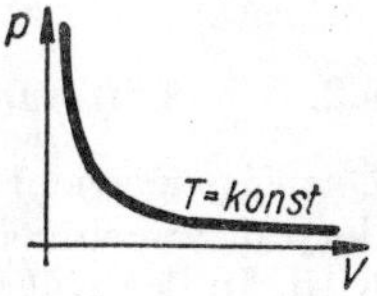

Wenn p_1 Anfangsdruck des Gases,
p_2 Enddruck des Gases,
V_1 Anfangsvolumen des Gases,
V_2 Endvolumen des Gases,

dann gilt

(M 164) $p_1 : p_2 = V_2 : V_1$ oder pV = konstant

Beachte:

1. Umrechnung von Druckeinheiten → Tabelle U 3!
2. Es ist stets der **Gesamtdruck** (absolute Druck) einzusetzen! → auch 9.1.1.!

9.1.1. Überdruck

In der Technik wird vielfach der Gasdruck als Überdruck angegeben.

Unter dem Überdruck versteht man die Differenz zwischen Innen- und Außendruck.

Der Gesamtdruck, d. h. der Innen- bzw. Außendruck, wird auch als absoluter Druck bezeichnet. Die Bezeichnung atü ist nicht mehr zulässig.

Beachte:

Der Druck außerhalb des Gefäßes ist im allgemeinen der jeweilige Luftdruck. Kennt man seinen genauen Wert nicht, dann rechnet man mit ≈ 1 bar.

9.1.2. Messung des Gasdrucks

Zum Messen dienen Manometer:

1. Offenes Manometer (auf beiden Seiten oben offenes U-Rohr).
2. Geschlossenes Manometer (auf einer Seite oben zugeschmolzenes U-Rohr).
3. Metallmanometer (Röhrenfedermanometer, BOURDONsche Röhre).

9.2. Luftdruck

Das Eigengewicht der Lufthülle erzeugt in der Luft einen Druck, der mit zunehmendem Abstand von der Erdoberfläche kleiner wird. In der *Nähe der Erdoberfläche* gilt:

> Mit je ≈8 m Höhenunterschied ändert sich der Luftdruck um je 100 Pa = 1 mbar.

Setzt man eine in den verschiedenen Höhen gleiche Temperatur voraus, so nimmt der Luftdruck bei zunehmender Höhe nach einer Exponentialfunktion ab.

Wenn p_0 Luftdruck an der Erdoberfläche,
p Luftdruck in der Höhe h,
h Höhe über der Erdoberfläche,
e Basis des natürlichen Logarithmensystems = 2,718 28,

dann gilt für Höhen bis zu etwa 100 km

(M 165) $$p = p_0 \, \mathrm{e}^{-ch}$$

	p, p_0	c	h
ges:	beliebig	$\frac{1}{\mathrm{km}}$	km

Beachte:

Für 101,3 kPa am Boden und 0 °C in der gesamten Atmosphäre hat c den Wert 0,125/km.

Für genaue Luftdruckberechnungen muß beachtet werden, daß die Temperatur mit der Höhe abnimmt. Für 101,3 kPa und 15 °C am Erdboden gilt für Höhen bis zu 11 000 m die

internationale Höhenformel:

(M 166) $$p = 101{,}3 \left(1 - \frac{0{,}0065 \, h/\mathrm{m}}{288}\right)^{5{,}255} \mathrm{kPa}$$

Beachte:

1. Der Luftdruck ist außerdem vor allem von Temperatur und Wetterlage abhängig.
2. In Meeresspiegelhöhe herrscht bei 15 °C im Jahresdurchschnitt der **Normaldruck von 101,3 kPa** (bis 1977: 760 Torr, physikalische Atmosphäre atm).
3. Luftdruck im Jahresmittel in Abhängigkeit von der Höhe zeigt die Tabelle 4 (Anhang)!

9.2.1. Luftdruckmessung

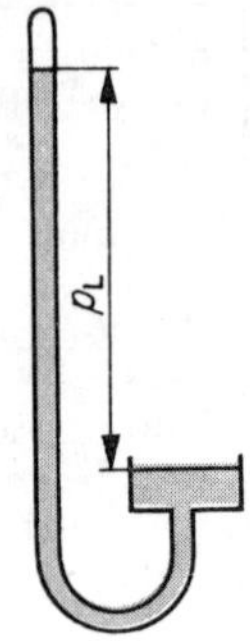

Der Luftdruck wird mit Barometern gemessen.

1. Quecksilberbarometer,
2. Dosenbarometer (Aneroidbarometer).

Die Anzeige eines Quecksilberbarometers ist abhängig von der Temperatur des Quecksilbers, denn dieses unterliegt der Wärmeausdehnung. Bei genauen Messungen ist daher umzurechnen.

Wenn p_0 auf 0 °C reduzierte Luftdruckanzeige,
p_t bei der Temperatur t abgelesener Luftdruck = Länge der Quecksilbersäule,
t Temperatur des Quecksilbers,

dann gilt

(M 167) $$\boxed{p_0 = p_t - 0{,}000181\, p_t\, t/°\mathrm{C}}$$

9.2.2. Wirkung des Luftdrucks

Die Funktionen folgender Geräte lassen sich mit dem Wirken des Luftdrucks erklären:

Pipetten, Kolbensaugpumpe, Kolbendruckpumpe, Kreiselpumpe. Bei den Pumpen ergibt sich die größte Förderhöhe aus der Überlegung: Schwerdruck = Luftdruck.
Da der Luftdruck $\approx 10^5$ Pa = 1 bar beträgt, kann die Förderhöhe auch nicht höher als ≈ 10 m sein.

10. Strömungen

Unter einer Strömung versteht man die Bewegung von Flüssigkeiten oder Gasen. Die Gesetze strömender Flüssigkeiten gelten auch für strömende Gase, solange die Strömungsgeschwindigkeit unter der Schallgeschwindigkeit bleibt, d. h. die strömenden Gase als praktisch inkompressibel angesehen werden können. Ursache einer Strömung sind u. a. Schwerkraft und Druckdifferenzen.
Jedes Teilchen einer Strömung hat in jedem Augenblick eine in Betrag und Richtung bestimmte Geschwindigkeit. Den Raum, den die strömenden Teilchen erfüllen, bezeichnet man als

Strömungsfeld. Zur Kennzeichnung der Geschwindigkeitsrichtung der Teilchen verwendet man **Stromlinien.** Die in einen Punkt der Stromlinie gelegte Tangente gibt die Strömungsrichtung in diesem Punkt an. Die Verhältnisse sind besonders übersichtlich, wenn die Bahnen der Teilchen mit den Stromlinien übereinstimmen. Das ist der Fall, wenn die Stromlinien für eine längere Zeit ihre Form behalten, die Strömung heißt dann **stationär.**

10.1. Reibungsfreie Strömung

Sieht man von Wirbelbildung und vor allem innerer Reibung ab, spricht man von einer idealen Flüssigkeit.

10.1.1. Ausfluß aus Gefäßen

Die Ausflußgeschwindigkeit hängt nur von der Höhe der drückenden Flüssigkeitssäule ab.

Wenn v Ausflußgeschwindigkeit,
h Druckhöhe = Höhe der über der Ausflußöffnung stehenden Flüssigkeitssäule,
g Fallbeschleunigung $= 9{,}81\ \mathrm{m/s^2}$,

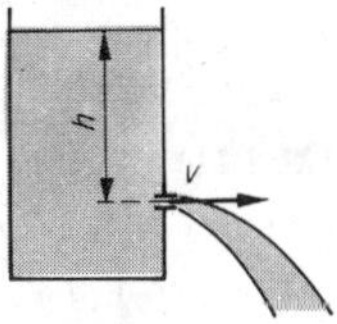

dann gilt

(M 168) $$v = \sqrt{2gh}$$

Beachte:

Die Ausflußgeschwindigkeit ist so groß wie nach einem freien Fall aus gleicher Höhe.

In Wirklichkeit ist die Ausflußgeschwindigkeit vor allem an scharfkantigen Ausströmöffnungen zum Teil erheblich kleiner. Das wird in der Ausflußzahl μ berücksichtigt.

(M 169) $$v = \mu\sqrt{2gh}$$

SI:	v	μ	g	h
	$\frac{\mathrm{m}}{\mathrm{s}}$	—	$\frac{\mathrm{m}}{\mathrm{s^2}}$	m

Bei scharfkantigen Öffnungen beträgt μ etwa 0,6; bei gut abgerundeten Öffnungen kann es fast 1 sein.

10.1.2. Durchfluß durch Röhren

Wenn V Volumen der durch den Querschnitt A strömenden Flüssigkeit,
t Dauer der Strömung
A Querschnitt des Rohres,
v Strömungsgeschwindigkeit der Flüssigkeit,

dann gilt

(M 170) $$V = Avt$$

Aus der Gleichung ergibt sich, daß in einem geschlossenen Kreislauf jede Querschnittsänderung eine Geschwindigkeitsänderung zur Folge haben muß.

Wenn A_1 Querschnitt an der Stelle 1,
A_2 Querschnitt an der Stelle 2,
v_1 Geschwindigkeit an der Stelle 1,
v_2 Geschwindigkeit an der Stelle 2,

dann gilt das **Durchflußgesetz (Kontinuitätsgleichung)**

(M 171) $$A_1 v_1 = A_2 v_2$$ Querschnitt und Geschwindigkeit sind umgekehrt proportional.

oder $$Av = \text{konstant}$$

Beachte:

Das Produkt Av bezeichnet man häufig als Stromstärke I.

10.1.3. Druck in Strömungen

In jeder Strömung existieren zwei Druckarten:

1. **der statische Druck,** wirkt quer zur Strömungsrichtung;
2. der **Staudruck** (oder dynamische Druck) wirkt in Strömungsrichtung.

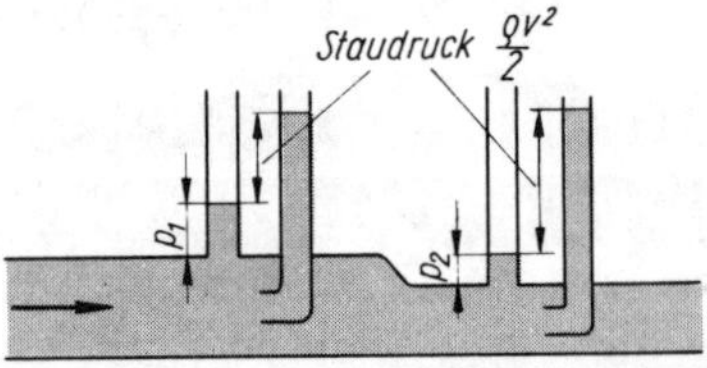

Mit der Strömungsgeschwindigkeit wächst der Staudruck und sinkt der statische

Druck. In einer ruhenden Flüssigkeit ist der Staudruck Null, und der statische Druck ist gleich dem hydrostatischen Druck.

Für die Summe beider Drücke gilt das

Gesetz von Bernoulli:

> In einer stationären Strömung ist die Summe aus dem statischen Druck und dem dynamischen Druck konstant. Sie entspricht dem hydrostatischen Druck der ruhenden Flüssigkeit.

Wenn p_1 statischer Druck an der Stelle 1,
v_1 Strömungsgeschwindigkeit an der Stelle 1,
p_2 statischer Druck an der Stelle 2,
v_2 Strömungsgeschwindigkeit an der Stelle 2,
ϱ Dichte der Flüssigkeit,

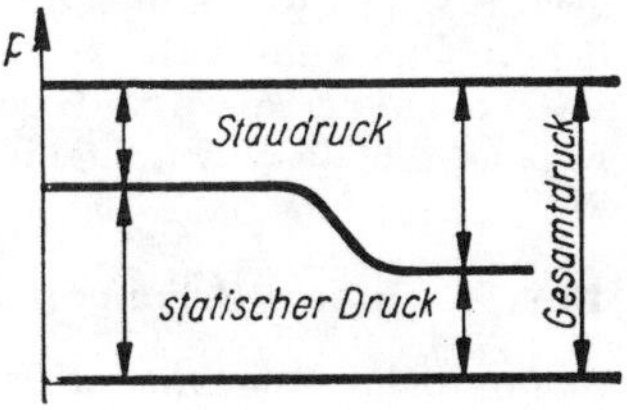

dann gilt

(M 172) $$p_1 + \frac{\varrho}{2} v_1^2 = p_2 + \frac{\varrho}{2} v_2^2$$

oder $$p + \frac{\varrho}{2} v^2 = p_0 \text{ (konstanter Gesamtdruck)}$$

10.1.4. Druckmessung in Strömungen

Der statische Druck läßt sich mit einem rechtwinklig zur Strömung angebrachten Manometer messen, das im einfachsten Fall ein offenes Flüssigkeitsmanometer ist.

Mit einem in Strömungsrichtung angeschlossenen Manometer **(Pitot-Rohr)** wird der Gesamtdruck p_0 bestimmt. (Dieser entspricht hier dem Staudruck, weil im Inneren des PITOT-Rohres $v = 0$).

Eine Kombination beider Messungen stellt das **Prandtlsche Staurohr** dar. Es mißt die Differenz zwischen Gesamt- und

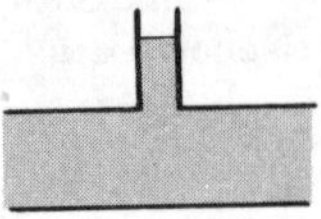

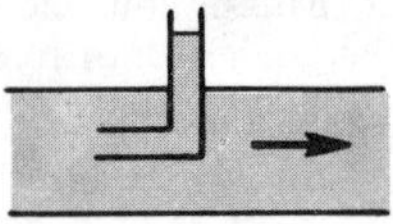

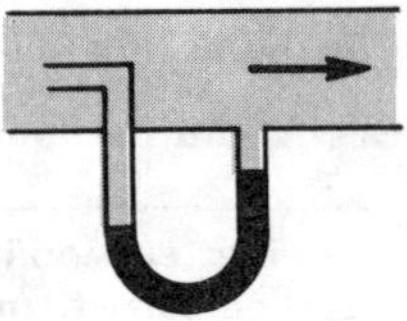

statischem Druck, also den Staudruck $\frac{\varrho}{2} v^2$. Es dient besonders zur Messung der Strömungsgeschwindigkeit in Gasen. Die Geschwindigkeitsbestimmung bei Flüssigkeiten erfolgt mit dem **Venturi-Rohr.** Es gestattet, an zwei Stellen mit unterschiedlichem Querschnitt die beiden statischen Drücke zu messen. Aus dieser Druckdifferenz ist die Geschwindigkeit bestimmbar.

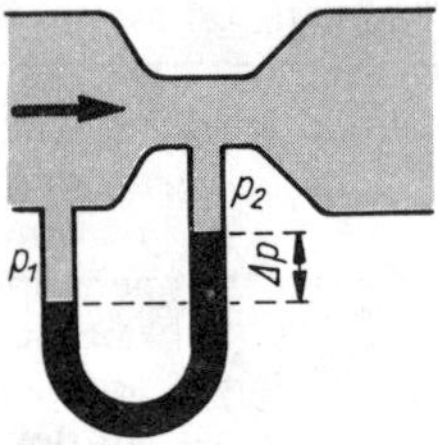

10.2. Innere Reibung in Strömungen

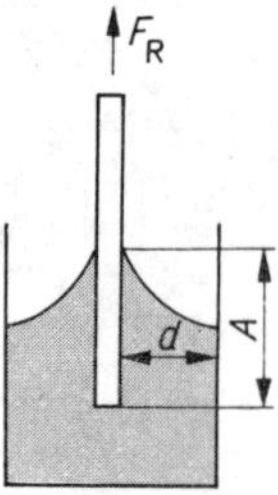

Strömungen mit innerer Reibung, aber ohne Wirbelbildung, bezeichnet man als *laminar*. Die innere Reibung ist eine Folge der Kraftwirkung zwischen den Molekülen **(Viskosität).** Sie ist besonders groß bei schlechter Verschiebbarkeit der Moleküle. Man spricht dann von Zähflüssigkeit.
Taucht man eine Platte in ein Gefäß mit einer Flüssigkeit, so benötigt man zum Herausziehen der Platte eine bestimmte Kraft. Sie ist gleich der inneren Reibungskraft.

Wenn F_R innere Reibungskraft,
η dynamische Viskosität,
A Fläche der eintauchenden Platte,
v Geschwindigkeit der Platte beim Herausziehen,
a Abstand Platte – Gefäßwand,

dann gilt

(M 173) $$F_R = \frac{\eta A v}{a}$$

F_R	η	A	v	a
N	$\frac{\text{Ns}}{\text{m}^2}$	m^2	$\frac{\text{m}}{\text{s}}$	m

Die Geschwindigkeit der mitbewegten Flüssigkeitsschichten relativ zur Platte nimmt mit zunehmendem Abstand von der

Platte zu. Den Quotienten $\frac{\text{Relativgeschwindigkeit } v}{\text{Abstand } a}$ bezeichnet man als Geschwindigkeitsgefälle. Vielfach ist dieses nicht konstant, die Geschwindigkeit ändert sich nicht linear. (M 173) nimmt dann die Form an

(M 173a) $$F_R = \eta A \frac{dv}{da}$$

Mit Schubspannung $\tau = \frac{F_R}{A}$ ergibt sich $\tau \sim \frac{dv}{da}$: Die Schubspannungen sind dem Geschwindigkeitsgefälle proportional.

Beachte:

1. Weitere Einheit für die dynamische Viskosität bis 1977: Poise.
2. Zahlenwerte für die dynamische Viskosität → Tabelle 5 (Anhang)!

Umrechnung:

$$1 \text{ Poise} = 0{,}1 \frac{\text{Ns}}{\text{m}^2}$$

Gesetz von Hagen-Poiseuille

Bei laminaren Strömungen haben die einzelnen Flüssigkeitsschichten unterschiedliche Geschwindigkeit. Unmittelbar an den Wandungen ist sie am kleinsten. Die ein Rohr durchfließende Flüssigkeitsmenge kann demnach bei Berücksichtigung der inneren Reibung nicht nach (M 170) berechnet werden, sondern es ist das Gesetz von HAGEN-POISEUILLE anzuwenden.

Wenn r Radius des durchflossenen Rohres mit glatter Wandung,
p_1 Druck am Rohreingang,
p_2 Druck am Rohrausgang,
t Dauer des Flusses,
l Länge des Rohres,
η dynamische Viskosität,

dann gilt

(M 174) $$V = \frac{r^4 \pi (p_1 - p_2) t}{8 \eta l}$$

SI:

V	r	p	t	l	η
m^3	m	$\frac{\text{N}}{\text{m}^2}$	s	m	$\frac{\text{Ns}}{\text{m}^2}$

Stokessches Gesetz

Bei der Bewegung kleiner Kugeln in einer zähen Flüssigkeit ist ebenfalls eine Reibungskraft zu überwinden. Sie läßt sich mit dem genannten Gesetz berechnen.

F_R zu überwindende Reibungskraft,
v Geschwindigkeit der Kugel relativ zur Flüssigkeit,
r Radius der Kugel,
η dynamische Viskosität,

dann gilt

(M 175) $$F_R = 6\,\pi\eta r v$$

SI:	F_R	η	r	v
	N	$\frac{\mathrm{Ns}}{\mathrm{m}^2}$	m	$\frac{\mathrm{m}}{\mathrm{s}}$

10.3. Strömungswiderstand

Eine Strömung mit Wirbelbildung nennt man *turbulent*. In ihr treten große Strömungswiderstände auf. Es sind Kräfte, die entgegen der Bewegungsrichtung wirken und die Bewegung bremsen.

Wenn F_W Strömungswiderstand,
c Widerstandsbeiwert, abhängig von der Form des Körpers,
A größter der Strömung entgegenstehender Körperquerschnitt,
ϱ Dichte des strömenden Stoffes,
v Relativgeschwindigkeit zwischen Körper und Stoff

dann gilt, weil Kraft = Staudruck × Fläche ($F = pA$),

(M 176) $$F_W = cA\,\frac{\varrho}{2}\,v^2$$

SI:	F_W	c	A	ϱ	v
	N	—	m^2	$\frac{\mathrm{kg}}{\mathrm{m}^3}$	$\frac{\mathrm{m}}{\mathrm{s}}$

Beachte:

1. Der Widerstandsbeiwert ist eine reine Zahl. Zahlenwerte für $c \rightarrow$ Tabelle 6 (Anhang)!
2. Der Strömungswiderstand nimmt mit dem Quadrat der Geschwindigkeit zu.

Für die bei einer Bewegung gegen die Strömung notwendige **Leistung** ergibt sich nach (M 96) $P = Fv$

(M177) $$\boxed{P = cA\frac{\varrho}{2}v^3}$$

	P	c	A	ϱ	v
SI:	W	—	$\mathrm{m^2}$	$\frac{\mathrm{kg}}{\mathrm{m^3}}$	$\frac{\mathrm{m}}{\mathrm{s}}$

Beachte:

Die für eine Bewegung gegen die Strömung notwendige Leistung wächst mit der **3. Potenz** der Geschwindigkeit.

10.4. Reynoldssches Ähnlichkeitsgesetz

Der für die Berechnung des Strömungswiderstandes erforderliche Widerstandsbeiwert c ist eine Funktion der **Reynoldsschen Zahl *Re*.**

Wenn *Re* REYNOLDSsche Zahl,
l eine für den jeweiligen Körper charakteristische Länge (Kugelradius, Rohrdurchmesser usw.),
ϱ Dichte des strömenden Mediums,
v Strömungsgeschwindigkeit,
η dynamische Viskosität,

dann gilt

(M 178) $$\boxed{Re = \frac{l\varrho v}{\eta}}$$

	Re	l	ϱ	v	η
SI:	—	m	$\frac{\mathrm{kg}}{\mathrm{m^3}}$	$\frac{\mathrm{m}}{\mathrm{s}}$	$\frac{\mathrm{Ns}}{\mathrm{m^2}}$

Beachte:

1. Vielfach verwendet man den Begriff **kinematische Viskosität.** Diese wird definiert als $\frac{\text{dynamische Viskosität } \eta}{\text{Dichte } \varrho}$ und gemessen in $\mathrm{m^2/s}$.
2. Erreicht die REYNOLDSsche Zahl bestimmte Grenzwerte, so schlägt eine *laminare* Strömung in eine *turbulente* um. Für die Strömung in glatten Röhren beträgt der Grenzwert $Re = 1160$.

(M 178) zeigt, daß die REYNOLDSsche Zahl bei einer maßstabgetreuen Verkleinerung des Körpers erhalten bleibt, wenn die Strömungsgeschwindigkeit entsprechend vergrößert oder die kinematische Viskosität verkleinert wird. Es gilt das

Ähnlichkeitsgesetz:

> Geometrisch ähnliche Körper besitzen gleiche Widerstandsbeiwerte, wenn sie in der REYNOLDSschen Zahl übereinstimmen.

Daraus ergibt sich die Möglichkeit, Strömungsversuche mit Modellen auszuführen.

11. Molekularerscheinungen

11.1. Molekularkräfte

Zwischen den Molekülen eines Körpers wirken Kräfte. Auch zwischen den Molekülen zweier verschiedener Körper sind solche Wirkungen zu beobachten.

11.1.1. Kohäsion

> Unter der Kohäsion versteht man den Zusammenhang zwischen den Molekülen eines Körpers, hervorgerufen durch gegenseitige Anziehung.

Kohäsion ist bei festen und flüssigen Körpern zu beobachten. Gase zeigen sie erst bei sehr starker Abkühlung bzw. großem Druck, wenn der Abstand zwischen den Molekülen klein genug ist; denn Kohäsionskräfte sind *Nahkräfte*.
Festigkeit nennt man den Widerstand der Körper gegenüber allen Formänderungen. Nimmt ein Körper nach Wegfall der äußeren Kräfte wieder seine alte Form an, dann ist er *elastisch*. Ist die Formänderung von Dauer, dann ist der Körper *plastisch*. Bei einer Steigerung der wirkenden Kraft erreicht man zuerst die *Elastizitätsgrenze*, dann die *Bruchgrenze*.
Für Formänderungen innerhalb der Elastizitätsgrenze gilt das **Hookesche Gesetz:**

> Die Größe der Formänderung ist proportional der sie erzeugenden Kraft.

Wenn bei einer *Dehnung* eines Stabes

- l Länge des Stabes vor der Dehnung,
- Δl Verlängerung des Stabes,
- α Dehnungszahl,
- F den Stab dehnende Kraft,
- A Querschnitt des Stabes,

dann gilt

(M 179) $$\Delta l = \frac{\alpha F l}{A}$$

	Δl	α	F	l	A
SI :	m	$\frac{m^2}{N}$	N	m	m^2
77 :	m	$\frac{cm^2}{kp}$	kp	m	cm^2

Beachte:

1. Den Kehrwert der Dehnungszahl, also $1/\alpha$, bezeichnet man als **Elastizitätsmodul *E*,** gemessen in N/m^2. (M 179) lautet dann:

$$\Delta l = \frac{Fl}{EA}.$$

2. Zahlenwerte für den Elastizitätsmodul → Tabelle 7 (Anhang)!

11.1.2. Adhäsion

Unter der Adhäsion versteht man den Zusammenhang zwischen den Molekülen verschiedener Stoffe, hervorgerufen durch gegenseitige Anziehung.

11.1.3. Oberflächenspannung

Sie ist eine Folge der Kohäsion. Unter ihrer Wirkung nehmen äußerlich kräftefreie Flüssigkeitsmengen Kugelgestalt an. Zur Vergrößerung der Flüssigkeitsoberfläche bedarf es einer Kraft.

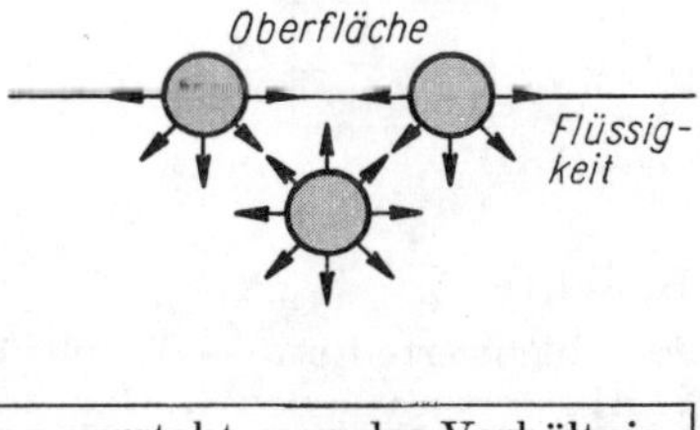

Unter der Oberflächenspannung versteht man das Verhältnis der zur Dehnung erforderlichen Kraft zur Länge der Randlinie.

Wenn σ Oberflächenspannung,
F Kraft, die für die Dehnung der Oberfläche erforderlich ist,
l Länge der Randlinie = Länge der sich verschiebenden Begrenzungslinie der Oberfläche,

dann gilt

(M 180) $$\sigma = \frac{F}{2l}$$

	σ	F	l
SI:	$\frac{N}{m}$	N	m
77:	$\frac{dyn}{cm}$	dyn	cm

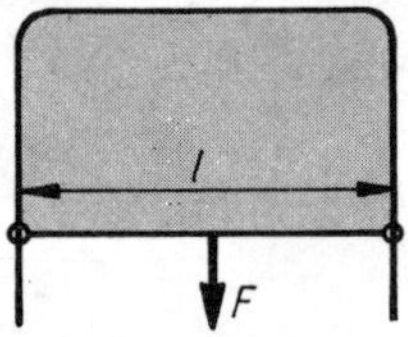

Beachte:

Zahlenwerte für die Oberflächenspannung → Tabelle 3 (Anhang)!

11.1.4. Kapillarität

> Unter der Kapillarität versteht man die Erscheinung, daß in einer engen Röhre (Haarröhrchen bzw. Kapillare) eine Flüssigkeit höher oder tiefer steht, als es nach dem Gesetz von den verbundenen Gefäßen sein dürfte.

Die Steighöhe läßt sich berechnen.

Wenn h kapillare Steighöhe (über die Normalhöhe hinaus),
σ Oberflächenspannung,
ϱ Dichte der Flüssigkeit,
r Radius des Röhrchens,
g Fallbeschleunigung = 9,81 m/s²,

dann gilt

(M 181) $$h = \frac{2\sigma}{g\varrho r}$$

	h	σ	g	ϱ	r
SI:	m	$\frac{N}{m}$	$\frac{m}{s^2}$	$\frac{kg}{m^3}$	m
77:	cm	$\frac{dyn}{cm}$	$\frac{cm}{s^2}$	$\frac{g}{cm^3}$	cm

Beachte:

1. Zahlenwerte für σ → Tabelle 3 (Anhang)!
2. Abgesehen von den Stoffkonstanten hängt die kapillare Steighöhe lediglich vom Radius des Röhrchens ab.
3. Mit (M 181) läßt sich leicht aus der kapillaren Steighöhe die Oberflächenspannung bestimmen.

11.2. Bewegung der Moleküle

In festen Körpern schwingen die Moleküle um einen festen Platz im Kristallgefüge.
In Flüssigkeiten schwingen die Moleküle um ihre jeweilige Lage, die veränderlich ist.
In Gasen bewegen sich die Moleküle wegen des Fehlens der Kohäsion mit großer Geschwindigkeit (BROWN*sche Molekularbewegung*).

11.2.1. Diffusion

> Unter der Diffusion versteht man das selbsttätige Vermischen der Moleküle verschiedener Stoffe.

Wegen der großen Beweglichkeit der Gasmoleküle verläuft die Diffusion bei Gasen am schnellsten. Sie ist auch bei festen Stoffen nachweisbar.

11.2.2. Osmose

> Unter der Osmose versteht man die Wanderung von Molekülen flüssiger oder gasförmiger Körper durch eine poröse Wand.

11.3. Lösungen

11.3.1. Echte Lösungen

Bei einer echten Lösung vermischen sich die Moleküle des Lösungsmittels und des gelösten Stoffes. Es ist ein Diffusionsvorgang.
Feste Stoffe lassen sich in Flüssigkeiten nur bis zur temperaturabhängigen *Sättigungsmenge* lösen.
Auch die Moleküle von zwei Flüssigkeiten lassen sich auf diesem Wege vermischen. Aber nicht alle Flüssigkeiten sind ineinander löslich.
Die Lösung von Gasen in Flüssigkeiten bezeichnet man als **Absorption.**

Unter einer echten Lösung versteht man die vollständige Vermischung der Moleküle zweier verschiedener Stoffe. Sie ist immer klar und durchsichtig.

11.3.2. Kolloide Lösungen

Unter Kolloiden versteht man kleinste Stoffpartikelchen mit einem Durchmesser von etwa 10^{-6} bis 10^{-4} mm.

Bei einer kolloiden Lösung sind also nicht die Moleküle vermischt, sondern kleinste Partikeln. Je nach dem Aggregatzustand des gelösten und des lösenden Stoffes führen kolloide Lösungen bestimmte Bezeichnungen.

Übersicht:

Einteilung der Kolloide

Verteilter Stoff	Verteilungsmittel	Bezeichnung
fest	fest	Legierung
fest	flüssig	Suspension
fest	gasförmig	Rauch
flüssig	fest	Gel
flüssig	flüssig	Emulsion
flüssig	gasförmig	Nebel
gasförmig	fest	poröser Körper
gasförmig	flüssig	Schaum

A

AKUSTIK

12. Schallerzeugung

12.1. Wesen des Schalls

Schallwellen sind Longitudinalwellen. Sie gehen von der Schallquelle aus, einem schwingenden Körper. Für das menschliche Ohr sind in der Regel die Frequenzen **16...20000 Hz** hörbar. Alle höheren Frequenzen werden als **Ultraschall,** alle niederen als **Infraschall** bezeichnet.

Man unterscheidet:

Ton, Klang, Geräusch und Knall.

Der *Ton* ist eine reine Sinusschwingung.

Der *Klang* ist die Überlagerung mehrerer Töne.

Das *Geräusch* ist eine unregelmäßige Schwingung.

Der *Knall* ist ein kurzzeitiger und starker Schalleindruck.

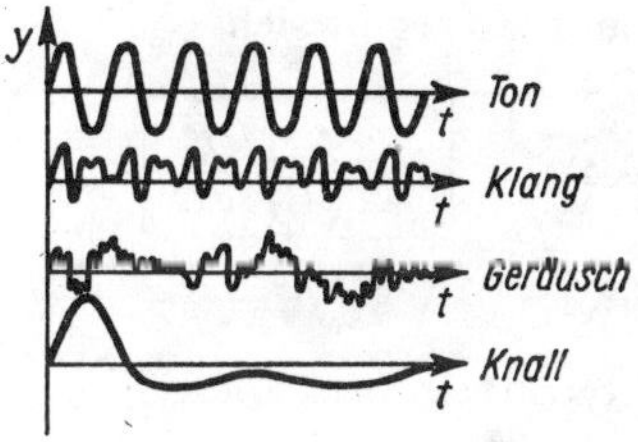

Zwischen den Schwingungen der Schallquelle und der Schallempfindung bestehen folgende Beziehungen:

Übersicht:

Schwingung		**Schalleindruck**
Amplitude	entspricht	Lautstärke
Frequenz	entspricht	Tonhöhe
Schwingungsform	entspricht	Klangfarbe

12.2. Schallquellen

Schallquellen sind stets schwingende Körper.

12.2.1. Schwingende Saiten

Man findet sie beim Klavier, bei der Geige und anderen Musikinstrumenten. Sie können durch Anzupfen, Anstreichen oder Schlagen zum Schwingen gebracht werden.

Wenn f Frequenz der schwingenden Saite,
l Länge der Saite,
F Spannkraft der Saite,
ϱ Dichte des Saitenmaterials,
A Querschnitt der Saite,
λ Wellenlänge der durch die Saite laufenden Welle,

dann gilt entsprechend (M 153) $f = c/\lambda$. Darin ist $\lambda = 2l$; denn in der schwingenden Saite bildet sich eine stehende Welle mit den Knotenpunkten an den Enden. Also ist $f = \frac{c}{2l}$, worin für die Geschwindigkeit von Seilwellen $c = \sqrt{\frac{F}{\varrho A}}$ gesetzt werden kann. So ergibt sich

(A 1) $$f = \frac{1}{2l}\sqrt{\frac{F}{\varrho A}}$$

	f	l	F	ϱ	A
SI:	Hz	m	N	$\frac{kg}{m^3}$	m^2
77:	Hz	cm	dyn	$\frac{g}{cm^3}$	cm^2

Beachte:

(A 1) liefert die Grundschwingung der Saite. Außerdem sind noch Schwingungen höherer Frequenz möglich. Diese Oberschwingungen beeinflussen die Klangfarbe, nicht die Frequenz des wahrgenommenen Tones.

12.2.2. Schwingende Luftsäulen

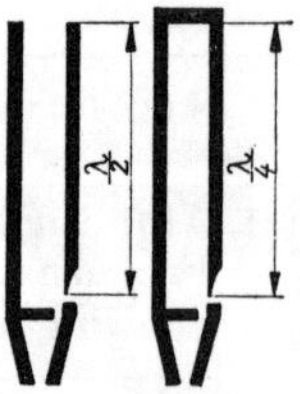

Die in Pfeifen eingeschlossenen Luftsäulen schwingen stets in stehenden Wellen. Am Mundstück befindet sich dann ein Wellenbauch. Es gibt offene und geschlossene Pfeifen.

Übersicht:

Pfeife	am Ende befindet sich	Pfeifenlänge gleich
offen	Wellenbauch	halbe Wellenlänge
geschlossen	Wellenknoten	viertel Wellenlänge

Wenn f Frequenz einer *offenen* Pfeife,
c Schallgeschwindigkeit in Luft,
l Länge der schwingenden Luftsäule,
λ Wellenlänge der entstehenden Schallwelle,

dann gilt, weil $l = \lambda/2$, in Verbindung mit (M 153) $c = \lambda f$

(A 2) $$\boxed{f = \frac{c}{2l}}$$

Wenn f Frequenz einer *geschlossenen* Pfeife,
c Schallgeschwindigkeit in Luft,
l Länge der schwingenden Luftsäule,
λ Wellenlänge der entstehenden Schallwelle,

dann gilt, weil $l = \lambda/4$, in Verbindung mit (M 153) $c = \lambda f$

(A 3) $$\boxed{f = \frac{c}{4l}}$$

Beachte:

Der Ton einer offenen Pfeife besitzt die doppelte Frequenz des Tones einer geschlossenen Pfeife gleicher Länge.

12.3. Tonleiter

12.3.1. Harmonische (diatonische) Tonleiter

Sie besteht aus acht Tönen. Je 2 Töne stehen in bestimmten Frequenzverhältnissen.

Übersicht:

Diatonische Tonleiter							
Prime	Sekunde	Terz	Quarte	Quinte	Sexte	Septime	Oktave
c	d	e	f	g	a	h	c
9/8	10/9	16/15	9/8	10/9	9/8	16/15	
1	9/8	5/4	4/3	3/2	5/3	15/8	2/1

Beachte:

1. In der 3. Zeile der Übersicht stehen die Frequenzverhältnisse von je zwei Nachbartönen.
2. In der 4. Zeile stehen die Frequenzverhältnisse bezogen auf den Grundton.
3. Das Frequenzverhältnis 9/8 bzw. 10/9 entspricht einem ganzen Intervall, das Verhältnis 16/15 einem halben Intervall.

12.3.2. Chromatische Tonleiter

Bei ihr sind die ganzen Intervalle in je zwei halbe Intervalle aufgeteilt. Entweder wird der tiefere Ton eines Intervalles um den Faktor $\frac{25}{24}$ erhöht (das gibt cis, dis, fis, gis, ais) oder die höhere Frequenz um den Faktor $\frac{24}{25}$ verkleinert (das gibt des, es, ges, as, b). Die in beiden Fällen entstehenden Frequenzen stimmen nicht überein; sie werden durch den Mittelwert ersetzt, dem man beide Namen zugleich gibt.

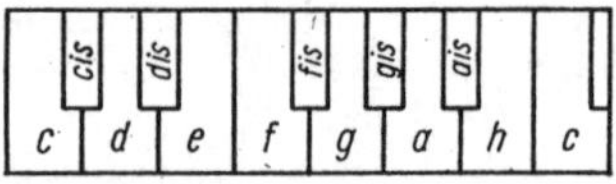

Übersicht:

Chromatische Tonleiter												
c		d		e	f		g		a		h	e
	cis		dis			fis		gis		ais		
	des		es			ges		as		b		

Beachte:

Die entstandenen 12 Halbintervalle besitzen kein einheitliches Frequenzverhältnis. Deshalb ist diese Tonleiter, obwohl sie die klangreinsten Intervalle **(reine Stimmung)** hat, für Instrumente mit fester Stimmung (Klavier, Orgel usw.) nicht brauchbar.

12.3.3. Gleichschwebende Stimmung

Jedes der 12 Halbintervalle besitzt jeweils gleiches Frequenzverhältnis. Da die Oktave (Frequenzverhältnis 2:1) in 12 Halbtonintervalle aufgeteilt ist, entfällt wegen $x^{12} = 2$ auf ein

$$\text{Halbtonintervall: } \sqrt[12]{2} = 1{,}0595.$$

12.3.4. Kammerton

Bezugsfrequenz für alle Tonleitern ist der **Kammerton a′** mit **440 Hz.** Die Frequenzen aller anderen Töne lassen sich daraus errechnen.

Übersicht:

Ton	relative Schwingungszahlen Stimmung rein	relative Schwingungszahlen Stimmung gleichschwebend	absolute Schwingungszahlen in Hz
c′	1,00000	1,00000	261,63
cis′	1,04166	1,05946	277,18
des′	1,08000		
d′	1,12500	1,12246	293,67
dis′	1,17187	1,18921	311,13
es′	1,20000		
e′	1,25000	1,25992	329,63
f′	1,33333	1,33484	349,23
fis′	1,38889	1,41421	369,99
ges′	1,44000		
g′	1,50000	1,49831	392,00
gis′	1,56250	1,58740	415,30
as′	1,60000		
a′	1,66667	1,68179	440,00
ais′	1,73611	1,78180	466,16
b′	1,80000		
h′	1,87500	1,88775	493,88
c″	2,00000	2,00000	523,25

12.3.5. Konsonanz und Dissonanz

Ob der Mensch das gleichzeitige Erklingen zweier Töne als Wohlklang (Konsonanz) oder als Mißklang (Dissonanz) empfindet, hängt vom Frequenzverhältnis beider Töne ab. Konsonanz tritt ein, wenn sich das Frequenzverhältnis durch ganze Zahlen kleiner als sieben ausdrücken läßt. Die beste Konsonanz ergibt demnach die Oktave mit dem Verhältnis 2:1. Danach folgen: Quinte (2:3), Quarte (3:4), Sexte (3:5), Terz (4:5) und kleine Terz (5:6). Die Sekunde (8:9) und die Septime (8:15) ergeben Dissonanzen.

13. Schallausbreitung

13.1. Schallgeschwindigkeit

Sie hängt in guter Näherung nur von den Eigenschaften der verschiedenen Medien, nicht aber von der Frequenz des Schalls ab.

13.1.1. Schallgeschwindigkeit in festen Stoffen

Wenn c Schallgeschwindigkeit in einem festen Stoff,
E Elastizitätsmodul (Zahlenwerte → Tabelle 7, Anhang!),
ϱ Dichte,

dann gilt

(A 4) $$c = \sqrt{\frac{E}{\varrho}}$$

SI:

c	E	ϱ
$\frac{\mathrm{m}}{\mathrm{s}}$	$\frac{\mathrm{N}}{\mathrm{m}^2}$	$\frac{\mathrm{kg}}{\mathrm{m}^3}$

Beachte:

1. Die Gleichung gilt genau nur für Stäbe.
2. Zahlenwerte für Schallgeschwindigkeiten → Tabelle 8 (Anhang!)

13.1.2. Schallgeschwindigkeit in Flüssigkeiten

Wenn c Schallgeschwindigkeit in einer Flüssigkeit,
$\varkappa$ Kompressibilität der Flüssigkeit (Zahlenwerte → Tabelle 3, Anhang!),
ϱ Dichte der Flüssigkeit,

dann gilt

(A 5) $$c = \sqrt{\frac{1}{\varrho \varkappa}}$$

SI:

c	ϱ	$\varkappa$
$\frac{\text{m}}{\text{s}}$	$\frac{\text{kg}}{\text{m}^3}$	$\frac{\text{m}^2}{\text{N}}$

Beachte:

Zahlenwerte für Schallgeschwindigkeiten → Tabelle 8!

13.1.3. Schallgeschwindigkeit in Gasen

Die Schallausbreitung in Gasen kann als adiabatischer Vorgang (→ 20.5.!) angesehen werden, weil Verdichtungen und Verdünnungen innerhalb der Schallwelle mit großer Geschwindigkeit erfolgen.

Wenn c Schallgeschwindigkeit in einem Gas,
$\varkappa$ $= c_p/c_v$ (Zahlenwerte → Tabelle 16, Anhang!),
p Gasdruck,
R spezielle Gaskonstante (Zahlenwerte → Tabelle 14, Anhang!),
ϱ Gasdichte,
T absolute Temperatur des Gases,

dann gilt

(A 6) $$c = \sqrt{\frac{\varkappa p}{\varrho}}$$

SI:

c	$\varkappa$	p	ϱ
$\frac{\text{m}}{\text{s}}$	—	$\frac{\text{N}}{\text{m}^2}$	$\frac{\text{kg}}{\text{m}^3}$

oder, wenn man entsprechend (W 20) $\varrho = \frac{p}{RT}$ setzt,

(A 7) $$c = \sqrt{\varkappa R T}$$

SI:

c	$\varkappa$	R	T
$\frac{\text{m}}{\text{s}}$	—	$\frac{\text{J}}{\text{kg K}}$	K

Beachte:

1. Die Schallgeschwindigkeit in Gasen hängt in weiten Grenzen nur von der Temperatur, nicht aber vom Druck des Gases ab.
2. Die zu verwendenden Einheiten weichen von den in den Tabellen üblichen ab.

13.1.4. Schallgeschwindigkeit in Luft

Setzt man in (A 7) die Zahlenwerte für Luft von 0 °C ein, so erhält man

$$c_0 = \sqrt{1{,}4 \cdot 287 \frac{\text{J}}{\text{kg K}} 273\,\text{K}} = 331{,}3\,\text{m/s}\,.$$

Experimentell wurden 331,6 m/s ermittelt.
Die Schallgeschwindigkeit in Luft anderer Temperatur läßt sich ebenfalls nach (A 7) berechnen.

Wenn c Schallgeschwindigkeit in Luft bei der Temperatur T,
T absolute Temperatur der Luft,
t Temperatur der Luft in °C,

dann gilt entsprechend (A 7)

$$\frac{c}{331{,}6\,\mathrm{m/s}} = \frac{\sqrt{\varkappa R T}}{\sqrt{\varkappa R \cdot 273\,\mathrm{K}}}.$$ Daraus folgt

$$c = 331{,}6\,\mathrm{m/s}\sqrt{\frac{T}{273\,\mathrm{K}}}$$ und weiter

(A 8) $$c = 331{,}6\,\mathrm{m/s}\sqrt{1 + \frac{t}{273\,°\mathrm{C}}}$$

Dieser Ausdruck läßt sich mit hinreichender Genauigkeit ersetzen durch die vereinfachte Form

(A 9) $$c = (331{,}6 + 0{,}6\,t/°\mathrm{C})\,\frac{\mathrm{m}}{\mathrm{s}}$$

13.2. Doppler-Effekt

Besteht zwischen einer Schallquelle (Sender) und dem Schallempfänger eine Relativbewegung, vergrößert oder verkleinert sich also ihr gegenseitiger Abstand, so nimmt der Empfänger E eine andere Frequenz wahr, als der Sender S abgestrahlt hat.

Wenn c Schallgeschwindigkeit,
v_S Geschwindigkeit des Senders,
v_E Geschwindigkeit des Empfängers,
f_S vom Sender abgestrahlte Frequenz,
f_E vom Empfänger aufgenommene Frequenz,
λ Wellenlänge der abgestrahlten Welle,

dann gilt entsprechend (M 153) $f_S = \dfrac{c}{\lambda}$.

1. Entfernt sich E von S, so entspricht dies einer Verkleinerung der Relativgeschwindigkeit c zwischen Schallwelle und Empfänger. In obenstehende Beziehung ist $c - v_E$ an Stelle von c einzusetzen.

2. Bewegt sich S auf E zu, so entspricht dies einer Verkürzung der Wellenlänge um den Weg, den S während der Dauer einer Schwingung zurücklegt. In obenstehende Beziehung ist statt

$$\lambda \text{ jetzt } \lambda - \frac{v_S}{f_S} \text{ zu setzen .}$$

Setzt man die so erhaltenen Ausdrücke in $f_S = \frac{c}{\lambda}$ ein, so erhält man

$$f_E = \frac{c - v_E}{\lambda - \frac{v_S}{f_S}} = \frac{c - v_E}{\frac{c - v_S}{f_S}} \text{ und daraus}$$

(A 10) $$\boxed{f_E = f_S \frac{c - v_E}{c - v_S}}$$ **Doppler-Effekt**

Beachte:

1. Ruht der Sender, dann ist v_S gleich Null, ruht der Empfänger, dann ist v_E gleich Null.
2. Die Geschwindigkeiten v_E und v_S haben einen positiven Zahlenwert bei gleicher Richtung wie der Schall, sie haben einen negativen Zahlenwert bei entgegengesetzter Richtung zum Schall.
3. Berechnung der Schallgeschwindigkeit erfolgt nach (A 9).

Hinweis: Bei elektromagnetischen Wellen kann (A 10) nicht verwendet werden. Für diese hat der Doppler-Effekt eine andere Auswirkung.

Wenn Δv Relativgeschwindigkeit zwischen S und E,
c Lichtgeschwindigkeit = rund $3 \cdot 10^8 \frac{\text{m}}{\text{s}}$,
f_S vom Sender abgestrahlte Frequenz,
f_E vom Empfänger aufgenommene Frequenz,

dann gilt

(A 11) $$\boxed{f_E = f_S \sqrt{\frac{1 + \frac{\Delta v}{c}}{1 - \frac{\Delta v}{c}}}}$$ $\Delta v = v_S - v_E$
Vorzeichen von v_S und v_E beachten!

Beachte:

Für (A 10) **und** (A 11) läßt sich mit guter Annäherung schreiben

(A 12) $$f_E = f_S \left(1 + \frac{\Delta v}{c}\right)$$

13.3. Überlagerung

13.3.1. Auslöschung

Zwei Schallwellen mit gleicher Ausbreitungsrichtung, Frequenz und Amplitude löschen sich aus, wenn sie einen

$$\text{Gangunterschied} = (2n - 1)\,\frac{\lambda}{2} \qquad (n = 1, 2, 3, \ldots)$$

besitzen. Bei ungleichen Amplituden ergibt sich bei den gleichen Bedingungen eine Schwächung.

13.3.2. Verstärkung

Zwei Schallwellen verstärken sich gegenseitig, wenn sie einen

$$\text{Gangunterschied} = n\lambda \qquad (n = 1, 2, 3, \ldots)$$

besitzen.

13.3.3. Schwebung

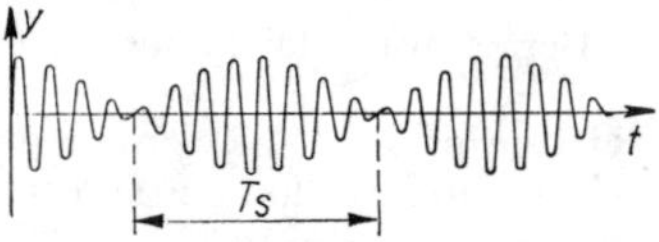

Die Überlagerung zweier Schallwellen mit fast gleicher Frequenz ergibt eine Schwebung. Die Amplitude nimmt periodisch zu und ab.

Wenn f_1 Frequenz der ersten Schallwelle,
f_2 Frequenz der zweiten Schallwelle,
$f_S = \frac{1}{T_S}$ = Schwebungsfrequenz, Zahl der Lautstärkemaxima bzw. -minima je Sekunde,

dann gilt

(A 13) $$f_S = f_1 - f_2$$

Beachte:

Durch Überlagerung zweier Hochfrequenzen kann so als Schwebung eine Niederfrequenz erzeugt werden (Schwebungssummer).

14. Schallmessung

Eine Schallquelle strahlt Energie ab. Diese wird in der Schallwelle transportiert. Die Energiebeträge können berechnet und gemessen werden; → 7.7.2.!

14.1. Schallfeldgrößen

Der Raum zwischen Schallquelle und Empfänger wird als Schallfeld bezeichnet.

14.1.1. Schallschnelle

Unter der Schallschnelle versteht man die Geschwindigkeit, die die schwingenden Teilchen des Mediums beim Durchgang durch die Mittellage besitzen.

Wenn $\hat{u}$ Schallschnelle, maximale Teilchengeschwindigkeit,
f Frequenz des Schalls,
$\hat{y}$ Amplitude der schwingenden Teilchen,

dann gilt entsprechend (M 135)

(A 14) $$\hat{u} = 2\pi f \hat{y}$$

Beachte:
Im allgemeinen wird die Schallschnelle nicht gemessen, sondern aus dem Schalldruck (14.1.2.) berechnet.

14.1.2. Schalldruck

Unter dem Schalldruck versteht man die in einer Schallwelle auftretenden maximalen Druckabweichungen (Über- oder Unterdruck; Druckamplitude).

SI-Einheit: Pascal (Pa) $= \frac{\mathrm{N}}{\mathrm{m}^2}$.
Ferner in der Elektroakustik: μbar.

Wenn $\hat{p}$ Schalldruck (Scheitelwert),
ϱ Dichte des Mediums,
c Schallgeschwindigkeit,
$\hat{u}$ Schallschnelle,

dann gilt

(A 15) $\boxed{\hat{p} = \varrho c \hat{u}}$

	$\hat{p}$	ϱ	c	$\hat{u}$
SI:	$\frac{N}{m^2}$	$\frac{kg}{m^3}$	$\frac{m}{s}$	$\frac{m}{s}$
ges:	µbar	$\frac{g}{cm^3}$	$\frac{cm}{s}$	$\frac{cm}{s}$

Beachte:

1. Das menschliche Ohr kann noch Schalldrücke von etwa 0,0002 µbar wahrnehmen.
2. Umrechnung der Druckeinheiten → Tabelle U 5!
   $1\ N/m^2 = 10\ \mu bar$.

14.1.3. Schalldichte

> Unter der Schalldichte versteht man das Verhältnis der kinetischen Energie der Teilchen eines bestimmten Raumes zur Größe dieses Raumes: $w = \frac{W_k}{V}$.

Wenn w Schalldichte,
ϱ Dichte des Mediums,
$\hat{u}$ Schallschnelle,

dann gilt entsprechend (M 92) und (M 82) $w = \frac{m\hat{u}^2}{2V}$ oder

(A 16) $\boxed{w = \frac{\varrho \hat{u}^2}{2}}$

	w	ϱ	$\hat{u}$
SI:	$\frac{Ws}{m^3}$	$\frac{kg}{m^3}$	$\frac{m}{s}$

14.1.4. Schallstärke

> Unter der Schallstärke versteht man das Verhältnis der auf eine Fläche treffenden Schalleistung zur Größe dieser Fläche: Schallstärke $= \frac{\text{Leistung}}{\text{Fläche}}$; $J = \frac{P}{A}$.

Wenn J Schallstärke,
ϱ Dichte des Mediums,
$\hat{u}$ Schallschnelle,
c Schallgeschwindigkeit,

dann gilt $J = \frac{P}{A} = \frac{W_k}{tA} = \frac{m\hat{u}^2}{2tA} = \frac{m\hat{u}^2 l}{2tV} = \frac{m\hat{u}^2 c}{2V}$

oder wegen (M 82)

(A 17) $$\boxed{J = \frac{\varrho \hat{u}^2 c}{2}}$$

SI:

J	ϱ	$\hat{u}$	c
$\frac{\text{W}}{\text{m}^2}$	$\frac{\text{kg}}{\text{m}^3}$	$\frac{\text{m}}{\text{s}}$	$\frac{\text{m}}{\text{s}}$

oder wegen (A 15)

(A 17a) $$\boxed{J = \frac{\hat{p}^2}{2\varrho c}}$$

SI:

J	$\hat{p}$	ϱ	c
$\frac{\text{W}}{\text{m}^2}$	Pa	$\frac{\text{kg}}{\text{m}^3}$	$\frac{\text{m}}{\text{s}}$

14.1.5. Relativer Schallpegel

Es ist unzweckmäßig, zwei Schallstärken direkt ins Verhältnis zu setzen, es entstehen sehr große Zahlen. Statt dessen nimmt man den zehnfachen dekadischen Logarithmus dieses Verhältnisses und nennt es **Dezibel (dB).**

Wenn ΔL relativer Schallpegel,
J_1 größere Schallstärke,
J_2 kleinere Schallstärke,
p_1 größerer Schalldruck,
p_2 kleinerer Schalldruck,

dann gilt

(A 18) $$\boxed{\Delta L = 10 \lg \frac{J_1}{J_2} \text{ dB}}$$ oder weil $J \sim p^2$

$$\boxed{\Delta L = 20 \lg \frac{p_1}{p_2} \text{ dB}}$$

Beachte:

1. An sich ist ΔL eine dimensionslose Größe. In der Einheit Dezibel (dB) steckt lediglich die Angabe, daß es sich um den zehnfachen dekadischen Logarithmus des Verhältnisses handelt.
2. In der Bautechnik werden die Dämmwerte von Baustoffen ebenfalls in Dezibel angegeben, → Tabelle 10 (Anhang)!
3. Sprich dezibel (nach Bell).

Den halben natürlichen Logarithmus des Verhältnisses zweier Schallstärken nennt man **Neper (Np)**. Damit ergibt sich

(A 19) $$\boxed{x = 0{,}5 \ln \frac{J_1}{J_2}\,\text{Np}}$$ oder weil $J \sim p^2$

$$\boxed{x = \ln \frac{p_1}{p_2}\,\text{Np}}$$

Umrechnung:

$$\boxed{1\,\text{dB} = 0{,}1151\,\text{Np}; \quad 1\,\text{Np} = 8{,}686\,\text{dB}}$$

In der Nachrichtentechnik werden auch *Leistungs-* und *Spannungsverhältnisse* in Dezibel bzw. Neper angegeben. Dort gilt

(A 20) $$\boxed{x = 10 \lg \frac{P_2}{P_1}\,\text{dB}} \text{ bzw. } \boxed{x = 20 \lg \frac{U_2}{U_1}\,\text{dB}}$$

oder $$\boxed{x = 0{,}5 \ln \frac{P_2}{P_1}\,\text{Np}} \text{ bzw. } \boxed{x = \ln \frac{U_2}{U_1}\,\text{Np}}$$

Beachte:

1. Bei Verstärkungen ist P_2 bzw. U_2 größer, die Dezibel- bzw. Neper-Werte sind positiv. Bei Dämpfungen ergeben sich dementsprechend negative Werte.
2. Für Pegelangaben verwendet man die international festgelegten Bezugsgrößen: $P_0 = 1$ mW und $U_0 = 0{,}775$ V (Pegel 0).

14.2. Hören

14.2.1. Hörfläche

Eine Übersicht über den vom menschlichen Ohr wahrnehmbaren Intensitäts- und Frequenzbereich bietet die Hörfläche. Hörbar ist für ein normales Ohr nur das, was innerhalb dieser Fläche liegt. Die untere Begrenzungskurve zeigt den **Schwellenwert** in Abhängigkeit von der Frequenz, die obere Kurve die

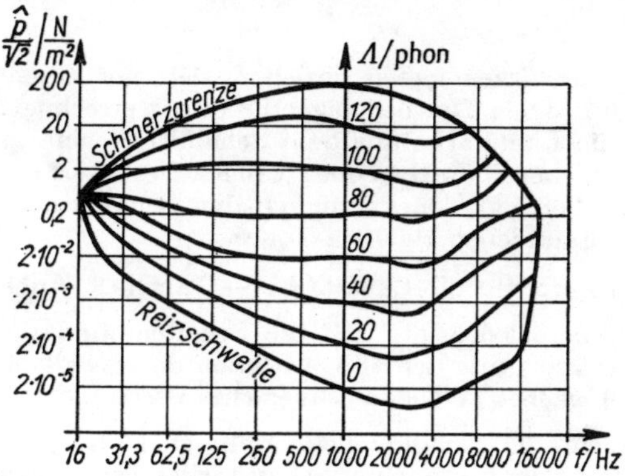

Schmerzgrenze, ebenfalls in Abhängigkeit von der Frequenz. Man erkennt, daß bei gleicher Schallstärke Töne verschiedener Frequenz vom Ohr verschieden laut wahrgenommen werden. Da die Hörfläche für etwa 1000 Hz den größten senkrechten Durchmesser besitzt, sind die Lautstärken auf diese Frequenz bezogen. Da J_{max} zu J_{min} bei dieser Frequenz etwa 10^{13} ergibt, reicht die Phonskale von 0 (Schwellenwert) bis 130 phon (Schmerzgrenze), → Tabelle 9 (Anhang)!

14.2.2. Lautstärke

Die unter 14.1. angeführten Schallfeldgrößen sind *physikalische* Größen, *objektiv* vorhanden und deshalb meßbar. Die Lautstärke dagegen, mit der der Mensch eine Schallstärke *subjektiv* empfindet, hängt vom Gehörsinn ab und ist eine *physiologische* Größe. Sie wird in Phon (phon) angegeben.

Wenn Λ Lautstärke,
$\hat{p}$ Schalldruck eines gleich laut empfundenen 1000-Hz-Tones,
$\tilde{p}_0$ Bezugsschalldruck $= 2 \cdot 10^{-5}$ Pa (entspricht dem Schwellenwert $J_0 = 10^{-12}$ W/m², der kleinsten vom Ohr noch wahrnehmbaren Schallstärke),

dann gilt

(A 21) $$\Lambda = 20 \lg \frac{\hat{p}}{\sqrt{2}\,\tilde{p}_0} \text{ phon}$$

Beachte:

1. Alle Lautstärkeangaben beziehen sich auf einen 1000-Hz-Ton. Für einen Ton beliebiger Frequenz errechnet sich demnach die Lautstärke aus dem Schalldruck eines gleich laut empfundenen 1000-Hz-Tones. Umgekehrt liefert die Phonzahl eines beliebigen Tones lediglich den Schalldruck des gleich laut empfundenen 1000-Hz-Tones.
2. Zahlenwerte für die Lautstärke → Tabelle 9 (Anhang)!
3. (A 21) berücksichtigt, daß die Schallempfindung (Empfindungsstärke) mit dem Logarithmus der Schallstärke (Reizstärke) wächst **(Weber-Fechnersches Gesetz).**
4. Bei mehreren Schallquellen ergibt sich die gesamte Lautstärke aus der Summe der Schallstärken bzw. aus der Wurzel der Summe der Schalldruckquadrate.

14.2.3. Schallpegel

Er gibt an, um wieviel Dezibel eine Schallstärke bei beliebiger Frequenz über dem Schwellenwert $J_0 = 10^{-12}$ W/m² liegt. Auch hier gilt (A 18), wobei aber J_2 durch J_0 bzw. p_2 durch p_0 ersetzt wird. Schallpegelangaben sind objektiv; denn sie lassen die frequenzabhängige Empfindlichkeit des Ohres unberücksichtigt. Der Summenschallpegel mehrerer Schallquellen errechnet sich aus der Summe der Schallstärken bzw. Schalldrücke. Die Rechnung zeigt, daß eine zweite Schallstärke gleicher Größe den Schallpegel um 3 dB vergrößert. Ist die zweite Schallstärke kleiner als die erste, so kann dem Diagramm entnommen werden, um wieviel Dezibel sich der erste Schallpegel vergrößert, wenn die Differenz beider Pegel bekannt ist.

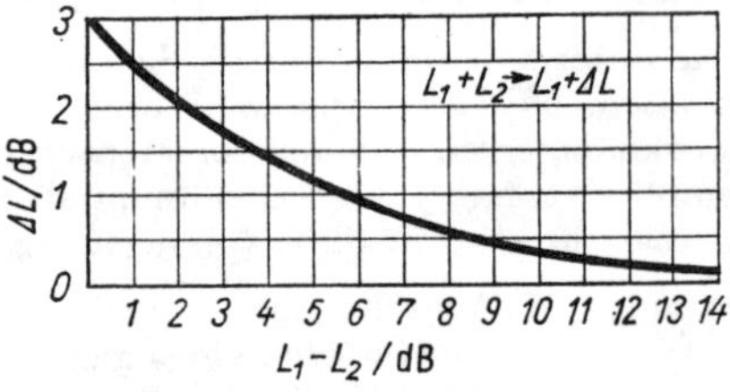

Den Zusammenhang zwischen Schallstärke, Schalldruck, Schallpegel und Lautstärke zeigt das Diagramm mit den Kurven gleicher Lautstärke. Es liefert auch die Phonzahlen für beliebige Frequenzen.

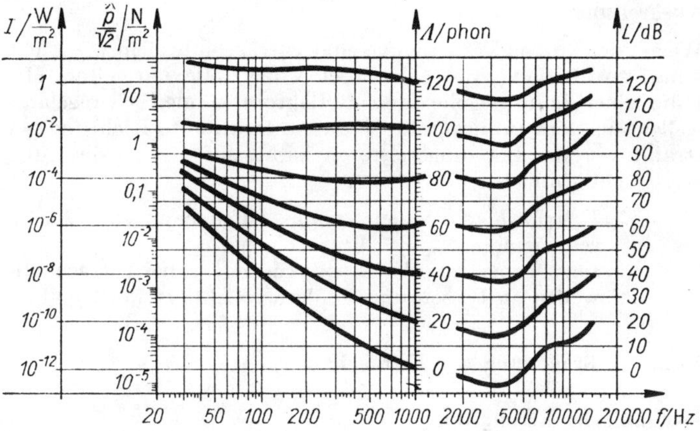

15. Ultraschall

15.1. Eigenschaften

Schallfrequenzen oberhalb der Hörgrenze bezeichnet man als Ultraschall. Als Grenze nimmt man etwa 20 kHz an, obwohl vor allem bei älteren Menschen dieser Wert nicht erreicht wird. Die besonderen Eigenschaften des Ultraschalls ergeben sich aus der *hohen Frequenz* und der damit verbundenen *kurzen Wellenlänge*.

Schallstärke

Mit (A 17) $J = \frac{\varrho \hat{u}^2 c}{2}$ und (A 14) $\hat{u} = 2\pi f \hat{y}$ ergibt sich $J = 2\varrho\pi^2 c f^2 \hat{y}^2$, d. h., die Schallstärke ist dem Quadrat der Frequenz proportional: $J \sim f^2$. Mit den Frequenzen des Ultraschalls ergeben sich deshalb sehr große Schallstärken (bis etwa 20 W/cm^2), die das Innere des beschallten Körpers erwärmen. Der Schalldruck kann Werte von mehreren Bar annehmen. Das ergibt beträchtliche mechanische Wirkungen im Stoff:

Zerstörung von Zellen,
Emulgieren von Wasser und Öl u. a.,
Entgasung von Metallschmelzen und Flüssigkeiten,
Kavitation (Hohlraumbildung) im Medium,
Ultraschallöten von Aluminium (Zerstörung der Oxidschicht).

Ausbreitung

Wegen der kurzen Wellenlänge sind Ultraschallwellen wie Licht scharf zu bündeln. Auch die Gesetze der Reflexion gelten. Mit Hilfe eines hohlspiegelartigen Reflektors können Ultraschallwellen aus dem Brennpunkt heraus in bestimmte Richtung gestrahlt werden. Beugungen treten kaum auf, die Ausbreitung erfolgt geradlinig:

Echolotungen, auch zum Aufsuchen von Fischschwärmen,
zerstörungsfreie Werkstoffprüfung, wobei Ultraschallwellen an Rissen und Fehlern reflektiert werden.

15.2. Erzeugung von Ultraschall

Mechanische Erzeugung

Stimmgabeln mit Zinkenlängen von wenigen Millimetern, die GALTON-Pfeife und Lochsirenen gestatten Ultraschallfrequenzen bis zu etwa 200 kHz. Höhere Frequenzen und vor allem größere Schallstärken erreicht man mit elektrischen oder magnetischen Verfahren.

Magnetische Erzeugung

Mit Hilfe der **Magnetostriktion** ist es möglich, Ultraschall bis zu etwa 50 kHz zu erzeugen. Ferromagnetische Stoffe (Nickel, Eisen usw.) ändern in einem magnetischen Feld unter dem Einfluß der Feldstärke ihre Länge in geringem Maße. In einem magnetischen Wechselfeld schwingt z. B. ein Nickelstab longitudinal in der entsprechenden Frequenz. Die Amplituden werden besonders groß im Resonanzfall.

Elektrische Erzeugung

Bei der **Elektrostriktion** (inverser piezoelektrischer Effekt) wird an eine Quarzkristallplatte eine Wechselspannung hoher Frequenz gelegt. Die Platte führt Schwingungen in entsprechender Frequenz aus, die bei Resonanz besonders kräftig sind. Es sind Frequenzen bis zu etwa 10^4 kHz möglich.
Mit gutem Erfolg wurden Quarzkristalle in der letzten Zeit durch Bariumtitanat ersetzt.

WÄRMELEHRE

16. Wärmezustand

Die Temperatur eines Körpers wird von seiner Wärmeenergie bestimmt. Sie äußert sich in einer Bewegung der Moleküle. Bei festen und flüssigen Körpern führen diese mehr oder weniger heftige Schwingungen aus, bei gasförmigen Körpern bewegen sie sich mit zum Teil erheblichen Geschwindigkeiten (Größenordnung 1 km/s). Zwar hängt die Temperatur von der Wärmeenergie eines Körpers ab, ist aber mit ihr nicht identisch. Temperaturabhängig sind:

1. das Volumen der Körper (in der Regel nimmt es mit steigender Temperatur zu);
2. der Aggregatzustand (bei jedem Stoff erfordern der flüssige und der gasförmige Zustand eine höhere Temperatur als der feste Zustand);
3. viele Stoffkonstanten, z. B. Schallgeschwindigkeit, spezifische Wärmekapazität, spezifischer Widerstand usw.

Beachte:
Die gesetzmäßigen Beziehungen zwischen Wärmeenergie und Temperatur sind unter 17.1. zu finden.

16.1. Temperaturmessung

16.1.1. Flüssigkeitsthermometer

Die Länge seiner Flüssigkeitssäule (Quecksilber, Alkohol u. a.) ist ein Maß für die Temperatur. Strenggenommen zeigt das Thermometer seine eigene Temperatur an. Erst nach einer gewissen Zeit stimmt diese mit der der Umgebung überein. Flüssigkeitsthermometer besitzen also eine bestimmte Trägheit. Außerdem entstehen kleine Meßfehler, wenn nicht die ganze Säule der gleichen Temperatur ausgesetzt ist. Der Meßbereich eines Flüssigkeitsthermometers wird begrenzt durch Siede- und Erstarrungspunkt der verwendeten Stoffe.

16.1.2. Elektrisches Widerstandsthermometer

Der Widerstand von Metallen ändert sich mit der Temperatur. Der in einem Stromkreis fließende Strom hängt vom Widerstand des Leiters und damit von dessen Temperatur ab. Der Vorteil dieses Thermometers ist, daß zwischen der Meßstelle und dem Meßgerät ein großer Abstand möglich ist (Fernthermometer).

16.1.3. Metallthermometer

Es besteht aus einem Bimetallstreifen, zwei miteinander verschweißten oder vernieteten Streifen verschiedenen Metalls. Infolge der ungleichen Ausdehnung beider Metalle beim Erwärmen krümmt sich dieser Streifen. Längere Streifen werden zu einer Spirale gebogen. Das innere Ende ist befestigt, am äußeren bewegt sich ein Zeiger, der auf einer Skale die jeweilige Temperatur anzeigt.

16.1.4. Temperaturskalen

Die Temperatur ist im Internationalen Einheitensystem Basisgröße und wird in Kelvin (K) oder Grad Celsius (°C) gemessen. Die Reaumur-Skale (°R) ist veraltet und wird kaum noch verwendet, die Fahrenheit-Skale (°F) ist in England und Nordamerika gebräuchlich. Zur Eichung dienen bei allen Temperaturskalen 2 Fixpunkte (Festpunkte):

1. die Temperatur des schmelzenden Eises,
2. die Temperatur des bei einem Luftdruck von 101,3 kPa siedenden reinen Wassers.

Übersicht (genaue Werte):

	K	°C	°R	°F
absoluter Nullpunkt	0	—273,15	—218,52	—459,67
Schmelzpunkt[1])	273,15	0	0	32
Siedepunkt[1])	373,15	100	80	212

[1]) von reinem Wasser

Wenn T absolute Temperatur = Temperatur in Kelvin,
T_0 = 273,15 K; Nullpunkt der Celsius-Skale,
t Temperatur in Grad Celsius,

dann gilt

(W 1) $$t = T - T_0$$

Beachte:

1. Die Kelvin-Skale ist so aufgebaut, daß die theoretisch tiefste Temperatur, der absolute Nullpunkt, gleich 0 K ist. Deshalb bezeichnet man alle Temperaturabgaben in K als **absolute Temperatur.**
2. Das Formelzeichen für die absolute Temperatur ist T. Das Formelzeichen für die Celsius-Temperatur ist t.
3. Temperaturdifferenzen ΔT bzw. Δt werden in Kelvin (K) oder Grad Celsius (°C) angegeben.
   Als Einheiten der Temperatur*differenz* können beide gegeneinander gekürzt werden.
4. Vielfache und Teile nach Tabelle U 1 dürfen von Grad Celsius *nicht* gebildet werden.

16.2. Ausdehnung fester Körper

Bei der Erwärmung nimmt die Amplitude der schwingenden Moleküle zu, sie erfüllen einen größeren Raum. Feste Körper dehnen sich beim Erwärmen nach allen Richtungen aus. Bei Stäben und Drähten wirkt sich die Ausdehnung vor allem in der Länge aus.

16.2.1. Längenausdehnung

Wenn l_1 Anfangslänge des Körpers (vor der Temperaturänderung),
l_2 Endlänge des Körpers (nach der Temperaturänderung),
Δl Längenänderung = $l_2 - l_1$,
Δt Temperaturänderung = $t_2 - t_1$,
α Längenausdehnungskoeffizient (linearer Wärmeausdehnungskoeffizient) in 1/K,

dann gilt in guter Näherung

(W 2) $$\boxed{\Delta l = l_1 \alpha \Delta t}$$

und $$l_2 = l_1 + \Delta l = l_1 + l_1 \alpha \Delta t$$

(W 3) $$\boxed{l_2 = l_1 (1 + \alpha \Delta t)}$$

Beachte:

1. Der Längenausdehnungskoeffizient α ist materialabhängig. Werte → Tabelle 11 (Anhang)!
2. α ist gering temperaturabhängig. Im Bereich von 0 bis 100 °C gelten die Tabellenwerte mit genügender Genauigkeit.
3. Bei Abkühlung ist Δt negativ.

16.2.2. Flächenausdehnung

Sie läßt sich für die Berechnung deuten als eine Längenänderung in zwei Dimensionen.

Wenn
A_1 Fläche vor der Temperaturänderung,
A_2 Fläche nach der Temperaturänderung,
ΔA Flächenänderung $= A_2 - A_1$,
Δt Temperaturänderung $= t_2 - t_1$,
α Längenausdehnungskoeffizient (linearer Wärmeausdehnungskoeffizient) in 1/K,

dann gilt

$$\begin{aligned}\Delta A &= A_2 - A_1 = l_2^2 - l_1^2 \\ &= l_1^2 (1 + \alpha \Delta t)^2 - l_1^2 \\ &= l_1^2 [1 + 2\alpha \Delta t + \alpha^2 (\Delta t)^2] - l_1^2\end{aligned}$$

Wegen der Kleinheit von α kann man das Glied 2. Grades vernachlässigen. Dann ergibt sich

$$\begin{aligned}\Delta A &= l_1^2 (1 + 2\alpha \Delta t) - l_1^2 \\ &= l_1^2 \, 2\alpha \Delta t\end{aligned}$$

(W 4) $$\boxed{\Delta A = A_1 \, 2\alpha \Delta t}$$

und $A_2 = A_1 + \Delta A = A_1 + A_1 2\alpha \Delta t$

(W 5) $$\boxed{A_2 = A_1(1 + 2\alpha \Delta t)}$$

Beachte:

1. Zahlenwerte für α → Tabelle 11 (Anhang)!
2. Bei Abkühlung ist Δt negativ.

16.2.3. Raumausdehnung

Sie läßt sich für die Berechnung als eine Längenänderung in drei Dimensionen deuten.

Wenn V_1 Anfangsvolumen des Körpers,
V_2 Endvolumen des Körpers,
ΔV Volumenänderung $= V_2 - V_1$,
Δt Temperaturänderung $= t_2 - t_1$,
α Längenausdehnungskoeffizient (linearer Wärmeausdehnungskoeffizient) in 1/K,

dann gilt

$$\Delta V = V_2 - V_1 = l_2^3 - l_1^3$$

$$= l_1^3(1 + \alpha \Delta t)^3 - l_1^3$$

$$= l_1^3[1 + 3\alpha \Delta t + 3\alpha^2 (\Delta t)^2 + \alpha^3 (\Delta t)^3] - l_1^3$$

Wegen der Kleinheit des Zahlenwertes von α können die Glieder 2. und 3. Grades vernachlässigt werden. Dann ergibt sich

$$\Delta V = l_1^3(1 + 3\alpha \Delta t) - l_1^3$$

$$= l_1^3 \, 3\alpha \Delta t$$

(W 6) $$\boxed{\Delta V = V_1 \, 3\alpha \Delta t}$$

und $V_2 = V_1 + \Delta V$

$$= V_1 + V_1 \, 3\alpha \Delta t$$

(W 7) $$\boxed{V_2 = V_1(1 + 3\alpha \Delta t)}$$

Beachte:

1. Zahlenwerte für $\alpha \to$ Tabelle 11 (Anhang)!
2. Bei Abkühlung ist Δt negativ.
3. Die Ausdehnung von **Hohlräumen** erfolgt nach den gleichen Gesetzmäßigkeiten.

16.3. Ausdehnung von Flüssigkeiten

Die Ausdehnung der Flüssigkeiten erfolgt nach allen Richtungen. Wegen der leichten Verschiebbarkeit der Moleküle nehmen Flüssigkeiten die Form des Gefäßes an. Auch in Röhren usw. erfolgt stets eine Ausdehnung in drei Dimensionen. Deshalb gelten sinngemäß (W 6) und (W 7).

Wenn V_1 Anfangsvolumen,
V_2 Endvolumen,
ΔV Volumenänderung $= V_2 - V_1$,
Δt Temperaturänderung $= t_2 - t_1$,
γ Raumausdehnungskoeffizient (kubischer Wärmeausdehnungskoeffizient) in 1/K,

dann gilt

(W 8) $$\boxed{\Delta V = V_1 \gamma \Delta t}$$

und

(W 9) $$\boxed{V_2 = V_1(1 + \gamma \Delta t)}$$

Beachte:

1. Der Raumausdehnungskoeffizient γ ist stoffabhängig. Zahlenwerte $\to$ Tabelle 12 (Anhang)!
2. Der Raumausdehnungskoeffizient γ ist gering temperaturabhängig. Im Bereich von 0 bis 40 °C gelten die Tabellenwerte mit genügender Genauigkeit.
3. Bei Abkühlung ist Δt negativ.
4. Wasser bildet eine Ausnahme. Sein Raumausdehnungskoeffizient ist stark veränderlich, im Bereich von 0 bis 4 °C sogar negativ. Dichtewerte von Wasser $\to$ Tabelle 13 (Anhang)!

16.3.1. Änderung der Dichte

Beim Erwärmen ändert sich mit dem Volumen auch die Dichte der Flüssigkeit. Da Volumen und Dichte umgekehrt proportional sind, also $\frac{\varrho_1}{\varrho_2} = \frac{V_2}{V_1}$, kann man (W 9) auch schreiben

$\varrho_1 = \varrho_2(1 + \gamma \Delta t)$ und erhält nach Umstellung

(W 10) $$\varrho_2 = \frac{\varrho_1}{1 + \gamma \Delta t}$$

Beachte:

1. (W 10) gilt auch für feste Körper. Bei ihnen ist γ zu ersetzen durch 3α!
2. Bei Abkühlung ist Δt negativ.

16.4. Ausdehnung von Gasen

Bei der Erwärmung nimmt die Geschwindigkeit der Moleküle zu. Gase dehnen sich räumlich aus. Die Ausdehnung ist bedeutend stärker als bei festen und flüssigen Körpern. Der Zustand eines Gases wird durch Temperatur, Druck und Volumen bestimmt. Deshalb kann sich beim Erwärmen sowohl der Druck als auch das Volumen ändern.

16.4.1. Volumenänderung durch Erwärmen

Während des Erwärmens muß der Druck konstant gehalten werden. Es gilt sinngemäß (W 9). Der Raumausdehnungskoeffizient ist bei allen Gasen fast gleich. In guter Näherung gilt auch für sie der Raumausdehnungskoeffizient des **idealen Gases:**

$$\gamma = 0{,}003661 \; {}^1/\text{K} = \frac{1}{273{,}15} \; {}^1/\text{K}$$

Beachte:

γ bezieht sich auf das Volumen bei 0 °C: V_0!

Wenn V_t Gasvolumen bei beliebiger Temperatur t,
V_0 Gasvolumen bei 0 °C,
t Temperatur, bei der das Gas das Volumen V_t besitzt,
γ Raumausdehnungskoeffizient $= \frac{1}{273} \; {}^1/\text{K}$,

dann gilt

(W 11) $$V_t = V_0(1 + \gamma t)$$

Daraus folgt

$$V_1 = V_0(1 + \gamma t_1) = V_0\left(1 + \frac{t_1}{273\,\mathrm{K}}\right) = V_0\left(\frac{273\,\mathrm{K} + t_1}{273\,\mathrm{K}}\right)$$

und $$V_2 = V_0(1 + \gamma t_2) = V_0\left(1 + \frac{t_2}{273\,\mathrm{K}}\right) = V_0\left(\frac{273\,\mathrm{K} + t_2}{273\,\mathrm{K}}\right).$$

Daraus folgt

$$\frac{V_1}{V_2} = \frac{273\,\mathrm{K} + t_1}{273\,\mathrm{K} + t_2} \text{ oder}$$

(W 12) $$\frac{V_1}{V_2} = \frac{T_1}{T_2} \text{ oder } \frac{V}{T} = \text{konstant}$$

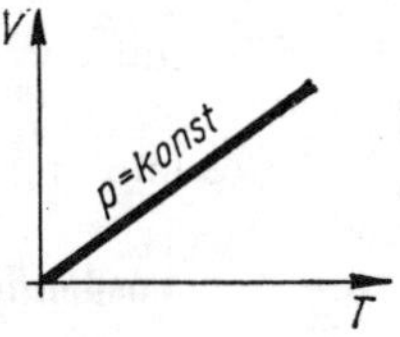

Die Volumen eines eingeschlossenen Gases verhalten sich wie die absoluten Temperaturen, solange der Druck nicht verändert wird **(1. Gesetz von Gay-Lussac).**

Beachte:

1. In (W 11) und (W 12) muß der Druck konstant sein.
2. (W 11) und (W 12) gelten nicht für Dämpfe.

16.4.2. Druckänderung durch Erwärmen

Während des Erwärmens muß das Volumen konstant gehalten werden. Da nach dem Gesetz von Boyle-Mariotte (M 164) Druck und Volumen eines Gases umgekehrt proportional sind, muß die Druckzunahme nach den gleichen Gesetzen erfolgen wie die Volumenzunahme in (W 11).

Wenn p_t Gasdruck bei beliebiger Temperatur t,
p_0 Gasdruck bei 0 °C,
t Temperatur, bei der das Gas den Druck p_t besitzt,
γ Raumausdehnungskoeffizient $\frac{1}{273}$ 1/K,

dann gilt

(W 13) $\boxed{p_1 = p_0(1 + \gamma t)}$

Daraus folgt

$$p_1 = p_0(1 + \gamma t_1) = p_0\left(1 + \frac{t_1}{273\,\mathrm{K}}\right) = p_0\left(\frac{273\,\mathrm{K} + t_1}{273\,\mathrm{K}}\right)$$

und $$p_2 = p_0(1 + \gamma t_2) = p_0\left(1 + \frac{t_2}{273\,\mathrm{K}}\right) = p_0\left(\frac{273\,\mathrm{K} + t_2}{273\,\mathrm{K}}\right).$$

Daraus folgt

$$\frac{p_1}{p_2} = \frac{273\,\mathrm{K} + t_1}{273\,\mathrm{K} + t_2} \quad \text{oder}$$

(W 14) $\boxed{\frac{p_1}{p_2} = \frac{T_1}{T_2}}$ oder $\boxed{\frac{p}{T} = \text{konstant}}$

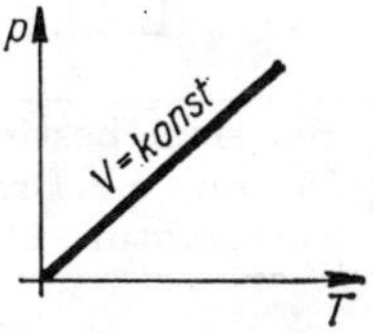

> Die Drücke eines eingeschlossenen Gases verhalten sich wie die absoluten Temperaturen, solange das Volumen nicht verändert wird **(2. Gesetz von Gay-Lussac).**

Beachte:

1. In (W 13) und (W 14) muß das Volumen konstant sein.
2. (W 13) und (W 14) gelten nicht für Dämpfe.

16.5. Gasgesetze

Eine Anwendung von (W 11) bis (W 14) setzt voraus, daß bei einer Temperaturänderung entweder Gasdruck oder Gasvolumen konstant bleibt. Das ist selten der Fall. Deshalb faßt man die beiden Gesetze von Gay-Lussac und das Gesetz von Boyle-Mariotte zu einem Gesetz zusammen.

16.5.1. Zustandsgleichung der Gase

Wenn p_1, T_1, V_1 Druck, Temperatur und Volumen am Anfang (Zustand 1),

p_2, T_2, V_2 Druck, Temperatur und Volumen am Ende (Zustand 2),

V_z nach der Erwärmung entstehendes Zwischenvolumen,

dann gilt entsprechend (W 12) für das Volumen nach dem Erwärmen $V_z = \frac{V_1 T_2}{T_1}$ und entsprechend (M 164) für das Volumen nach einer Druckänderung
$V_2 = \frac{V_z p_1}{p_2} = \frac{V_1 T_2 p_1}{T_1 p_2}$ oder sortiert nach den Indizes die

Zustandsgleichung der Gase:

(W 15) $$\boxed{\frac{p_1 V_1}{T_1} = \frac{p_2 V_2}{T_2}} \quad \text{oder} \quad \boxed{\frac{pV}{T} = \text{konstant}}$$

> Bei einer bestimmten Menge (Masse *m*) eines Gases ist das Produkt aus Druck und Volumen dividiert durch die absolute Temperatur konstant.

Beachte:

1. Die Zustandsgleichung gilt exakt nur für das ideale Gas, für die realen Gase mit guter Näherung, nicht aber für Dämpfe.
2. Die Zustandsgleichung beinhaltet drei Sonderfälle, → Übersicht und 20.2. bis 20.4.!

Übersicht:

Sonderfälle der Zustandsgleichung

Bezeichnung:	isobare	isochore	isotherme
	Zustandsänderung		
Bedingung:	p = konst	V = konst	T = konst
Formel:	$\frac{V_1}{V_2} = \frac{T_1}{T_2}$	$\frac{p_1}{p_2} = \frac{T_1}{T_2}$	$\frac{p_1}{p_2} = \frac{V_2}{V_1}$
Gesetz:	GAY-LUSSAC		BOYLE-MARIOTTE

In (W 15) $\frac{pV}{T}$ = konstant ist die Größe des konstanten Quotienten proportional der Masse des eingeschlossenen Gases, also $\frac{pV}{T} \sim m$ oder $\frac{pV}{T} = mR$. Darin ist R die **(spezielle) Gas-**

konstante, die von der Gasart abhängt. Nach Umstellung ergibt sich als eine weitere Form der Zustandsgleichung der Gase

(W 16) $\boxed{pV = mRT}$

	p	V	m	R	T
SI:	$\mathrm{Pa} = \frac{\mathrm{N}}{\mathrm{m^2}}$	$\mathrm{m^3}$	kg	$\frac{\mathrm{J}}{\mathrm{kg\,K}}$	K
77:	$\frac{\mathrm{kp}}{\mathrm{m^2}}$	$\mathrm{m^3}$	kg	$\frac{\mathrm{kpm}}{\mathrm{kg\,K}}$	K

Beachte:

1. (W 15) und (W 16) stellen zwei verschiedene Formen der Zustandsgleichung der Gase dar. Welche von ihnen man anwendet, ergibt sich aus der jeweiligen Aufgabenstellung.
2. Zahlenwerte für die Gaskonstante R → Tabelle 14 (Anhang)!
3. Umrechnungen von Druckeinheiten siehe Tabelle U 3!
4. Beide Seiten von (W 16) haben die Dimension einer Arbeit.

(W 16) läßt sich in eine allgemeine Form bringen, wenn man für m und V Werte einsetzt, die für alle Gase gleich sind.
Wenn M molare Masse = Masse m/Stoffmenge n (in kg/kmol), dann gilt, weil 1 kmol eines jeden Gases im Normzustand (0 °C, 101,3 kPa) 22,4 m³ einnimmt, entsprechend (W 16) mit $m = nM$

$$101{,}3\ \mathrm{kPa} \cdot 22{,}4\ \mathrm{m^3} = n \cdot M \cdot R \cdot 273{,}2\ \mathrm{K} \text{ oder}$$

$$R = \frac{101{,}3\ \mathrm{kPa} \cdot 22{,}4\ \mathrm{m^3}}{273{,}2\ \mathrm{K} \cdot 1\ \mathrm{kmol} \cdot M} = \frac{8314\ \mathrm{J}}{M\ \mathrm{kmol\,K}}.$$ Hieraus folgt

(W 17) $\boxed{R = \frac{R_m}{M}}$ mit R_m als

molare (universelle) Gaskonstante

$$\boxed{R_m = 8314\ \frac{\mathrm{J}}{\mathrm{kmol\,K}}}$$

Beachte:

1. Die molare Masse M ist zahlenmäßig gleich der relativen Molekülmasse M_r.
2. Mit (W 17) läßt sich bei bekannter relativer Molekülmasse M_r die (spezielle) Gaskonstante jedes Gases berechnen. Da die Zustandsgleichung exakt nur für das ideale Gas gilt, sind jedoch die experimentell ermittelten Tabellenwerte (Tabelle 14, Anhang) vorzuziehen.

Bei **Gasgemischen** muß mit der mittleren Gaskonstanten R_m gerechnet werden.

Wenn R_1 Gaskonstante des Gases 1 usw.,
m_1 Masse des Gases 1 usw.,

dann gilt für ein Gasgemisch

(W 18) $$R_m = \frac{R_1 m_1 + R_2 m_2 + \dots}{m_1 + m_2 + \dots}$$

Beachte:

Zahlenwerte für R sind der Tabelle 14 (Anhang) zu entnehmen oder nach (W 17) zu berechnen.

16.5.2. Gasdichten

Die Dichte eines Gases ist vom jeweiligen Zustand (Druck und Temperatur) abhängig. Die in den Tabellen angegebenen Werte sind stets auf $p = 101{,}3\,\mathrm{kPa}$[1]) und $t = 0\,°\mathrm{C}$ **(Normdichte)** bezogen. Mit den beiden Formen der Zustandsgleichung der Gase kann man die Dichte eines Gases für einen anderen Zustand umrechnen bzw. errechnen.

Dichteumrechnung:

Da Volumen und Dichte umgekehrt proportional sind, gilt $\frac{V_1}{V_2} = \frac{\varrho_2}{\varrho_1}$ und entsprechend (W 15) $\frac{p_1 \varrho_2}{T_1} = \frac{p_2 \varrho_1}{T_2}$ und somit

(W 19) $$\varrho_2 = \varrho_1 \frac{T_1 p_2}{T_2 p_1}$$

Darin bedeuten

ϱ_1, T_1, p_1 Dichte, Temperatur und Druck im Zustand 1,
ϱ_2, T_2, p_2 Dichte, Temperatur und Druck im Zustand 2.

Dichteberechnung

Wenn ϱ Gasdichte bei Druck p und absoluter Temperatur T,
p Gasdruck,
T absolute Gastemperatur,
R spezielle Gaskonstante (Zahlenwerte → Tabelle 14, Anhang!),

---

[1]) bis 1977: 760 Torr

dann gilt, weil $\varrho = \frac{m}{V}$, entsprechend (W 16)

$$\frac{m}{V} = \frac{p}{RT};$$

(W 20) $$\boxed{\varrho = \frac{p}{RT}}$$

	ϱ	p	R	T
SI:	$\frac{\text{kg}}{\text{m}^3}$	$\text{Pa} = \frac{\text{N}}{\text{m}^2}$	$\frac{\text{J}}{\text{kgK}}$	K
77:	$\frac{\text{kg}}{\text{m}^3}$	$\frac{\text{kp}}{\text{m}^2}$	$\frac{\text{kpm}}{\text{kgK}}$	K

Beachte:

1. Zahlenwerte für Normdichten der Gase → Tabelle 1 (Anhang)!
2. Für die Umrechnung der Druckeinheit: 1 at = 10^4 kp/m². Weitere Umrechnung von Druckeinheiten → Tabelle U 3!

16.5.3. Volumen im Normzustand

Gasvolumen können nur verglichen werden, wenn sie auf gleiche Temperatur und gleichen Druck bezogen werden. Man spricht vom Volumen im Normzustand, wenn $p = 101{,}3$ kPa[1]) und $t = 0\,°\text{C}$. Mit Hilfe der Zustandsgleichung kann man jedes auf andere Daten bezogene Gasvolumen auf den Normzustand umrechnen.

Wenn V Gasvolumen bei beliebigem Druck p und beliebiger Temperatur T,
V_n Gasvolumen bei 0 °C und 101,3 kPa = Volumen im Normzustand,

dann gilt entsprechend (W 15)

$$\frac{pV}{T} = \frac{101{,}3\,\text{kPa}\,V_n}{273\,\text{K}}.$$ Daraus folgt

(W 21) $$\boxed{V_n = V\frac{273\,\text{K}\,p}{101{,}3\,\text{kPa}\,T}}$$

Beachte:

Umrechnung von Druckeinheiten → Tabelle U 3!

[1]) bis 1977: 760 Torr

16.5.4. Absoluter Nullpunkt

Aus (W 11) und (W 13) ergibt sich rechnerisch, daß die theoretisch tiefste Temperatur bei —273 °C liegen muß. Genaue Bestimmungen ergeben

Absoluter Nullpunkt: 0 K = —273,15 °C

Das ist die tiefstmögliche Temperatur. Bei ihr besitzen die Moleküle keine Bewegungsenergie mehr.

17. Wärmeenergie

Soll der Wärmezustand (die Temperatur) eines Körpers verändert werden, so ist entsprechend Wärmeenergie (eine bestimmte Wärmemenge) zu- oder abzuführen. Sie wird in Joule (J) gemessen. Einheit bis 1977: Kilokalorie (kcal).

Umrechnung:

1 cal = 4,1868 J
1 kcal = 1000 cal = 426,93 kpm = 4186,8 J

Beachte:

Umrechnung der Arbeitseinheiten → auch Tabelle U 5!

17.1. Wärmemenge

Die zur Erwärmung eines Körpers notwendige Wärmemenge ist proportional der Masse des Körpers und der zu erzielenden Temperaturdifferenz.

Wenn Q Wärmemenge,
c Proportionalitätsfaktor = spezifische Wärmekapazität des zu erwärmenden Stoffes,
m Masse des Körpers,
Δt Temperaturdifferenz = $t_2 - t_1$, die mit der Wärmemenge Q erzeugt wird,

dann gilt

(W 22) $Q = cm\Delta t$

	Q	c	m	Δt
SI:	J	$\frac{\text{J}}{\text{kg K}}$	kg	K
77:	kcal	$\frac{\text{kcal}}{\text{kg K}}$	kg	K

Beachte:

1. Zahlenwerte für die spezifische Wärmekapazität → Tabelle 15 (Anhang)!
2. Bei Abkühlung erhält Δt einen negativen Zahlenwert. Die Wärmemenge wird negativ, d. h., sie ist nicht zu-, sondern abzuführen.

17.1.1. Wärmeinhalt

Unter dem Wärmeinhalt versteht man die auf 0 °C bezogene Wärmeenergie, die ein Körper bei einer bestimmten Temperatur besitzt.

Er wird in Joule (J) angegeben. Einheit bis 1977: Kilokalorie (kcal).

Wenn Q_i Wärmeinhalt des Körpers,
c spezifische Wärmekapazität (→ 17.2.!),
m Masse des Körpers,
t Temperatur des Körpers,

dann gilt analog zu (W 22)

(W 23) $Q_i = cmt$

	Q_i	c	m	t
SI:	J	$\frac{\text{J}}{\text{kg K}}$	kg	°C
77:	kcal	$\frac{\text{kcal}}{\text{kg K}}$	kg	°C

Beachte:

Bei Temperaturen $t > 0$ °C ist der Wärmeinhalt positiv, bei Temperaturen $t < 0$ °C ist der Wärmeinhalt negativ, bei $t = 0$ °C ist er Null.

17.1.2. Wärmekapazität

> Unter der Wärmekapazität eines Körpers versteht man das Verhältnis der zugeführten Wärmemenge zur erzielten Erwärmung.
>
> $$\text{Wärmekapazität} = \frac{\text{Wärmemenge}}{\text{Temperaturdifferenz}}$$

Sie wird in $\frac{\text{J}}{\text{K}}$ angegeben. Zulässige Einheit bis 1977: $\frac{\text{kcal}}{\text{K}}$

Wenn C Wärmekapazität des Körpers,
c spezifische Wärmekapazität (→ 17.2.!),
m Masse des Körpers,

dann gilt $C = \frac{Q}{\Delta t}$ und mit (W 22) $C = \frac{cm\Delta t}{\Delta t}$ oder

(W 24) $\boxed{C = cm}$

	C	c	m
SI:	$\frac{\text{J}}{\text{K}}$	$\frac{\text{J}}{\text{kg K}}$	kg
77:	$\frac{\text{kcal}}{\text{K}}$	$\frac{\text{kcal}}{\text{kg K}}$	kg

Beachte:

Die Wärmekapazität stellt also die zum Erwärmen um 1 K erforderliche Wärmemenge dar.

17.1.3. Wasserwert

Anstelle der Wärmekapazität wurde bei Gefäßen häufig der Wasserwert angegeben. Darunter versteht man die Wassermenge mit gleicher Wärmekapazität. Weil die spezifische Wärmekapazität des Wassers mit der nur bis 1977 zulässigen Einheit 1 kcal/kg K beträgt, waren Wärmekapazität und Wasserwert eines Gefäßes zahlenmäßig gleich, stimmten aber nicht in der Einheit überein: Wasserwert in kg und Wärmekapazität in kcal/K.

17.2. Spezifische Wärmekapazität

> Unter der spezifischen Wärmekapazität versteht man das Verhältnis der zugeführten Wärmemenge zum Produkt aus erwärmter Masse und Temperaturdifferenz:
>
> $$\text{spezifische Wärmekapazität} = \frac{\text{Wärmemenge}}{\text{Masse} \times \text{Temperaturdifferenz}}$$

Sie wird in J/kg K angegeben. Zulässige Einheit bis 1977: kcal/kg K.

Feste und flüssige Körper

Die spezifische Wärmekapazität ist keine konstante, sondern eine temperaturabhängige Größe. Die in den Tabellen angegebenen Zahlenwerte gelten bei festen Körpern im Bereich von etwa 0 bis 100 °C und bei Flüssigkeiten von etwa 0 bis 40 °C mit genügender Genauigkeit.

Beachte:

Zahlenwerte für die spezifische Wärmekapazität c → Tabelle 15 (Anhang)!

Gase

Es sind zwei Arten der spezifischen Wärmekapazität zu unterscheiden:

1. Die Erwärmung bewirkt eine Volumenvergrößerung, der Druck bleibt konstant: c_p .
2. Die Erwärmung bewirkt eine Drucksteigerung, das Volumen bleibt konstant: c_v.

Im 1. Fall wird zusätzlich zu der auch im 2. Fall eintretenden Temperaturerhöhung das Gasvolumen vergrößert und damit mechanische Arbeit verrichtet. Grundsätzlich muß c_p größer sein als c_v.
Die Differenz beider spezifischer Wärmekapazitäten entspricht der Gaskonstanten R, → auch 20.3.!

Wenn c_p spezifische Wärmekapazität bei konstantem Druck,
c_v spezifische Wärmekapazität bei konstantem Volumen,
R spezielle Gaskonstante des Gases,

dann gilt

(W 25) $$c_p - c_v = R$$

und

(W 26) $$\frac{c_p}{c_v} = \varkappa$$

Beachte:

1. $\varkappa$ (sprich kappa) hat für die meisten Gase einen Zahlenwert von rund 1,4. Genaue Werte → Tabelle 16 (Anhang)!
2. Zahlenwerte für c_p und c_v → Tabelle 16 (Anhang)!

17.3. Wärmemischung

Haben zwei oder mehrere Körper mit unterschiedlicher Temperatur die Möglichkeit, ihre Temperaturdifferenz auszugleichen, dann spricht man von einer Wärmemischung. Nach dem Gesetz von der Erhaltung der Energie gilt:

> Die Wärmeinhalte der an der Mischung beteiligten Stoffe addieren sich zum gesamten Wärmeinhalt.

(W 27) $$c_1 m_1 t_1 + c_2 m_2 t_2 + \ldots = t_m (c_1 m_1 + c_2 m_2 + \ldots)$$

Beachte:

1. Alle an der Mischung beteiligten Körper (auch Gefäße) sind zu berücksichtigen.
2. Eventuell bei der Mischung eintretende Aggregatzustandsänderungen sind zu berücksichtigen.
3. In (W 27) bedeutet t_m die entstehende Mischtemperatur.

17.4. Wärmequellen

Nach dem Gesetz von der Erhaltung der Energie kann die Wärmeenergie immer nur durch Umwandlung aus anderen Energiearten entstehen. Diese können sein: mechanische Energie, elektrische Energie, chemische Energie, Strahlungsenergie, Kernenergie u. a.

> Energie kann nicht verlorengehen und auch nicht aus nichts entstehen. Wärme und die anderen Energiearten sind gleichwertige Energieformen und ineinander umwandelbar **(Gesetz von der Erhaltung der Energie).**

17.4.1. Sonnenenergie

Von der die Sonne verlassenden Energiestrahlung trifft ein sehr kleiner Teil auf die Erdoberfläche. Die Größe dieses Teils wird ausgedrückt durch die

$$\textbf{Solarkonstante}\ 1{,}4\,\frac{\text{kW}}{\text{m}^2} = 2\,\frac{\text{cal}}{\text{cm}^2\,\text{min}}$$

Beachte:

Die angegebene Zahl bezieht sich auf senkrechten Strahleneinfall.

17.4.2. Verbrennungswärme

Bei einer Verbrennung (Oxydation) wird Wärme frei.

Unter dem Heizwert H versteht man das Verhältnis der bei der Verbrennung frei werdenden Wärmemenge zur Masse des verbrannten Stoffes.

$$\text{Heizwert } H = \frac{\text{Wärmemenge } Q}{\text{Masse } m}$$

Beachte:

1. Man unterscheidet zwischen Verbrennungswärme (früher oberer Heizwert) und Heizwert (früher unterer Heizwert). Bei der Verbrennungswärme H_o ist nicht berücksichtigt, daß für das Verdampfen des bei der Verbrennung vorhandenen Wassers ein Teil der Wärmeenergie benötigt wird. Beim Heizwert H_u wird dieser Betrag abgezogen. In der Technik wird nur mit dem Heizwert H_u gerechnet.
2. Zahlenwerte für den Heizwert H_u → Tabelle 20 (Anhang)!
3. Bei **Gasen** bezieht man die frei werdende Wärmeenergie auf das Volumen im Normzustand des Gases (bei 0 °C und 101,3 kPa[1]), also

$$H' = \frac{Q}{V}.$$

17.4.3. Elektrische Energie

In jedem stromdurchflossenen Leiter entsteht Wärme. Die Umwandlung von elektrischer Energie in Wärme geschieht restlos, d. h. ohne Verluste, jedoch nicht umgekehrt.

[1]) bis 1977: 760 Torr

Für die bis 1977 zulässigen Einheiten gilt die

Umrechnung:

Elektrisches Wärmeäquivalent:	1 cal	= 4,1868 Ws
	1 kWh	= 860 kcal

Beachte:

Umrechnung der Arbeitseinheiten → auch Tabelle U 5!

17.4.4. Mechanische Energie

Mechanische Energie läßt sich restlos, d. h. verlustfrei in Wärmeenergie umwandeln, jedoch nicht umgekehrt.
Für die bis 1977 zulässigen Einheiten gilt die

Umrechnung:

Mechanisches Wärmeäquivalent:	1 cal	= 4,1868 J
	1 kcal	= 426,93 kpm

Beachte:

Umrechnung von Arbeitseinheiten → auch Tabelle U 5!

18. Änderung des Aggregatzustandes

Jede Änderung eines Aggregatzustandes bedeutet eine Änderung der inneren Struktur des Stoffes und damit seiner Eigenschaften.

Eigenschaften der Stoffe
in den verschiedenen Aggregatzuständen

	fest	flüssig	gasförmig
Kristallgitter	ja	nein	nein
bestimmte Gestalt	ja	nein	nein
Kohäsion	ja	ja	nein
bestimmtes Volumen	ja	ja	nein

Jeder Übergang zu einem *höheren* Aggregatzustand ist mit *Energiezufuhr* verbunden.

Jeder Übergang zu einem *niederen* Aggregatzustand ist mit *Energieabgabe* verbunden.

Folgende Änderungen des Aggregatzustandes sind möglich:

Übersicht:

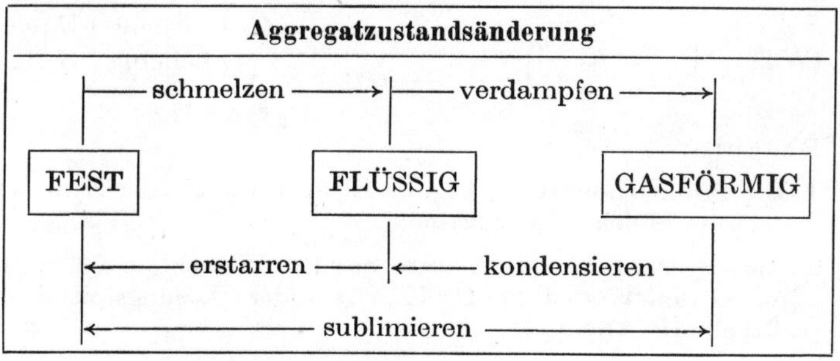

18.1. Schmelzen und Erstarren

18.1.1. Schmelzpunkt

Schmelzen und Erstarren vollziehen sich **bei gleicher Temperatur**, also:

Schmelzpunkt = Erstarrungspunkt

Beachte:

1. Zahlenwerte für Schmelzpunkte siehe Tabelle 17 (Anhang)!
2. Die Schmelzpunkte sind **gering druckabhängig.** Im allgemeinen steigt der Schmelzpunkt bei steigendem Druck. Ausnahme: Wasser!
3. Während des Schmelzens oder Erstarrens ist die Temperatur konstant.

18.1.2. Schmelzpunkt von Lösungen

Wird in einem Stoff ein anderer gelöst, so sinkt der Erstarrungspunkt des Lösungsmittels mit zunehmender Konzentration.

Wenn Δt Schmelzpunkterniedrigung,
m Masse des gelösten Stoffes,
M_r relative Molekülmasse («Molekulargewicht») des gelösten Stoffes,
m_F Masse des Lösungsmittels (Flüssigkeit),
K Proportionalitätsfaktor: kryoskopische Konstante,

dann gilt

(W 28) $$\Delta t = K \frac{m}{m_F M_r}$$

m, m_F	E	Δt
beliebig	K	K

Beachte:

1. Die Schmelzpunkterniedrigung ist nach (W 28) der Zahl der gelösten Moleküle proportional.
2. Die kryoskopische Konstante hat für Wasser als Lösungsmittel den Wert $1{,}86 \cdot 10^3$ K. Für andere Lösungsmittel → Tabelle 19 (Anhang)!

Der Schmelzpunkt von **Legierungen** liegt meist tiefer als der niedrigste der Bestandteile.

Übersicht:

Legierungen mit besonders niedrigem Schmelzpunkt	
Schnellot (2 Teile Zinn, 1 Teil Blei)	180 °C
Rosesches Metall (50 % Wismut, 25 % Blei, 25 % Zinn)	94 °C
Lipowitz-Metall (50 % Wismut, 26,7 % Blei, 13,3 % Zinn, 10 % Kadmium)	70 °C
Woodsches Metall (50 % Wismut, 25 % Blei, 12,5 % Zinn, 12,5 % Kadmium)	60 °C

18.1.3. Volumenänderung

Die meisten Stoffe besitzen im festen Zustand ein kleineres Volumen als im flüssigen Zustand: Metalle, Paraffin, Stearin, Fette usw.

Ausnahme: Wasser; Eis schwimmt auf Wasser!

Da sich die Metalle beim Gießen (Erstarren) zusammenziehen, müssen alle Gußformen um das Schwindmaß größer sein als das fertige Stück.

Übersicht:

Schwindmaße (auf die Länge bezogen)			
Gußeisen	1/96	Flußstahl	1/64
Blei	1/92	Zink	1/62
Messing	1/65	Stahlguß	1/50

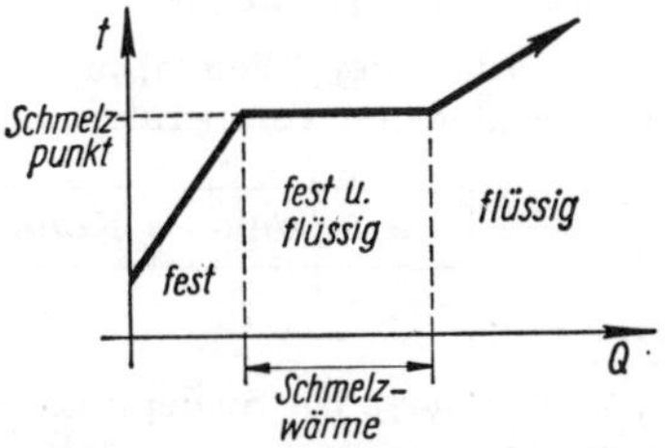

18.1.4. Schmelzwärme

Die für das Schmelzen erforderliche Wärmemenge nennt man Schmelzwärme. Sie wird in Joule (J) gemessen.

> Unter der **spezifischen Schmelzwärme** q eines Stoffes versteht man die Wärmemenge, die nötig ist, um ohne Temperaturänderung 1 Kilogramm eines festen Stoffes zu verflüssigen.

Sie wird in J/kg angegeben. Bis 1977 zulässige Einheit: kcal/kg.

Beim Erstarren wird die gleiche Wärmemenge frei, also:

> Schmelzwärme = Erstarrungswärme

Beachte:
Zahlenwerte für spezifische Schmelzwärmen q → Tabelle 17 (Anhang)!

18.1.5. Lösungswärme

Zum Lösen eines festen Körpers in einer Flüssigkeit wird eine bestimmte Wärmemenge benötigt. Sie wird der Flüssigkeit entzogen, so daß sie sich abkühlt. Mit den in der Übersicht angegebenen Stoffen lassen sich folgende Temperaturen erreichen.

Übersicht:

Kältemischungen	t/°C
100 g Eis + 31 g Kochsalz	—21
100 g Eis + 143 g Kalziumchlorid	—55
festes Kohlendioxid + Alkohol	—78
100 g Wasser + 100 g Ammoniumsulfat	—30

18.2. Verdampfen und Kondensieren

18.2.1. Siedepunkt

Das Verdampfen (Sieden) und das Kondensieren vollziehen sich bei der gleichen Temperatur, also:

Siedepunkt = Kondensationspunkt

Beachte:

1. Zahlenwerte für Siedepunkte → Tabelle 18 (Anhang)!
2. Die Siedepunkte sind **stark druckabhängig.** Sie steigen mit wachsendem äußerem Druck. Beispiel Wasser → Tabelle 21 (Anhang)!
3. Während des Siedens oder Kondensierens ist die Temperatur konstant.

18.2.2. Siedepunkt von Lösungen

Wird in einem Stoff ein anderer gelöst, so steigt der Siedepunkt mit zunehmender Konzentration.

Wenn Δt Siedepunktserhöhung,
m Masse des gelösten Stoffes,
M_r relative Molekülmasse («Molekulargewicht») des gelösten Stoffes,
m_F Masse des Lösungsmittels (Flüssigkeit),
E Proportionalitätsfaktor: ebullioskopische Konstante,

dann gilt

(W 29) $$\Delta t = E \frac{m}{m_F M_r}$$

m, m_F	E	Δt
beliebig	K	K

Beachte:

1. Die Siedepunktserhöhung ist nach (W 29) der Zahl der gelösten Moleküle proportional.
2. Die ebullioskopische Konstante hat für Wasser als Lösungsmittel den Wert $0{,}52 \cdot 10^3$ K. Für andere Lösungsmittel → Tabelle 19 (Anhang)!

18.2.3. Volumenänderung

Alle Stoffe besitzen im gasförmigen Zustand ein bedeutend größeres Volumen als im flüssigen Zustand.

Beispiel:

Aus 1 l Wasser werden etwa 1700 l Wasserdampf von 10^5 Pa.

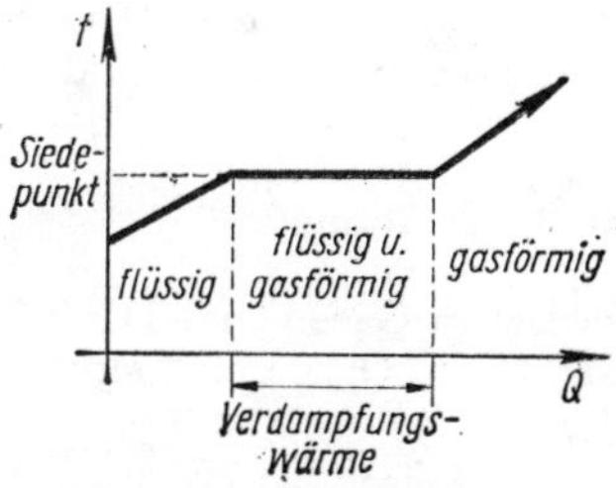

18.2.4. Verdampfungswärme

Die für das Verdampfen erforderliche Wärmemenge nennt man Verdampfungswärme. Sie wird in Joule (J) gemessen.

> Unter der **spezifischen Verdampfungswärme** r eines Stoffes versteht man die Wärmemenge, die nötig ist, um ohne Temperaturänderung 1 Kilogramm einer Flüssigkeit zu verdampfen.

Sie wird in J/kg angegeben. Bis 1977 zulässige Einheit: kcal/kg.

Beim Kondensieren wird die gleiche Wärmemenge frei, also:

Verdampfungswärme = Kondensationswärme

Beachte:

1. Zahlenwerte für spezifische Verdampfungswärme r → Tabelle 18 (Anhang)!
2. Die Verdampfungswärme ist druckabhängig. Sie wird bei steigendem Druck kleiner.

18.2.5. Verdunsten

Auch bei Temperaturen unter dem Siedepunkt kann eine Flüssigkeit in den gasförmigen Zustand übergehen. Man spricht dann von Verdunsten. Die dazu benötigte Wärmemenge (die Verdunstungswärme) entspricht der Verdampfungswärme und wird meist aus der Flüssigkeit genommen. Sie kühlt sich infolgedessen ab.

18.2.6. Sublimieren

Unter Sublimieren versteht man einen direkten Übergang von fest zu gasförmig oder umgekehrt. Der flüssige Zustand wird dabei übersprungen. Die Sublimationswärme ist gleich der Summe von Schmelz- und Verdampfungswärme.

18.3. Dämpfe

Zwischen Gasen und Dämpfen besteht ein großer Unterschied. Sämtliche Gasgesetze sind z. B. auf Dämpfe *nicht* anwendbar.

18.3.1. Gesättigter Dampf

Eine Flüssigkeit kann in einem Vakuum nur so lange verdampfen, bis der entstandene Dampf einen bestimmten Höchstdruck erreicht hat. Diesen nennt man den **Sättigungsdruck.** Seine Größe ist *temperaturabhängig*. Die dabei in 1 Kubikmeter enthaltene Dampfmenge nennt man *Sättigungsmenge*. Auch sie ist temperaturabhängig.

Beachte:

1. Zahlenwerte für Sättigungsdrücke → Tabelle 24 (Anhang)!
2. Sättigungsdruck von Wasserdampf in Abhängigkeit von der Temperatur → Tabelle 22 (Anhang)! Diese liefert auch umgekehrt den Siedepunkt als Funktion des Druckes. Diese Beziehung läßt sich als **Dampfdruckkurve** darstellen.
3. Gesättigte Dämpfe richten sich nicht nach den Gasgesetzen. So führt eine Verkleinerung des Volumens nicht zur Drucksteigerung (der Sättigungsdruck kann nicht überschritten werden), sondern zum Kondensieren von Flüssigkeit.

18.3.2. Ungesättigter Dampf

Steht nicht genügend Flüssigkeit zum Verdunsten zur Verfügung, so wird der Sättigungsdruck nicht erreicht, der Dampf ist ungesättigt.
Ein gesättigter Dampf wird ungesättigt, wenn man ihn von der eventuell noch vorhandenen Flüssigkeit trennt und sein Volumen vergrößert oder seine Temperatur erhöht. Man nennt ihn auch *überhitzten* Dampf.
Gase sind *stark ungesättigte* bzw. *stark überhitzte* Dämpfe, ihre Temperatur liegt weit über dem zu ihrem Druck gehörenden Siedepunkt.

Beachte:

Die Gasgesetze gelten für Dämpfe, wenn diese stark ungesättigt bzw. überhitzt sind.

18.3.3. Dampfbildung im gaserfüllten Raum

Der Druck eines Dampfes ist unabhängig von dem Vorhandensein weiterer Gase oder Dämpfe.

Gesetz von Dalton:

Der Gesamtdruck eines Gasgemisches ist gleich der Summe der Partialdrücke, d. h. der Summe der Drücke der einzelnen Bestandteile.

18.3.4. Tripelpunkt

Schmelz- und Siedepunkte sind druckabhängig (→ 18.1.1. und 18.2.1.). Diese Temperatur-Druck-Funktion läßt sich grafisch darstellen. Da auch feste Körper verdampfen und dabei ein temperaturabhängiger Dampfdruck entsteht, können in ein p,t-Diagramm drei Kurven aufgenommen werden:

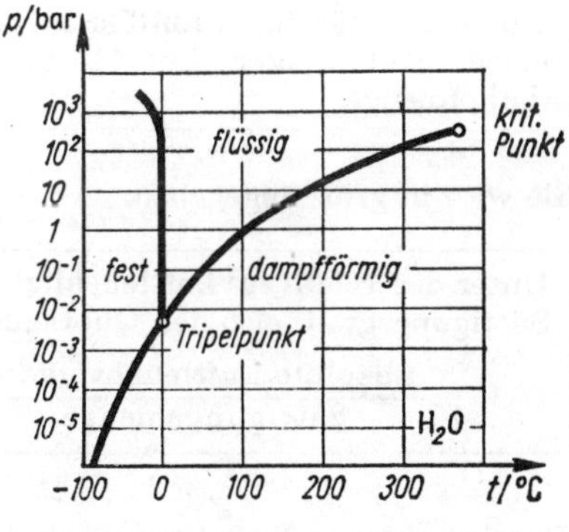

1. die Siedepunktskurve,

2. die Schmelzpunktsve und
3. die Dampfdruckkurve der festen Phase.

Alle drei Kurven treffen einander in einem Punkt, dem Tripelpunkt. Er liegt bei Wasser bei **0,01 °C** und **611 Pa** und wird zur **Definition der gesetzlichen Temperatureinheit** benutzt.

> Das Kelvin ist der 273,16te Teil der absoluten Temperatur des Tripelpunktes von reinem Wasser.

18.3.5. Luftfeuchtigkeit

In der Luft befinden sich immer mehr oder weniger große Mengen an Wasserdampf. Man unterscheidet folgende Begriffe:

> Unter der **maximalen Luftfeuchtigkeit** f_{max} versteht man die bei bestimmter Temperatur in einem Kubikmeter Luft maximal mögliche Wasserdampfmenge **(Sättigungsmenge).**

Sie wird in g/m³ angegeben.

Beachte:

Zahlenwerte → Tabelle 22 (Anhang)!

> Unter der **absoluten Luftfeuchtigkeit** f versteht man die in einem Kubikmeter Luft tatsächlich enthaltene Wasserdampfmenge.

Sie wird in g/m³ angegeben.

> Unter der **relativen Luftfeuchtigkeit** φ versteht man den Sättigungsgrad, also den Quotienten
>
> $$\frac{\text{absolute Luftfeuchtigkeit}}{\text{Sättigungsmenge}}$$

Er wird meist in Prozenten angegeben.

Wenn φ relative Luftfeuchtigkeit,
f absolute Luftfeuchtigkeit,
f_{max} maximale Luftfeuchtigkeit (Sättigungsmenge),

dann gilt

(W 30) $$\varphi = \frac{f}{f_{max}} 100\%$$

Beachte:

1. Temperaturänderungen führen zu Veränderungen der *relativen* Luftfeuchtigkeit, auch wenn die *absolute* Luftfeuchtigkeit gleich bleibt.
2. Meßgeräte für die Luftfeuchtigkeit heißen **Hygrometer.** Am bekanntesten ist das Haarhygrometer.

Taupunkt: Beim Abkühlen der Luft steigt die relative Luftfeuchtigkeit. Die Temperatur, bei der sie 100 % erreicht, heißt Taupunkt. Wenn er unterschritten wird, bildet sich Kondenswasser.

18.4. Reale Gase

Die in 16.4. und 16.5. genannten Gesetze gelten exakt nur für das ideale Gas, das beim Abkühlen bis zum absoluten Nullpunkt nicht kondensiert. Die realen Gase dagegen haben einen Kondensationspunkt, in dessen Nähe (bei hohem Druck und niedriger Temperatur) ihre Eigenschaften erheblich von denen des idealen Gases abweichen; denn es machen sich Kohäsion zwischen den Molekülen und Eigenvolumen der Moleküle im Verhältnis zum Gasvolumen bemerkbar.

18.4.1. Zustandsgleichung für reale Gase

Bei realen Gasen ist im Gesetz von Boyle-Mariotte ($pV =$ konstant) der Druck p um den **Binnendruck** (zusätzliche Druckwirkung der Kohäsion) zu vergrößern und das Gasvolumen V um das Eigenvolumen der Moleküle zu verkleinern. Dabei hängt der Binnendruck vom Abstand zweier Nachbarmoleküle und von der Zahl der benachbarten Moleküle ab, ist also dem Quadrat der Dichte proportional.

Wenn p Gasdruck,
V Gasvolumen,
m Gasmasse,
R spezielle Gaskonstante,
T absolute Temperatur des Gases,
a, b Proportionalitätsfaktoren,

dann gilt für den Binnendruck $a\frac{m^2}{V^2}$ und für das Eigenvolumen bm. Es ergibt sich für die realen Gase die

van-der-Waalssche Zustandsgleichung

(W 31) $$\left(p + a\frac{m^2}{V^2}\right)(V - bm) = mRT$$

Beachte:

1. Für jede Temperatur sind die p,V-Kurven **(Isothermen)** kubische Parabeln.
2. Die Isothermen für verschiedene Temperaturen ergeben zusammen das ANDREWSsche Diagramm.

18.4.2. Kritischer Zustand

Innerhalb des gerasterten Teiles des ANREWS-Diagramms verlaufen die Isothermen waagerecht, weil hier flüssige und dampfförmige Phase gleichzeitig existieren. Oberhalb einer bestimmten **kritischen Temperatur** t_{krit} ist die Verflüssigung allein durch Druck nicht möglich. Der Druck, der aufzuwenden ist, um ein Gas bei der kritischen Temperatur zu verflüssigen, heißt **kritischer Druck.**

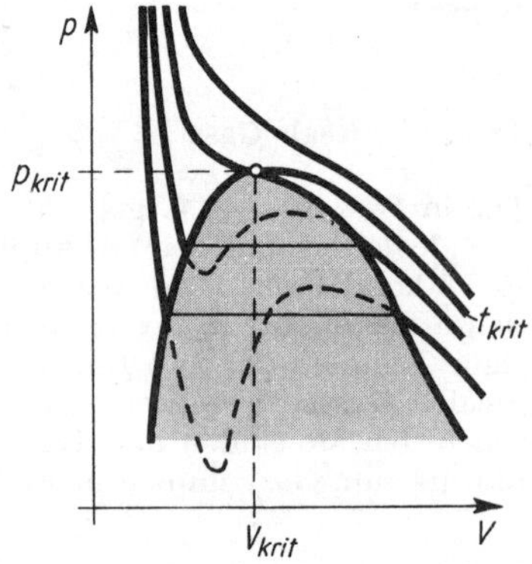

Nur bei Unterschreiten der kritischen Temperatur lassen sich Gase durch Druck verflüssigen.

Beachte:

Kritische Drücke und Temperaturen einiger Gase → Tabelle 23 (Anhang)!

18.4.3. Verflüssigung der Gase

Bei der technischen Gasverflüssigung wird nach dem LINDE-Verfahren das Gas (z. B. Luft) bis unter die kritische Temperatur abgekühlt, indem es wiederholt unter Druck aus einer Düse strömt. Zwischendurch muß es wieder komprimiert werden. Die dabei entstehende Wärme wird ihm in einem Kühler entzogen. Dieser Kreis wird mehrfach durchlaufen. Die Abkühlung bei der Entspannung erfolgt nach dem

Joule-Thomson-Effekt:

> Reale Gase kühlen sich bei einer gedrosselten Entspannung geringfügig ab.

Beachte:

1. Eine Abkühlung tritt nur ein, wenn die Temperatur des realen Gases unter der für jedes Gas anderen, sog. Inversionstemperatur liegt. Oberhalb dieser würde Erwärmung eintreten.
2. Luft kühlt sich um etwa $^1/_4$ K je 10^5 Pa Druckminderung ab.

19. Wärmeausbreitung

Für alle Ausbreitungsarten gilt der Grundsatz, daß die natürliche Bewegungsrichtung der Wärmeenergie von der höheren zur niederen Temperatur verläuft.

19.1. Wärmeströmung (Konvektion)

Warme Flüssigkeiten und Gase sind leichter als kalte, sie steigen empor. Dabei wird die Wärme von dem strömenden Medium mitgenommen.

Beispiele:

- Abzug der Rauchgase im Schornstein,
- Warmwasserheizung,
- Aufwind (Thermik) beim Segelfliegen,
- Föhnwind,
- Golfstrom.

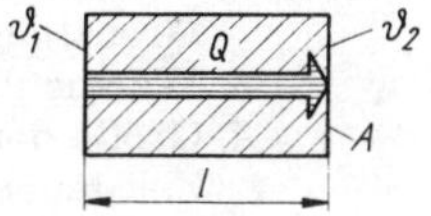

19.2. Wärmeleitung

Hierbei wird die Wärme *innerhalb* des Körpers weitergeleitet. Es gibt gute und schlechte Leiter. Gute *Wärmeleiter* sind auch gute *elektrische* Leiter. Voraussetzung für eine Wärmeleitung ist eine Temperaturdifferenz.

Wenn Q transportierte Wärmemenge,
λ Wärmeleitfähigkeit,
A Querschnitt des Leiters,
t Zeitdauer der Wärmeleitung,
$\Delta\vartheta$ Temperaturdifferenz zwischen zwei Stellen des Körpers (muß während der Zeit t konstant sein),
l Abstand der beiden Stellen verschiedener Temperatur, Leiterlänge,

dann gilt

(W 32) $$\boxed{Q = \frac{\lambda A t \Delta\vartheta}{l}}$$

	Q	λ	A	t	$\Delta\vartheta$	l
SI:	J	$\frac{\text{W}}{\text{m K}}$	m²	s	K	m
77:	kcal	$\frac{\text{kcal}}{\text{mhK}}$	m²	h	K	m

Beachte:

1. Zahlenwerte für Wärmeleitfähigkeiten → Tabelle 25 (Anhang)!
2. $\Delta\vartheta$ muß während der Leitung konstant sein.
3. Aus (W 32) folgt, daß die Wärmestromdichte $\frac{Q}{At}$ dem Temperaturgefälle $\frac{\Delta\vartheta}{c}$ proportional ist.

19.2.1. Wärmeübergang

Flüssige oder gasförmige Körper, die mit einem festen Körper anderer Temperatur in Berührung kommen, geben Wärme an ihn ab oder empfangen sie von ihm. Diese Übertragung nennt man Wärmeübergang.

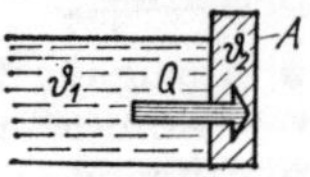

Wenn Q Wärmemenge, die durch die Grenzfläche tritt,
α Wärmeübergangskoeffizient,
A Größe der Übergangsfläche,
t Zeitdauer des Übergangs,

$\Delta\vartheta$ Temperaturdifferenz zwischen Flüssigkeit oder Gas und der Oberfläche des festen Körpers,

dann gilt

(W 33) $$Q = \alpha A t \Delta\vartheta$$

	Q	α	A	t	$\Delta\vartheta$
SI:	J	$\frac{\text{W}}{\text{m}^2\text{K}}$	m^2	s	K
77:	kcal	$\frac{\text{kcal}}{\text{m}^2\text{h K}}$	m^2	h	K

Beachte:

1. Zahlenwerte für Wärmeübergangskoeffizienten → Tabelle 26 (Anhang)!
2. $\Delta\vartheta$ muß während des Überganges konstant sein.
3. An der Übergangsstelle besteht ein Temperatursprung.

19.2.2. Wärmedurchgang

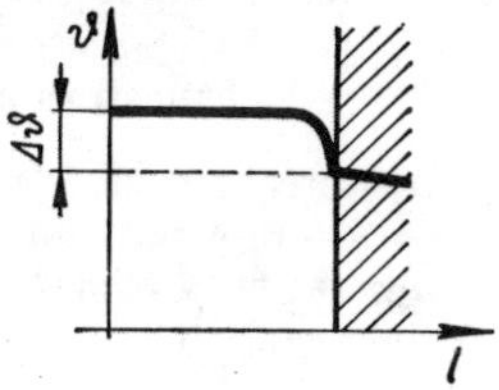

Sind zwei flüssige oder gasförmige Körper mit verschiedenen Temperaturen durch einen festen Körper getrennt, so vollzieht sich die Übertragung der Wärme in 3 Schritten:

1. *Wärmeübergang* vom 1. Medium an die Oberfläche der Wand nach (W 33),
2. *Wärmeleitung* durch die Wand nach (W 32),
3. *Wärmeübergang* von der Oberfläche der Wand an das 2. Medium nach (W 33).

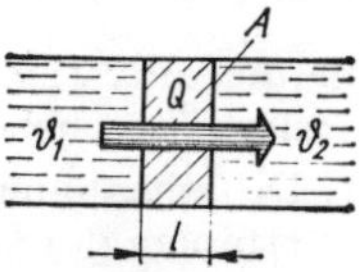

Schritt 1 bis 3 bezeichnet man zusammen als **Wärmedurchgang.**

Wenn Q durch die Wand übertragene Wärmemenge,
k Wärmedurchgangskoeffizient,
A Größe der Durchgangsfläche,
t Zeitdauer des Durchganges,
$\Delta\vartheta$ Temperaturunterschied zwischen den beiden flüssigen oder gasförmigen, die Wand begrenzenden Stoffen,

dann gilt

(W 34) $Q = kAt\Delta\vartheta$

	Q	k	A	t	$\Delta\vartheta$
SI:	J	$\frac{\text{W}}{\text{m}^2\text{K}}$	m^2	s	K
77:	kcal	$\frac{\text{kcal}}{\text{m}^2\text{hK}}$	m^2	h	K

Darin ist

$$\frac{1}{k} = \frac{1}{\alpha_1} + \frac{1}{\alpha_2} + \frac{l}{\lambda}$$

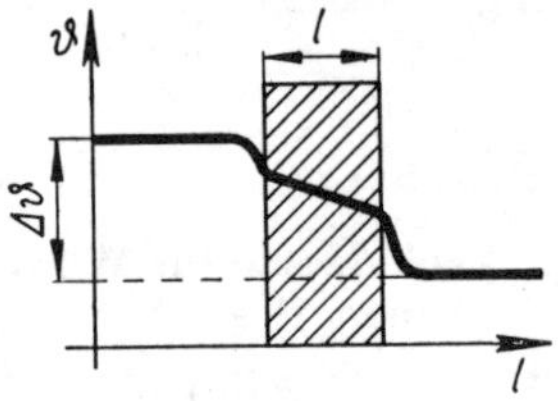

Beachte:

1. Zahlenwerte für Wärmedurchgangskoeffizienten → Tabelle 27 (Anhang)!
2. k gilt jeweils für eine bestimmte Wanddicke l.
3. An den Übergangsstellen bestehen Temperatursprünge.

19.3. Wärmestrahlung

Wärmestrahlen sind *elektromagnetische* Wellen im Bereich von etwa 800 nm bis 1 mm. Jeder Körper sendet auf Grund seiner Temperatur Wärmestrahlen aus. (Bereiche elektromagnetischer Wellen → 31.6.)

19.3.1. Reflexion und Absorption von Wärmestrahlen

Beim Auftreffen von Wärmestrahlen auf einen Körper kann dreierlei geschehen:

1. Die Strahlung wird teilweise *durchgelassen*. Für Wärmestrahlen durchlässige Stoffe nennt man diatherman.

(W 35) **Durchlässigkeit: (Transmissionsgrad)**

$$\tau = \frac{\text{durchgelassene Strahlung}}{\text{aufgetroffene Strahlung}}$$

Beachte:

τ ist stoff- und wellenlängenabhängig.

2. Die Strahlung wird teilweise *reflektiert*.

(W 36) **Reflexionsgrad:**

$$\varrho = \frac{\text{reflektierte Strahlung}}{\text{aufgetroffene Strahlung}}$$

Beachte:

ϱ ist stoff- und wellenlängenabhängig.

3. Die Strahlung wird teilweise *absorbiert*, d. h. vom Körper aufgenommen und in Wärme umgewandelt.

(W 37) **Absorptionsgrad:** $\alpha = \dfrac{\text{absorbierte Strahlung}}{\text{aufgetroffene Strahlung}}$

Beachte:

1. α ist stoff- und wellenlängenabhängig.
2. Der Absorptionsgrad des Schwarzen Körpers ist gleich eins.

Für die gesamte auf einen Körper treffende Strahlung gilt:

(W 38) $\varrho + \alpha + \tau = 1$

19.3.2. Kirchhoffsches Strahlungsgesetz

Bei gleicher Temperatur strahlen *helle* und *glatte* Flächen schlecht, *schwarze* und *rauhe* dagegen gut.

Wenn P Strahlungsleistung eines beliebigen Körpers (auch Strahlungsfluß Φ genannt),
P_s Strahlungsleistung des Schwarzen Körpers gleicher Temperatur,
ε Emissionsgrad des Körpers (entspricht dem Absorptionsgrad α),

dann gilt

(W 39) $P = \varepsilon P_S$ **Kirchhoffsches Strahlungsgesetz**

Die von einem beliebigen Körper ausgehende Strahlungsleistung ist gleich der des Schwarzen Körpers multipliziert mit seinem eigenen Emissionsgrad.

19.3.3. Stefan-Boltzmannsches Gesetz

Jeder Körper ist auf Grund seiner Temperatur ein Strahler. Die von ihm ausgehende Strahlungsleistung P (oder Strahlungsfluß Φ) ist der strahlenden Oberfläche und der 4. Potenz seiner absoluten Temperatur proportional: $P \sim AT^4$.

Den Proportionalitätsfaktor bezeichnet man als

Strahlungskonstante $\sigma = 5{,}67 \cdot 10^{-8}\ \mathrm{W/m^2\,K^4} =$
$= 4{,}87 \cdot 10^{-8}\ \mathrm{kcal/h\,m^2\,K^4}$

Bei der Berechnung muß noch die Umgebungstemperatur berücksichtigt werden.

Wenn P Strahlungsleistung,
σ Strahlungskonstante $= 5{,}67 \cdot 10^{-8}\ \mathrm{W/m^2K^4}$,
ε Emissionsgrad des strahlenden Körpers,
A strahlende Oberfläche des Körpers,
T_1 absolute Temperatur des strahlenden Körpers,
T_2 absolute Temperatur der Umgebung des Körpers,

dann gilt

(W 40) $$P = \sigma\varepsilon A\,(T_1^4 - T_2^4)$$ **Stefan-Boltzmannsches Gesetz**

Beachte:

1. Zahlenwerte für den Emissionsgrad → Tabelle 28 (Anhang)!
2. Vielfach bezeichnet man das Produkt $\sigma\varepsilon$ als stoffabhängige Strahlungszahl.

	P	σ	ε	A	T
SI:	W	$\frac{\mathrm{W}}{\mathrm{m^2K^4}}$	—	m²	K
77:	$\frac{\mathrm{kcal}}{\mathrm{h}}$	$\frac{\mathrm{kcal}}{\mathrm{hm^2K^4}}$	—	m²	K

19.3.4. Wiensches Verschiebungsgesetz

Mit (W 40) läßt sich die gesamte einen Körper verlassende Strahlungsleistung berechnen. Sie besitzt keine bestimmte Wellenlänge, sondern verteilt sich auf ein breites Spektralband. Die Abhängigkeit der Strahlungsleistung von der Wellenlänge gibt die Strahlungskurve wieder, die für jede Körpertemperatur einen anderen Verlauf besitzt. Mit zunehmender Temperatur vergrößert sich die gesamte Strahlung

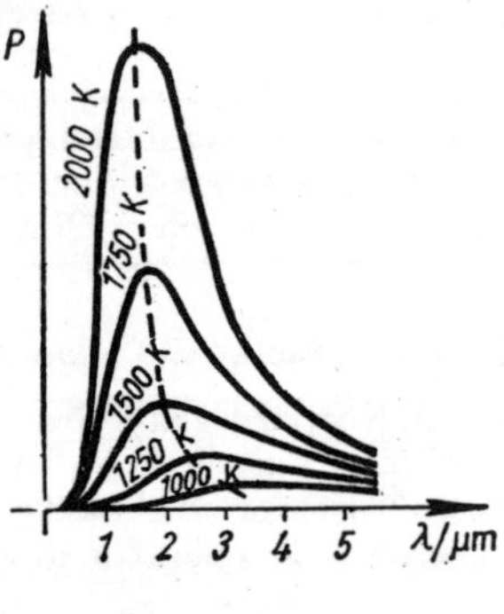

sehr stark (Fläche unter der Kurve wächst), und die maximal abgestrahlte Wellenlänge verkürzt sich. Bei entsprechender Temperatur reichen die Kurven am kurzwelligen Teil bis zum sichtbaren Licht. Die maximal abgestrahlte Wellenlänge läßt sich berechnen.

Wenn λ_{max} Wellenlänge, die bei einer bestimmten Temperatur mit maximaler Leistung abgestrahlt wird,
T absolute Temperatur des Strahlers,

dann gilt

(W 41) $$\lambda_{max} = \frac{2898\ \mu\text{m} \cdot \text{K}}{T}$$ ges: $\left| \frac{\lambda_{max}}{\mu\text{m}} \middle| \frac{T}{\text{K}} \right|$

Beachte:

1. Mit zunehmender Temperatur erhöht sich der Anteil kurzwelliger Strahlung. Man kann demnach den Farbeindruck der Gesamtstrahlung als Maß für die Temperatur verwenden: **Farbtemperatur.**
2. Strahlungsmeßgeräte zur Temperaturbestimmung heißen Pyrometer.

20. Zustandsänderung

Der Zustand eines Gases ist durch die drei Größen Druck, Volumen und Temperatur bestimmt. Die Änderung einer oder mehrerer dieser Größen nennt man Zustandsänderung.
Außer den in 16.5.1. unter «Sonderfälle» genannten *isobaren*, *isochoren* und *isothermen* Zustandsänderungen gibt es noch die *adiabatische* und die *polytrope* Zustandsänderung.
Bei allen lassen sich die Beziehungen zwischen Druck und Volumen in einem p, V-Diagramm grafisch darstellen. Die Lage der Kurven hängt von der Masse des Gases ab.

20.1. Erster Hauptsatz der Wärmelehre

Das allgemeine Gesetz von der Erhaltung der Energie besitzt in der Wärmelehre eine spezielle Form. Auf eine bestimmte abgeschlossene Menge eines idealen Gases angewandt, lautet es:

Führt man einem Gas eine Wärmemenge zu, so steigt dessen innere Energie, und es verrichtet mechanische Arbeit.

Wenn Q dem Gas zugeführte Wärmemenge,
W vom Gas verrichtete mechanische Arbeit,
U innere Energie des Gases (in diesem gespeichert als Temperatur bzw. Aggregatzustand),

dann gilt

(W 42) $$Q = \Delta U + W$$

Darin ist die mechanische Arbeit W entsprechend (M 87) $W = Fs$.
Wegen $F = pA$ (M 158) und $\Delta V = As$ ergibt sich für $W = p\Delta V$.
Bezieht man (W 42) auch auf sehr kleine Wärmemengen, so erhält man

(W 43) $$\mathrm{d}Q = \mathrm{d}U + p\,\mathrm{d}V$$ **1. Hauptsatz der Wärmelehre**

20.2. Isochore Zustandsänderung

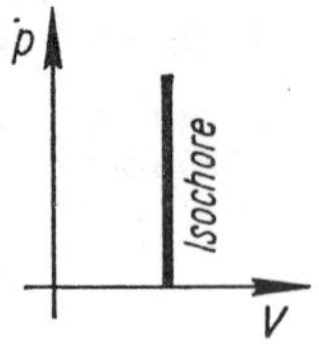

Die Erwärmung erfolgt bei konstantem Volumen (2. Gesetz von Gay-Lussac, 16.4.2.). Die p,V-Kurve verläuft parallel zur p-Achse. Das ideale Gas verrichtet beim Erwärmen *keine* Arbeit.

Bei einer isochoren Zustandsänderung dient die zugeführte Wärmemenge nur zur Erhöhung der inneren Energie.

Dadurch vereinfacht sich der 1. Hauptsatz zu

$\mathrm{d}Q = \mathrm{d}U$, worin $\mathrm{d}U = c_v m\,\mathrm{d}T$ (W 22) ist.

Betrachtet man c_v und m als konstant, so folgt nach Integration

(W 44) $$U = c_v m T$$

Die innere Energie eines idealen Gases hängt allein von seiner Temperatur ab.

Beachte:
Diese Erkenntnis gilt für alle Zustandsänderungen.

20.3. Isobare Zustandsänderung

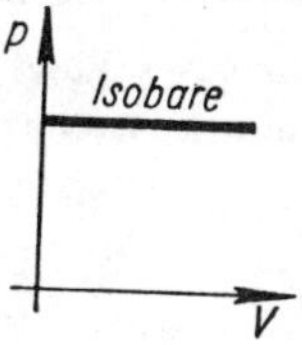

Die Erwärmung erfolgt bei konstantem Druck (1. Gesetz von GAY-LUSSAC, 16.4.1.). Die p, V-Kurve verläuft parallel zur V-Achse. Das Gas verrichtet beim Erwärmen die Arbeit $p\,\mathrm{d}V$. Die zugeführte Wärmemenge beträgt $mc_p\,\mathrm{d}T$, und die innere Energie steigt um $mc_v\,\mathrm{d}T$. Damit nimmt der 1. Hauptsatz die Form an

$$mc_p\,\mathrm{d}T = mc_v\,\mathrm{d}T + p\,\mathrm{d}V \text{ oder}$$

$$m\,\mathrm{d}T(c_p - c_v) = p\,\mathrm{d}V$$

Durch Integration ergibt sich

$$mT\,(c_p - c_v) = pV \text{ oder wegen (W 16) } p = \frac{mRT}{V}$$

(W 25) $\boxed{c_p - c_v = R}$ →auch 17.2.!

> Die Differenz der spezifischen Wärmekapazitäten des idealen Gases ist gleich der Gaskonstanten.

20.4. Isotherme Zustandsänderung

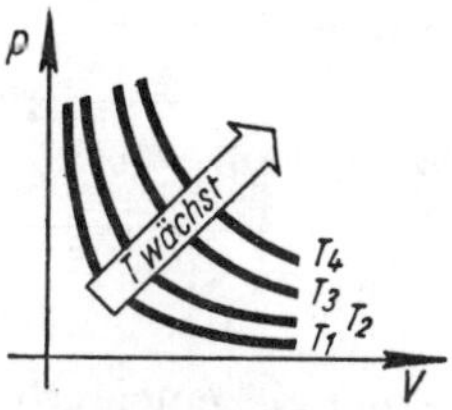

Die Änderung erfolgt bei konstanter Temperatur. Sie folgt dem Gesetz von BOYLE-MARIOTTE (→ 9.1.)

(M 164) $\boxed{pV = \text{konstant}}$

Die p, V-Kurve ist eine **Hyperbel.** Da wegen T = konstant auch die innere Energie U konstant ist, nimmt der 1. Hauptsatz die einfache Form an

$$\mathrm{d}Q = p\,\mathrm{d}V$$

> Bei einer isothermen Zustandsänderung wandelt sich die zugeführte Wärmemenge restlos in mechanische Arbeit um.

20.4.1. Isotherme Volumenarbeit

Es kann berechnet werden, welche Arbeit das ideale Gas verrichtet, wenn es sich isotherm entspannt.

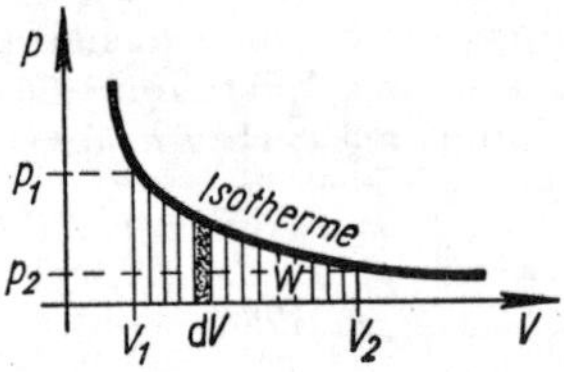

Wenn
- W Arbeit, die bei einer isothermen Entspannung frei wird = zuzuführende Wärmemenge Q,
- m Masse des Gases,
- R Gaskonstante,
- T unveränderliche absolute Temperatur des Gases,
- V_1 Anfangsvolumen,
- V_2 Endvolumen,
- p_1 Anfangsdruck,
- p_2 Enddruck,

dann gilt wegen $\mathrm{d}Q = \mathrm{d}W = p\,\mathrm{d}V$

$W = \int_{V_1}^{V_2} p\,\mathrm{d}V$ und mit (W 16) $W = mRT \int_{V_1}^{V_2} \frac{\mathrm{d}V}{V}$ bzw. nach

Integration

(W 45) $$W = mRT \ln \frac{V_2}{V_1}$$

	W	m	R	T
SI:	J	kg	$\frac{\mathrm{J}}{\mathrm{kgK}}$	K
77:	kpm	kg	$\frac{\mathrm{kpm}}{\mathrm{kgK}}$	K

Ferner gilt entsprechend (W 16)

(W 46) $$W = p_1 V_1 \ln \frac{V_2}{V_1} = p_2 V_2 \ln \frac{V_2}{V_1}$$

	W	p	V
SI:	J	$\mathrm{Pa} = \frac{\mathrm{N}}{\mathrm{m}^2}$	m^3
77:	kpm	$\frac{\mathrm{kp}}{\mathrm{m}^2}$	m^3

Entsprechend (M 164) kann man die Volumen durch die Drücke ersetzen und erhält dann

(W 45a) $$W = mRT \ln \frac{p_1}{p_2}$$

	W	m	R	T
SI:	J	kg	$\frac{\text{J}}{\text{kgK}}$	K
77:	kpm	kg	$\frac{\text{kpm}}{\text{kgK}}$	K

und entsprechend (W 16)

(W 46a) $$W = p_1 V_1 \ln \frac{p_1}{p_2} = p_2 V_2 \ln \frac{p_1}{p_2}$$

	W	p	V
SI:	J	$\text{Pa} = \frac{\text{N}}{\text{m}^2}$	m^3
77:	kpm	$\frac{\text{kp}}{\text{m}^2}$	m^3

Beachte:

1. Wird in (W 45) und (W 46) V_1 größer als V_2 bzw. p_2 größer als p_1, so liegt eine Verdichtung statt einer Entspannung vor. Für W ergibt sich ein negativer Zahlenwert, d. h., die Arbeit wird nicht frei, sondern muß dem Gas zugeführt werden.
2. Zahlenwerte für die spezielle Gaskonstante R → Tabelle 14 (Anhang)!
3. Umrechnung von Arbeitseinheiten → Tabelle U 5!
4. Die Temperatur muß konstant bleiben!

20.5. Adiabatische Zustandsänderung

Die Änderung erfolgt ohne Wärmeaustausch mit der Umgebung, $\mathrm{d}Q$ ist also Null. Damit nimmt der 1. Hauptsatz die Form an

$0 = \mathrm{d}U + p\,\mathrm{d}V$. Mit $\mathrm{d}U = mc_v\,\mathrm{d}T$ und $p = \frac{mRT}{V}$

ergibt sich $-mc_v\,\mathrm{d}T = mRT\frac{\mathrm{d}V}{V}$. Setzt man für

$R = c_p - c_v$ (W 25), so ergibt sich nach Umstellung

$-c_v \frac{\mathrm{d}T}{T} = (c_p - c_v)\frac{\mathrm{d}V}{V}$ und nach Integration

$$-c_v\int_{T_1}^{T_2}\frac{\mathrm{d}T}{T} = (c_p - c_v)\int_{V_1}^{V_2}\frac{\mathrm{d}V}{V} \quad \text{oder}$$

$$-c_v \ln\frac{T_2}{T_1} = (c_p - c_v)\ln\frac{V_2}{V_1} \quad \text{oder}$$

$$\left(\frac{T_1}{T_2}\right)^{c_v} = \left(\frac{V_2}{V_1}\right)^{c_p - c_v}$$

Wenn p_1, T_1, V_1 Druck, absolute Temperatur und Volumen im Anfangszustand,

p_2, T_2, V_2 Druck, absolute Temperatur und Volumen im Endzustand,

$\varkappa$ Verhältnis der spezifischen Wärmekapazitäten des Gases c_p/c_v,

dann ergeben sich daraus die

Poissonschen Gleichungen

(W 47) $$\frac{T_1}{T_2} = \left(\frac{V_2}{V_1}\right)^{\varkappa-1} \qquad \frac{T_1}{T_2} = \left(\frac{p_1}{p_2}\right)^{\frac{\varkappa-1}{\varkappa}} \qquad \frac{p_1}{p_2} = \left(\frac{V_2}{V_1}\right)^{\varkappa}$$

Beachte:

Zahlenwerte von $\varkappa$ → Tabelle 16 (Anhang)!

Aus der letzten Form von (W 47) folgt das Gesetz der adiabatischen Zustandsänderung. Man nennt es das

Poissonsche Gesetz

(W 48) $$p\,V^{\varkappa} = \text{konstant}$$

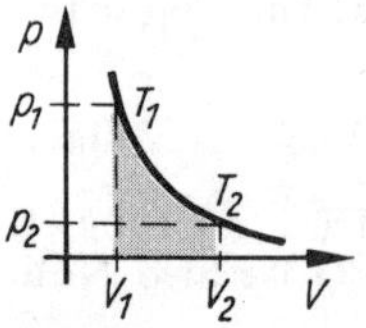

Die p, V-Kurve verläuft steiler als eine Isotherme, weil bei einer adiabatischen Kompression die entstehende Wärme im Gas verbleibt und die Temperaturerhöhung den Druck zusätzlich vergrößert.

20.5.1. Adiabatische Volumenarbeit

Es kann errechnet werden, welche Arbeit das ideale Gas bei einer adiabatischen Entspannung verrichtet.

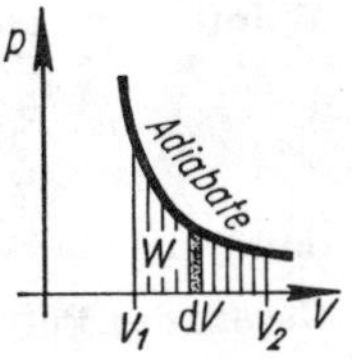

Wenn W Arbeit, die bei einer adiabatischen Entspannung verrichtet wird,
m Masse des Gases,
R Gaskonstante,
$\varkappa$ c_p/c_v,
T_1 Anfangstemperatur,
T_2 Endtemperatur,

dann gilt, weil $W = -\Delta U$ und $\Delta U = c_v m(T_2 - T_1)$,

$W = -mc_v(T_2 - T_1) = mc_v(T_1 - T_2)$ und mit

$\frac{c_p}{c_v} = \varkappa$ und $c_p - c_v = R$ ergibt sich nach entsprechender Umformung

(W 49) $$W = \frac{mR}{\varkappa - 1}(T_1 - T_2)$$

	W	m	R	$\varkappa$	T
SI:	J	kg	$\frac{\text{J}}{\text{kgK}}$	—	K
77:	kpm	kg	$\frac{\text{kpm}}{\text{kgK}}$	—	K

Beachte:

1. Wird T_2 größer als T_1, dann liegt keine Entspannung, sondern eine Kompression vor. Für W ergibt sich ein negativer Zahlenwert, d. h., die Arbeit wird nicht frei, sondern muß dem Gas von außen zugeführt werden.
2. Zahlenwerte für die spezielle Gaskonstante → Tabelle 14 (Anhang)!
3. Zahlenwerte für $\varkappa$ → Tabelle 16 (Anhang)!
4. Umrechnung von Arbeitseinheiten → Tabelle U 5!

20.6. Polytrope Zustandsänderung

Bei einer isothermen Kompression muß die entstehende Wärme restlos abgeführt werden, bei einer adiabatischen Kompression muß sie im Gas bleiben. Beides ist praktisch nicht realisierbar. In den meisten Fällen wird eine mehr oder weniger große Wärmemenge abgeführt. Man spricht von einer polytropen Zustandsänderung. Ihre p, V-Kurve liegt zwischen der Isothermen und der Adiabaten.

Wenn p Druck des Gases,
V Volumen des Gases,
n Polytropenexponent,

dann gilt als

Gesetz der Polytrope

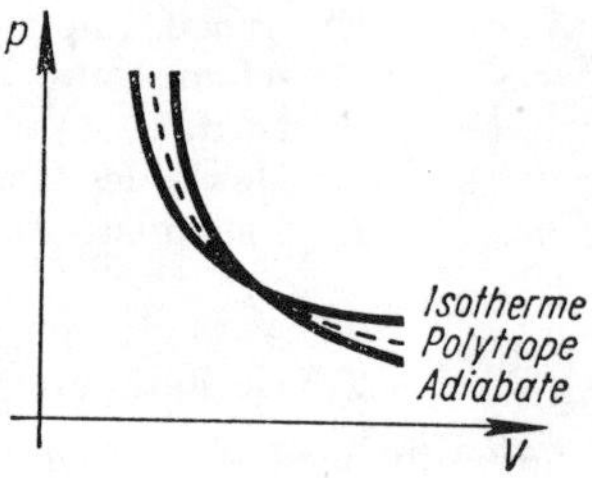

(W 50) $$pV^n = \text{konstant}$$

darin ist $1 < n < \varkappa$!

Beachte:

1. (W 47), (W 48) und (W 49) der adiabatischen Zustandsänderung gelten auch hier, wenn für $\varkappa$ jeweils n gesetzt wird.
2. Isotherme und adiabatische Zustandsänderungen können als Sonderfälle der polytropen Zustandsänderung angesehen werden. Bei der isothermen Änderung ist $n = 1$, bei der adiabatischen Änderung ist $n = \varkappa$.
3. Auch die isochore und die isobare Zustandsänderung genügen dem Polytropengesetz mit $n \to \infty$ und $n = 0$.

20.7. Kreisprozesse

Darunter versteht man Prozesse, bei denen nach mehreren hintereinander erfolgten Zustandsänderungen der ursprüngliche Ausgangszustand wieder erreicht wird. Alle periodisch arbeitenden Wärmekraftmaschinen führen Kreisprozesse aus. Im p,V-Diagramm ergibt sich ein geschlossener Kurvenzug. Da die Fläche unter einer p,V-Kurve der verrichteten Arbeit entspricht, muß eine Umwandlung von Wärme in mechanische Arbeit bzw. umgekehrt erfolgen, wenn zwei Zustände, 1 und 2, durch unterschiedliche Kurven verbunden sind. Der Inhalt der umschlossenen Fläche entspricht der abgegebenen Arbeit, wenn die Kurve rechtsherum durchlaufen wird. Bei entgegengesetztem Durchlaufen wird dagegen Arbeit aufgenommen (Kältemaschine bzw. Wärmepumpe).

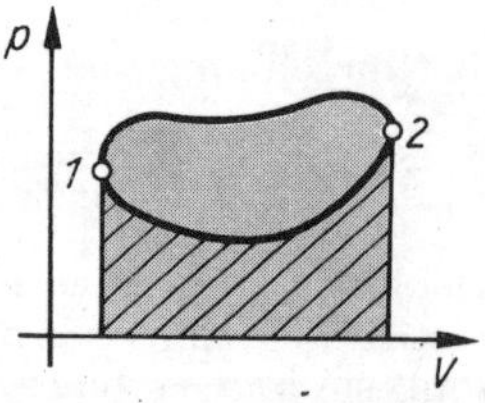

20.7.1. Carnotscher Kreisprozeß

Bei allen Wärmekraftmaschinen wünscht man sich eine möglichst vollständige Umwandlung von Wärmeenergie in mechanische Energie. CARNOT fand, daß die Ausnutzung am günstigsten ist, wenn das Gas einen bestimmten Kreisprozeß durchläuft. In diesem Kreisprozeß gibt es 4 aufeinanderfolgende Zustandsänderungen:

1. isotherme Entspannung (von 1 nach 2),
2. adiabatische Entspannung (von 2 nach 3),
3. isotherme Kompression (von 3 nach 4),
4. adiabatische Kompression (von 4 nach 1).

Die unter 1–2–3 liegende Fläche entspricht der bei der Entspannung verrichteten mechanischen Arbeit. Die unter 3–4–1 liegende Fläche entspricht der bei der Kompression zugeführten mechanischen Arbeit. Die Differenz der Flächen unter 1–2–3 und 3–4–1 gibt die während eines vollen Kreislaufs insgesamt abgegebene mechanische Arbeit an. Daraus ergibt sich, daß die von 1–2 zugeführte Wärme größer ist als die von 3–4 abgegebene Wärme. Ein Teil der zugeführten Wärme wird in mechanische Arbeit umgewandelt.

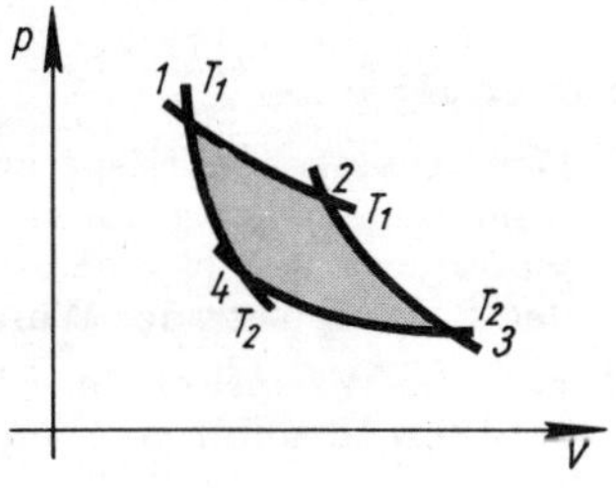

Die Umwandlung von Wärme in mechanische Energie geschieht nicht vollständig, sondern nur teilweise.

20.7.2. Thermischer Wirkungsgrad

Er gibt an, in welchem Maße in einer Wärmekraftmaschine Wärmeenergie in mechanische Arbeit umgewandelt werden kann.

Wenn Q_1 Wärmemenge, die bei der höheren Temperatur T_1 von der Maschine aufgenommen wurde,

Q_2 Wärmemenge, die bei der niederen Temperatur T_2 von der Maschine abgegeben wurde,

η thermischer Wirkungsgrad $= \dfrac{\text{abg. mech. Arbeit } W}{\text{zug. Wärmemenge } Q}$

dann gilt

(W 51) $$\eta = \frac{Q_1 - Q_2}{Q_1} = 1 - \frac{Q_2}{Q_1}$$

Beim Carnotschen Kreisprozeß gilt außerdem

$$Q_1 : Q_2 = T_1 : T_2 \text{ oder}$$

$$\frac{Q_1 - Q_2}{Q_1} = \frac{T_1 - T_2}{T_1}$$

Eingesetzt in (W 51) ergibt den **thermischen Wirkungsgrad des Carnot-Prozesses**

(W 52) $$\eta = \frac{T_1 - T_2}{T_1} = 1 - \frac{T_2}{T_1}$$

Beachte:

1. Der Carnotsche Kreisprozeß besitzt von allen möglichen Umwandlungen den größten Wirkungsgrad. Ein noch größerer würde zwar nicht gegen den 1. Hauptsatz, wohl aber gegen den 2. Hauptsatz der Wärmelehre verstoßen.
2. Für alle Wärmekraftmaschinen ist der maximale Wirkungsgrad (im Idealfall) nicht eins, sondern mit (W 52) gegeben.

20.7.3. Zweiter Hauptsatz der Wärmelehre

Aus den Gesetzmäßigkeiten der Kreisprozesse folgt, daß es unmöglich ist, Wärmeenergie restlos in mechanische Arbeit zu verwandeln, was in umgekehrter Richtung durchaus möglich ist.

Wärme kann nur dann in Arbeit umgewandelt werden, wenn zugleich ein Teil der Wärme von einem wärmeren auf einen kälteren Körper übergeht (Wesen der Wärmekraftmaschinen).

Es gilt ferner die Umkehrung dieses Satzes.

Wärme kann von einem kälteren auf einen wärmeren Körper nur unter Aufwand mechanischer Arbeit übertragen werden (Wesen der Kältemaschine).

21. Kinetische Wärmetheorie

Wärmeenergie ist lediglich Bewegungsenergie der Moleküle. Die Gesetze der Wärmelehre lassen sich demnach auch kinetisch deuten.

21.1. Zahl und Masse der Moleküle

1 Kubikmeter aller Gase enthält im Normzustand (0 °C und 760 Torr = 1013,3 mbar) die gleiche Anzahl Moleküle.

Loschmidt-Konstante:

$$\boxed{N_L = 2{,}6874 \cdot 10^{25}\ 1/\mathrm{m}^3}$$

Wichtiger als die auf das Volumen bezogene Molekülzahl ist die auf die Stoffmenge n bezogene.

Die Stoffmenge $n = 1$ kmol enthält bei allen Stoffen die gleiche Anzahl an Molekülen.

Avogadro-Konstante:

$$\boxed{N_A = 6{,}022045 \cdot 10^{26}\ 1/\mathrm{kmol}}$$

Demnach kann mit dem Kehrwert der AVOGADRO-Konstanten die absolute Masse eines Moleküls (bzw. Atoms) bestimmt werden.

Wenn m_0 absolute Masse eines Moleküls,

M molare Masse $= \dfrac{m}{n}$,

N_A AVOGADRO-Konstante,

dann gilt

(W 53) $$\boxed{m_0 = \frac{M}{N_A} = \frac{M}{6{,}022 \cdot 10^{26}}\ \mathrm{kg} = M \cdot 1{,}66 \cdot 10^{-27}\ \mathrm{kg}}$$

Beachte:

Vielfach findet man noch die Bezeichnungen LOSCHMIDT- und AVOGADRO-Konstante miteinander vertauscht.

21.2. Geschwindigkeit der Moleküle

21.2.1. Mittlere energetische Geschwindigkeit

Man nimmt an, daß sich die Moleküle eines Gases wie vollkommen elastische Kugeln verhalten, die sich alle mit gleicher Geschwindigkeit bewegen (BROWNsche Molekularbewegung). Diese Geschwindigkeit läßt sich berechnen.

Wenn m_0 Masse eines Moleküls,
$\bar{v}$ mittlere (energetische) Geschwindigkeit der Moleküle $= \sqrt{\overline{v^2}}$ → (W 58),
N_L LOSCHMIDT-Konstante, Zahl der Moleküle je m^3 $= 2{,}69 \cdot 10^{25}/m^3$,
a Kantenlänge eines gasgefüllten Würfels,

dann befinden sich im Würfel $N_L a^3$ Gasmoleküle. Jedes Molekül ändert beim senkrechten Auftreffen auf eine der 6 Begrenzungsflächen seine Geschwindigkeit von $+\bar{v}$ auf $-\bar{v}$, seinen Impuls also um $2m_0\bar{v}$. $1/3$ der Moleküle trifft aber je Sekunde $\frac{\bar{v}}{2a}$ mal auf eine Begrenzungsfläche. Die gesamte Impulsänderung je Fläche beträgt während der Zeit t demnach

$$\Delta p = Ft = 2m_0\bar{v}\,\frac{N_L a^3}{3}\,\frac{\bar{v}}{2a}\,t \quad \text{also}$$

$$F = \frac{2m_0\bar{v}^2 N_L\, a^3}{6a} \quad \text{oder wegen (M 158)}$$

$$p = \frac{F}{A} = \frac{2m_0\bar{v}^2 N_L\, a^3}{6a\, a^2}, \text{ also ergibt sich für den}$$

Gasdruck

(W 54) $$\boxed{p = \frac{m_0\bar{v}^2 N_L}{3}}$$

SI:	p	m	v	N_L
	$\text{Pa} = \frac{\text{N}}{\text{m}^2}$	kg	$\frac{\text{m}}{\text{s}}$	$\frac{1}{\text{m}^3}$

Aus (W 54) läßt sich die mittlere Geschwindigkeit der Moleküle berechnen. In (W 54) ist $m_0 N_L$ die Masse des Gases in einem Kubikmeter, demnach also die Dichte ϱ des Gases.

Wenn $\bar{v}$ die mittlere Geschwindigkeit der Moleküle,
R spezielle Gaskonstante des Gases,
T absolute Temperatur des Gases,

dann gilt nach (W 54) $p = \frac{\varrho \bar{v}^2}{3}$ oder weil $\varrho = \frac{m}{V}$

$$p = \frac{m\bar{v}^2}{3V} \text{ oder}$$

$$pV = \frac{m\bar{v}^2}{3} \text{ und wegen } pV = mRT \text{ (W 16)}$$

$$mRT = \frac{m\bar{v}^2}{3}.$$ Daraus ergibt sich für die

mittlere energetische Geschwindigkeit

(W 55) $$\boxed{\bar{v} = \sqrt{3RT}}$$

SI:	v	R	T
	$\frac{\text{m}}{\text{s}}$	$\frac{\text{J}}{\text{kgK}}$	K

Beachte:

1. Die Geschwindigkeit der Moleküle hängt bei einem bestimmten Gas nur von dessen Temperatur ab.
2. Die hier zu verwendende Einheit der Gaskonstanten weicht von der in den Tabellen üblichen ab! Zahlenwerte für R → Tabelle 14 (Anhang)!

21.2.2. Geschwindigkeitsverteilung nach Maxwell

Tatsächlich besitzen die einzelnen Moleküle nicht wie in 21.2.1. angenommen gleiche Geschwindigkeit. Infolge des fortgesetzten Zusammenprallens ergibt sich für die Geschwindigkeit einzelner Moleküle eine teilweise erhebliche Abweichung von der mittleren energetischen Geschwindigkeit. Maxwell bestimmte mit Hilfe wahrscheinlichkeitstheoretischer Überlegungen, welcher Teil der Moleküle eines Gases jeweils eine bestimmte Geschwindigkeit besitzt.

Wenn	N	Gesamtzahl der Moleküle eines Gases,
	$\mathrm{d}N$	Zahl der Moleküle mit einer Geschwindigkeit innerhalb eines bestimmten Bereiches,
	v	untere Grenze des Geschwindigkeitsbereiches,
	$v + \mathrm{d}v$	obere Grenze des Geschwindigkeitsbereiches,
	R	spezielle Gaskonstante des Gases,
	T	absolute Temperatur des Gases,
	e	Basis des natürlichen Logarithmensystems = 2,718 28,

dann gilt für die Geschwindigkeiten das

Verteilungsgesetz nach Maxwell

(W 56) $$\frac{dN}{N} = \frac{4v^2}{\sqrt{\pi}}\left(\frac{1}{2RT}\right)^{\frac{3}{2}} e^{-\frac{v^2}{2RT}} dv$$

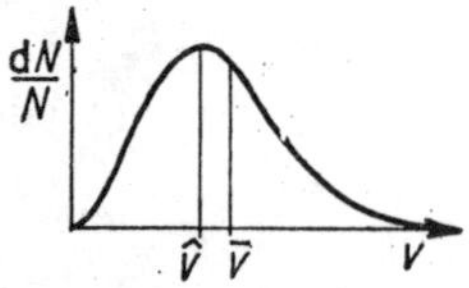

Die grafische Darstellung läßt die Unsymmetrie der Kurve erkennen. Die Lage des Maximums bestimmt die häufigste Geschwindigkeit $\hat{v}$ **(wahrscheinlichste Geschwindigkeit).** Diese ist etwas kleiner als die mittlere energetische Geschwindigkeit $\bar{v}$.

Wenn $\hat{v}$ wahrscheinlichste Geschwindigkeit,
$\bar{v}$ mittlere energetische Geschwindigkeit,

dann gilt

(W 57) $$\hat{v} = \sqrt{2RT} = 0{,}8165\,\bar{v}$$

	v	R	T
SI:	$\frac{m}{s}$	$\frac{J}{kgK}$	K

Außerdem gibt es noch das arithmetische Mittel aller Geschwindigkeiten: die *durchschnittliche Geschwindigkeit.*

Wenn v_D durchschnittliche Geschwindigkeit,
$\bar{v}$ mittlere energetische Geschwindigkeit,

dann gilt

(W 58) $$v_D = \sqrt{\frac{8RT}{\pi}} = 0{,}921\,\bar{v}$$

	v	R	T
SI:	$\frac{m}{s}$	$\frac{J}{kgK}$	K

21.3. Energie der Moleküle

21.3.1. Kinetische Energie der Moleküle

Die mittlere kinetische Energie eines Moleküls berechnet sich nach (M 92) zu $W_K = \frac{m_0\,\bar{v}^2}{2}$. Darin ist nach (W55) $\bar{v} = \sqrt{3RT}$, also $\frac{m_0\,\bar{v}^2}{2} = \frac{m_0}{2}\,3RT$. Nach (W 53) ist der Kehrwert der Molekülmasse m_0 die Avogadro-Konstante N_A, also $\frac{m_0\,\bar{v}^2}{2} = \frac{3}{2}\,\frac{R_m}{N_A}\,T$.

Hierin ist der Quotient $\frac{R_m}{N_A}$ konstant und läßt sich bestimmen zu

$$\frac{R_m}{N_A} = \frac{8314 \text{ Jkmol}}{\text{kmolK } 6{,}022 \cdot 10^{26}} = 1{,}38 \cdot 10^{-23} \frac{\text{J}}{\text{K}}$$

Diesen Wert nennt man die

Boltzmann-Konstante

(W 59) $$k = \frac{R_m}{N_A} = 1{,}380662 \cdot 10^{-23} \frac{\text{J}}{\text{K}}$$

Wenn m_0 Masse eines Moleküls,
$\bar{v}$ mittlere energetische Geschwindigkeit des Moleküls,
k BOLTZMANN-Konstante = 1,38 · 10^{-23} J/K,
T absolute Temperatur des Gases,

dann gilt für die

mittlere kinetische Energie eines Moleküls

(W 60) $$\frac{m_0 \bar{v}^2}{2} = \frac{3}{2} kT$$

SI:	k	T
	$\frac{\text{J}}{\text{K}}$	K

Wegen (W 57) ergibt sich dann als

wahrscheinlichste Energie eines Moleküls

(W 61) $$\frac{m_0 \hat{v}^2}{2} = kT$$

SI:	k	T
	$\frac{\text{J}}{\text{K}}$	K

Die kinetische Energie eines Moleküls hängt nur von der absoluten Temperatur ab und ist dieser proportional.

21.3.2. Spezifische Wärmekapazität

Einatomige Gase

Aus (W 60) ergibt sich für die kinetische Energie der Gasmenge m

$$\frac{\bar{v}^2 M}{2 N_A} = \frac{3}{2} kT; \frac{\bar{v}^2}{2} = \frac{3}{2} \frac{N_A kT}{M} = \frac{3}{2} \frac{R_m T}{M} = \frac{3}{2} RT \text{ oder}$$

$\frac{m\bar{v}^2}{2} = \frac{3}{2}\,mRT$. Diese Energie ist identisch mit der zum Erwärmen von 0 K bis zur Temperatur T zugeführten Wärmemenge $Q = c_v mT$, also $c_v mT = \frac{3}{2}\,mRT$.
Demnach gilt für die

spezifische Wärmekapazität eines einatomigen Gases

(W 62) $$c_v = \frac{3}{2}\,R$$

Wegen (W 25) $c_p - c_v = R$ gilt ferner $c_p = c_v + R = \frac{3}{2}R + R$, also

(W 63) $$c_p = \frac{5}{2}\,R$$

Hieraus ergibt sich mit $c_p/c_v = \varkappa$

(W 64) $$\varkappa = \frac{{}^5\!/_2 R}{{}^3\!/_2 R} = 1{,}667$$

Zweiatomige Gase

Die Moleküle einatomiger Gase bewegen sich in Richtung der 3 Koordinatenachsen des Raumes, sie besitzen **3 Freiheitsgrade.** Nach Clausius und Maxwell verteilt sich die Energie des Moleküls gleichmäßig auf alle Freiheitsgrade **(Äquipartitionsprinzip).** Deshalb beträgt die spezifische Wärmekapazität je Freiheitsgrad $\frac{R}{2}$. Bei einem zweiatomigen Gas sind außer den 3 Freiheitsgraden der Translation noch 2 Freiheitsgrade der Rotation vorhanden. Also ergibt sich für die

spezifische Wärmekapazität eines zweiatomigen Gases

(W 65) $$c_v = \frac{5}{2}\,R$$ und wegen $c_p = c_v + R$

(W 66) $$c_p = \frac{7}{2}\,R$$

Hieraus folgt wegen $c_p/c_v = \varkappa$

(W 67) $$\varkappa = \frac{{}^7/_2 R}{{}^5/_2 R} = 1{,}4$$

Feste Körper

Sie bestehen aus schwingenden Molekülen. Diese haben durchschnittlich gleich viel potentielle und kinetische Energie, das entspricht 6 Freiheitsgraden. Also beträgt die

spezifische Wärmekapazität fester Körper

(W 68) $$c_v = 3R$$

Beachte:

(W 62) bis (W 67) haben nur theoretischen Wert. Für Rechnungen wird man die experimentell ermittelten Tabellenwerte benutzen, weil sich die kinetische Wärmetheorie auf das **ideale Gas** bezieht.

21.4. Stoßzahl und freie Weglänge

21.4.1. Mittlere Stoßzahl des Moleküls

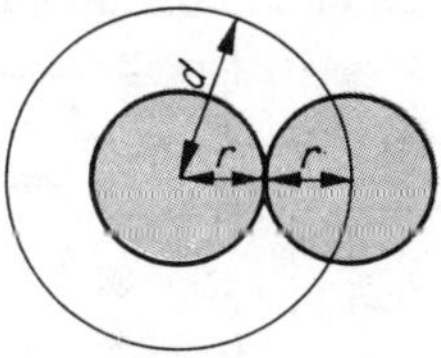

Wenn die Moleküle als elastische Kugeln vom Durchmesser d angesehen werden, dann müssen sie auf ihrem Flug mit anderen zusammenstoßen. Die Zahl der Zusammenstöße in einer bestimmten Zeit läßt sich berechnen.

Wenn $\bar{z}$ $\dfrac{\text{Zahl der Zusammenstöße}}{\text{Zeit}}$ = mittlere Stoßzahl,

d Durchmesser der Wirkungssphäre des Moleküls,

$\bar{v}$ mittlere Molekülgeschwindigkeit,

N_A Avogadro-Konstante = $6{,}022 \cdot 10^{26}$/kmol,

ϱ Gasdichte, zu bestimmen mit (W 20),

M molare Masse (= m/n),

dann gilt für die

mittlere Stoßzahl eines Moleküls

(W 69) $$\bar{z} = \pi \sqrt{2}\, \frac{d^2 \bar{v} N_A \varrho}{M}$$

SI:

$\bar{z}$	d	N_A	$\bar{v}$	ϱ	M
$\frac{1}{s}$	m	$\frac{1}{kmol}$	$\frac{m}{s}$	$\frac{kg}{m^3}$	$\frac{kg}{kmol}$

Beachte:

1. Die mittlere Stoßzahl hängt mit ϱ von Druck und Temperatur des Gases ab, → (W 20)!
2. Der effektive Durchmesser d bezieht sich auf die Wirkungssphäre des Moleküls und ist mit dessen tatsächlichem Durchmesser nicht identisch!
3. Bei normalen Verhältnissen ist $z \approx 10^9 \cdots 10^{10}\ {}^1/\text{s}$.

21.4.2. Mittlere freie Weglänge des Moleküls

Die mittlere freie Weglänge l eines Moleküls, also der räumliche Abstand zweier Zusammenstöße, beträgt $\dfrac{\text{Weg des Moleküls}}{\text{Zahl d. Zusammenstöße}}$.

Wenn d effektiver Durchmesser des Moleküls,
N_A Avogadro-Konstante $= 6{,}022 \cdot 10^{26}/\text{kmol}$
ϱ Gasdichte, zu bestimmen mit (W 20),

dann gilt für die **mittlere freie Weglänge** des Moleküls

$$l = \frac{s}{\bar{z}t} = \frac{\bar{v}t}{\bar{z}t} = \frac{\bar{v}}{\bar{z}}$$

Unter Benutzung von (W 69) ergibt sich

(W 70)
$$\boxed{l = \frac{M}{\sqrt{2}\pi d^2 N_A \varrho}}$$

SI:	l	d	N_A	ϱ	M
	m	m	$\frac{1}{\text{kmol}}$	$\frac{\text{kg}}{\text{m}^3}$	$\frac{\text{kg}}{\text{kmol}}$

Beachte:

1. Die freie mittlere Weglänge hängt mit ϱ von Druck und Temperatur des Gases ab, → (W 20)!
2. Bei normalen Verhältnissen liegt die Größenordnung von l bei etwa 10^{-7} m.

OPTIK

22. Geometrische Optik

22.1. Lichtausbreitung

22.1.1. Geradlinigkeit der Ausbreitung

Beweis für die geradlinige Ausbreitung ist die Schattenbildung. Bei punktförmiger Lichtquelle entsteht ein *Kernschatten*. Bei Lichtquelle mit flächenhafter Ausdehnung erkennt man *Kern-* und *Halbschatten*, desgleichen bei zwei oder mehreren Lichtquellen.

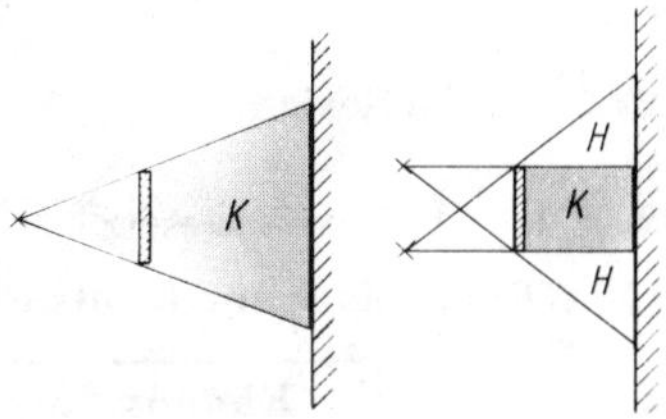

Strahlen, die von einem gemeinsamen Punkte radial ausstrahlen, sind *divergent* (Bündelquerschnitt nimmt zu).
Strahlen, die auf einen gemeinsamen Schnittpunkt zulaufen, sind *konvergent* (Bündelquerschnitt nimmt ab).
Strahlen, die weder einen gemeinsamen Ausgangspunkt noch einen gemeinsamen Zielpunkt haben, sind *diffus*.

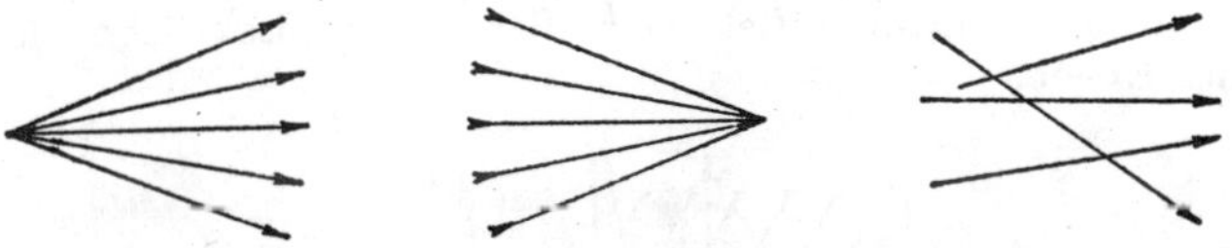

divergent — konvergent — diffus

22.1.2. Lichtgeschwindigkeit

Die ältesten Bestimmungen der Lichtgeschwindigkeit sind:

1676 Olaf Römer (astronomische Methode),
1849 H. Fizeau (erste irdische Bestimmung),
1892 Foucault (erste Bestimmung in anderen Medien als Luft).

Als genauester Wert gilt zur Zeit für die

Lichtgeschwindigkeit im Vakuum: $c_0 = (299\,792\,456{,}2 \pm 1{,}1)\,\frac{\text{m}}{\text{s}}$

In allen anderen Medien ist die Lichtgeschwindigkeit kleiner.

Übersicht:

Lichtgeschwindigkeit c (in km/s, gerundet)			
Vakuum	300 000	Flintglas	186 000
Luft	300 000	Schwefelkohlenstoff	184 000
Wasser	225 000	Diamant	124 000
Kronglas	198 000	Kanadabalsam	198 000

22.2. Reflexion

22.2.1. Reflexionsgesetz

(M 156) gilt auch für Lichtwellen, also:

Einfallswinkel = Reflexionswinkel; $\alpha = \beta$

Beachte:

1. Alle Winkel werden zwischen dem Strahl und dem Einfallslot gemessen.
2. Einfallender Strahl, reflektierter Strahl und Lot liegen in einer Ebene.

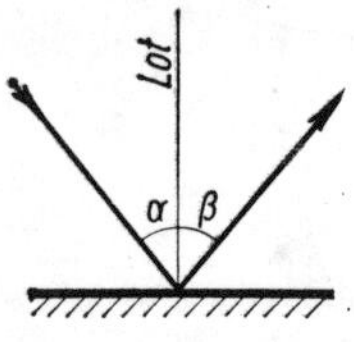

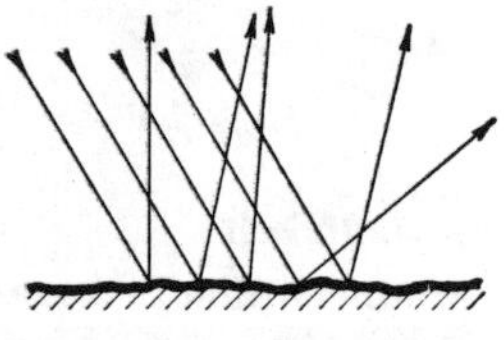

Das Reflexionsgesetz gilt auch, wenn die reflektierende Oberfläche unregelmäßig ist. Parallele Strahlen werden an ihr *diffus* reflektiert. Jeder Strahl für sich genügt dem Reflexionsgesetz.

22.2.2. Ebener Spiegel

> **Der ebene Spiegel liefert *virtuelle* (scheinbare) Bilder, die symmetrisch mit dem Gegenstand zum Spiegel liegen.**

Ein Betrachter hat den Eindruck, als kämen die Strahlen von einem Punkt hinter dem Spiegel her.

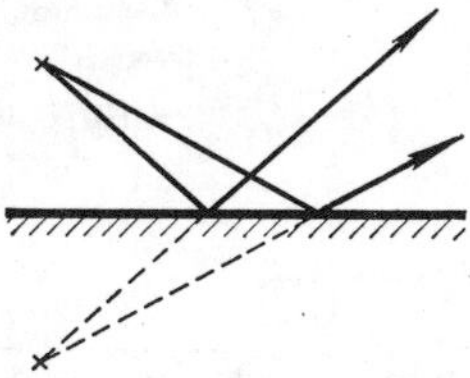

22.2.3. Hohlspiegel (Sphärischer Konkavspiegel)

> Parallel zur optischen Achse auf einen Hohlspiegel fallende Strahlen werden im Brennpunkt gesammelt.

Den Abstand des *Brennpunktes F* vom *Scheitel S* des Spiegels nennt man **Brennweite.**

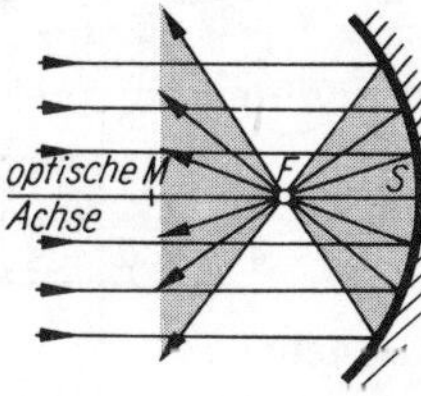

Wenn f Brennweite des Hohlspiegels,
r Krümmungsradius der Kugelfläche des Spiegels,

dann gilt

(O 1) $$f = \frac{r}{2}$$ Der Brennpunkt halbiert die Strecke Mittelpunkt M — Scheitelpunkt S.

Konstruktion des Spiegelbildes

Zur Bildkonstruktion benutzt man mindestens 2 der 3 ausgezeichneten Strahlen. Diese sind

1. der Parallelstrahl, er wird zum Brennpunktstrahl;
2. der Brennpunktstrahl, er wird zum Parallelstrahl;
3. der Mittelpunktstrahl, er wird in sich reflektiert.

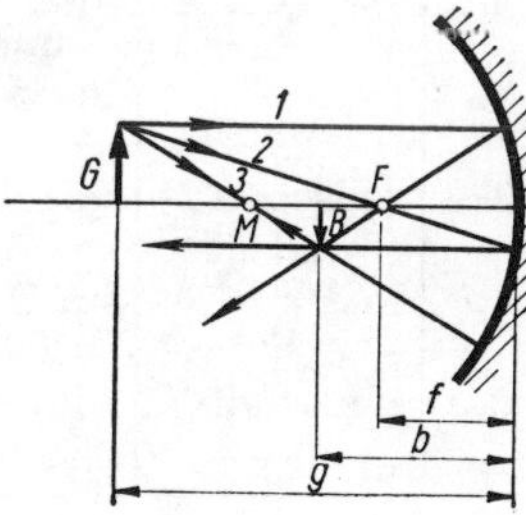

Berechnung des Spiegelbildes

Wenn f Brennweite des Hohlspiegels,
g Gegenstandsweite, Abstand des Gegenstandes vom Spiegel,
b Bildweite, Abstand des Bildes vom Hohlspiegel,
G Gegenstandsgröße,
B Bildgröße,

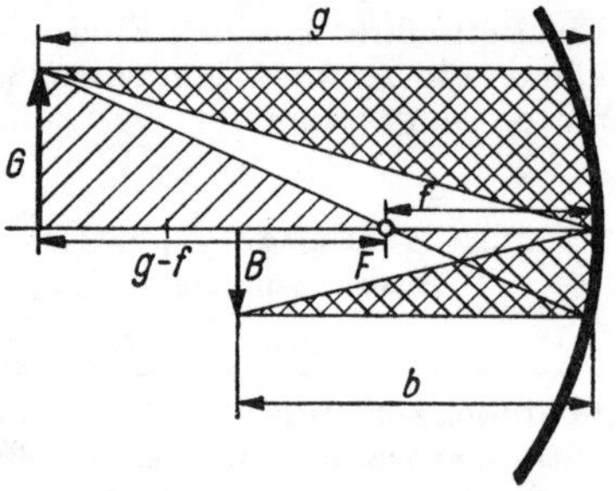

dann gilt entsprechend der Zeichnung

(O 2) $\boxed{G : B = g : b}$

Ferner folgt aus der Zeichnung

$$\frac{G}{B} = \frac{g-f}{f} = \frac{g}{b}; \quad \frac{g}{f} - \frac{f}{f} = \frac{g}{b}$$ oder nach Division

durch g und entsprechender Umstellung

(O 3) $\boxed{\frac{1}{f} = \frac{1}{g} + \frac{1}{b}}$

Übersicht:

Bilder des Hohlspiegels				
	Gegenstand Ort	Bild Ort	Bild Größe	Bild Art
1.	vor M	zwischen F und M	verkleinert	umgekehrt reell
2.	in M	in M	gleich groß	umgekehrt reell
3.	zwischen F und M	vor M	vergrößert	umgekehrt reell
4.	in F	im Unendlichen	unendlich groß	—
5.	innerhalb f	hinter dem Spiegel	vergrößert	aufrecht virtuell

Beachte:

1. (O 1) bis (O 3) gelten mit hinreichender Genauigkeit nur für achsnahe Strahlen, weil bei der Ableitung die gekrümmte Spiegelfläche durch eine Ebene ersetzt wurde.
2. Reelle Bilder sind stets umgekehrt, virtuelle Bilder dagegen aufrecht.
3. Reelle Bilder können auf einem Schirm aufgefangen werden, virtuelle nicht.
4. Im Fall 5 der Übersicht hat b einen *negativen* Zahlenwert.

22.2.4. Wölbspiegel (Sphärischer Konvexspiegel)

Parallel zur optischen Achse auf einen Wölbspiegel fallende Strahlen werden so reflektiert, als kämen sie vom Zerstreuungspunkt F her.

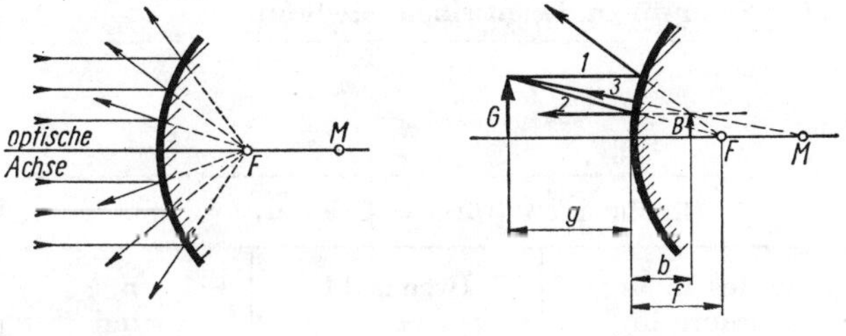

Der Konvexspiegel erzeugt stets virtuelle, aufrechte und verkleinerte Bilder.

Beachte:

1. (O 1) bis (O 3) gelten auch beim Wölbspiegel.
2. Die Brennweite hat, weil sie hinter dem Spiegel liegt, einen negativen Zahlenwert.
3. Die Bildweite hat einen negativen Zahlenwert.
4. Zur Konstruktion des Spiegelbildes benutzt man wie beim Hohlspiegel mindestens 2 der 3 ausgezeichneten Strahlen.

22.3. Brechung

22.3.1. Brechungsgesetz

(M 157) gilt auch für Lichtstrahlen.

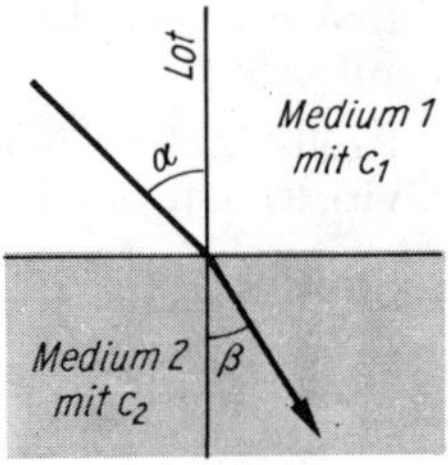

Wenn α Einfallswinkel,
β Brechungswinkel,
c_1 Lichtgeschwindigkeit im Medium 1 (Vakuum),
c_2 Lichtgeschwindigkeit im Medium 2,
n Brechzahl,

dann gilt

(O 4) $$\frac{\sin\alpha}{\sin\beta} = \frac{c_1}{c_2} = n$$

Die Brechzahl n ist gleich dem Verhältnis der Lichtgeschwindigkeit im Vakuum zu der in einem Medium.

Übersicht:

Brechzahlen (für $\lambda = 589$ nm)		
Übergang des Lichtes von Vakuum in	Brechzahl n	n rund
Luft	1,0003	1
Wasser	1,333	4/3
Kronglas, leicht	1,515	3/2
Kanadabalsam	1,515	3/2
Flintglas, leicht	1,609	—
Kohlendisulfid	1,629	—
Diamant	2,417	—

Beachte:

Beim Übergang von Luft in ein Medium kann mit den gleichen Brechzahlen gerechnet werden.

Übergang vom optisch dünneren zum dichteren Medium

Die Brechung erfolgt zum Lot hin, n ist größer als 1, der Brechungswinkel ist kleiner als der Einfallswinkel.

Übergang vom optisch dichteren zum dünneren Medium

Die Brechung erfolgt vom Lot weg, $1/n$ ist kleiner als 1, der Brechungswinkel ist größer als der Einfallswinkel, kann aber nicht größer als 90° sein. Deshalb kann auch der Einfallswinkel einen bestimmten Höchstwert nicht überschreiten.

Wenn α_G Grenzwinkel, größter Einfallswinkel,
n Brechzahl,

dann gilt, weil

$$1/n = \frac{\sin \alpha_G}{\sin 90°} = \frac{\sin \alpha_G}{1},$$

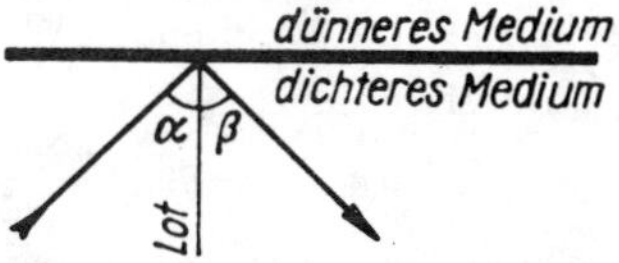

(O 5) $$\boxed{\sin \alpha_G = 1/n}$$

Beachte:

Bei allen Einfallswinkeln, die größer als α_G sind, tritt **Totalreflexion** ein. Die gesamte Lichtenergie wird dann nach dem Reflexionsgesetz in das erste, also dichtere Medium reflektiert.

22.3.2. Planparallele Platte

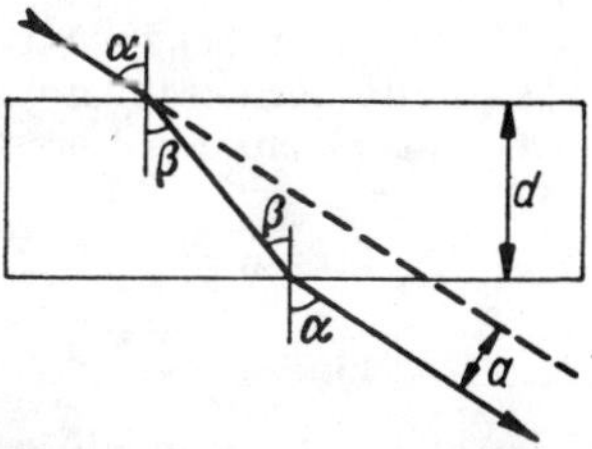

Beim Durchgang durch eine planparallele Platte erfährt ein Lichtstrahl keine Richtungsänderung, sondern eine Parallelverschiebung.

Wenn a Parallelverschiebung, die der Strahl erfährt,
d Dicke der Platte,
α Einfallswinkel an der 1. Grenzfläche,
β Brechungswinkel an der 1. Grenzfläche,

dann gilt

(O 6) $$\boxed{a = \frac{d \sin(\alpha - \beta)}{\cos \beta}}$$

Darin läßt sich β mit Hilfe von (O 4) berechnen!

22.3.3. Prisma

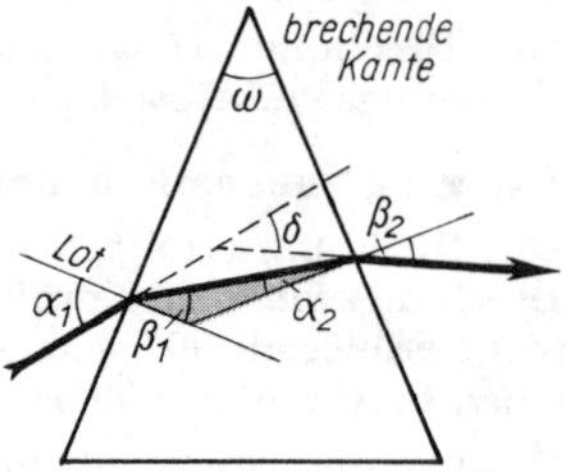

Im Prisma wird der Lichtstrahl zweimal von der brechenden Kante weg gebrochen. Die Gesamtablenkung ist abhängig vom 1. Einfallswinkel und dem brechenden Winkel.

Wenn δ Gesamtablenkung = gesamte Richtungsänderung,
α_1 Einfallswinkel an der 1. Grenzfläche,
β_2 Brechungswinkel an der 2. Grenzfläche,
ω brechender Winkel des Prismas,

dann gilt

$$\delta = \alpha_1 + \beta_2 - \omega$$

Für kleine Werte von ω ergibt sich dann

(O 7) $$\boxed{\delta = (n - 1)\,\omega}$$

Beachte:

1. Aus den geometrischen Beziehungen folgt $\omega = \beta_1 + \alpha_2$.
2. Bei symmetrischem Strahlengang, also $\alpha_1 = \beta_2$ und $\beta_1 = \alpha_2$, verläuft der Strahl im Prisma parallel zur Grundfläche, die Gesamtablenkung δ erreicht ein Minimum.

22.4. Linsen

22.4.1. Linsenarten

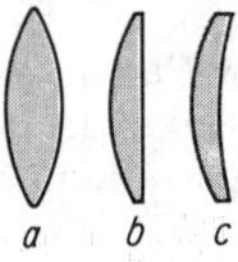

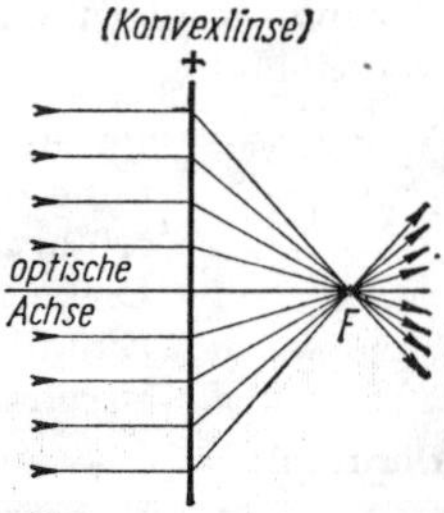

Konvexlinsen (Sammellinsen) sind in der Mitte dicker als am Rand. Sie können

bikonvex (a),
plankonvex (b) oder
konkavkonvex (c) sein.

Parallel zur optischen Achse auf eine Konvexlinse fallende Strahlen werden im Brennpunkt gesammelt.

Konkavlinsen (Zerstreuungslinsen) sind am Rande dicker als in der Mitte. Sie können

bikonkav (a),

plankonkav (b) oder

konvexkonkav (c) sein.

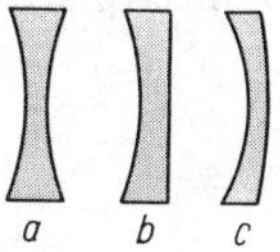

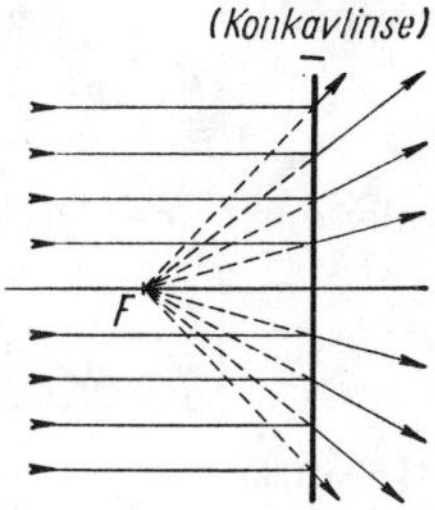

Parallel zur optischen Achse auf eine Konkavlinse fallende Strahlen werden so gebrochen, als kämen sie von einem Punkt vor der Linse.

22.4.2. Konstruktion von Linsenbildern

Zur Bildkonstruktion benutzt man mindestens 2 der 3 ausgezeichneten Strahlen. Diese sind:

1. der **Parallelstrahl,** er wird zum Brennpunktstrahl;
2. der **Brennpunktstrahl,** er wird zum Parallelstrahl;
3. der **Mittelpunktstrahl,** er geht ohne Richtungsänderung durch die Linse.

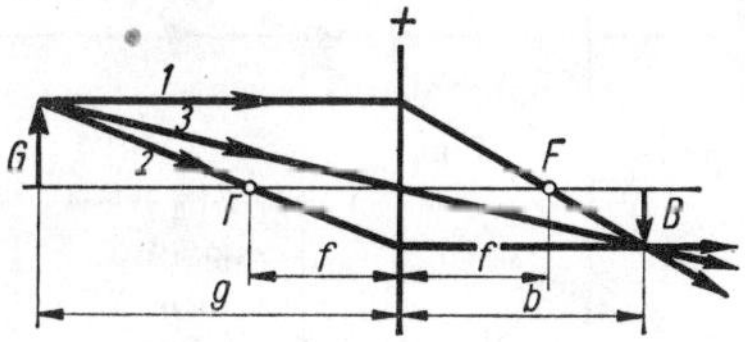

22.4.3. Berechnung von Linsenbildern

Wenn G Gegenstandsgröße,
B Bildgröße,
g Gegenstandsweite,
b Bildweite,
f Brennweite,

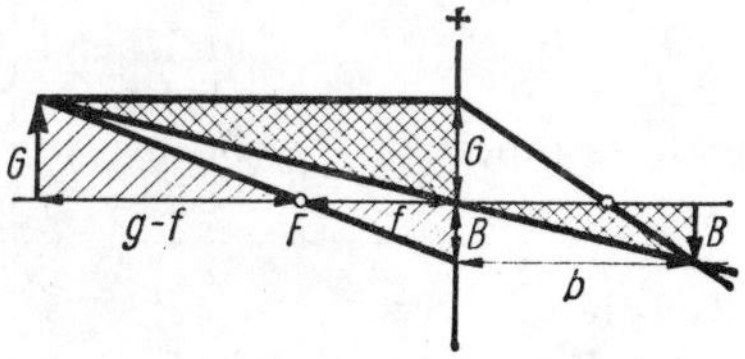

dann gilt entsprechend der Zeichnung

(O 8) $$G:B = g:b$$

Ferner folgt aus der Zeichnung

$$\frac{G}{B} = \frac{g-f}{f} = \frac{g}{b}; \quad \frac{g}{f} - \frac{f}{f} = \frac{g}{b}$$

oder nach einer Division durch g und entsprechender Umstellung

(O 9) $$\boxed{\frac{1}{f} = \frac{1}{g} + \frac{1}{b}}$$

Beachte:

1. Konkavlinsen haben eine negative Brennweite *(Zerstreuungsweite)* und eine negative Bildweite.
2. Bildweiten, die auf der Gegenstandsseite liegen, haben einen negativen Zahlenwert.

Die Konkavlinse erzeugt *stets* virtuelle, aufrechte und verkleinerte Bilder.

Übersicht:

Bilder der Konvexlinse

	Gegenstand Ort	Bild Ort	Bild Größe	Bild Art
1.	vor F'	zwischen F und F'	verkleinert	umgekehrt reell
2.	in F'	in F'	gleich groß	umgekehrt reell
3.	zwischen F und F'	hinter F'	vergrößert	umgekehrt reell
4.	in F	im Unendlichen	unendlich groß	—
5.	innerhalb f	vor der Linse	vergrößert	aufrecht virtuell

Beachte:

1. Der Punkt F' ist auf der optischen Achse 2 Brennweiten ($2f$) von der Linse entfernt.
2. Reelle Bilder sind umgekehrt, virtuelle Bilder aufrecht.
3. Im Fall 5 der Übersicht hat b einen negativen Zahlenwert.

22.4.4. Berechnung der Brennweite

Die Brennweite einer Linse läßt sich berechnen.

Wenn f Brennweite der Linse,
n Brechzahl des Linsenmaterials,
r_1 Krümmungsradius der *stärker* gekrümmten Linsenseite,
r_2 Krümmungsradius der *schwächer* gekrümmten Linsenseite,

dann gilt

(O 10) $$\frac{1}{f} = (n - 1)\left(\frac{1}{r_1} + \frac{1}{r_2}\right)$$

Übersicht:

Linsenarten				
Linse		f	r_1	r_2
Sammellinse	bikonvex	+	+	+
	plankonvex		+	∞
	konkavkonvex		+	—
Zerstreuungslinse	bikonkav	—	—	—
	plankonkav		—	∞
	konvexkonkav		—	+

Beachte:

1. Die Krümmungsradien der nach außen gewölbten Flächen sind +, die Krümmungsradien der nach innen gewölbten Flächen sind —.
2. Der Krümmungsradius einer Ebene ist ∞.

22.4.5. Abbildungsfehler

Die Bilder sphärischer Linsen weisen eine Reihe von Fehlern auf.

Chromatischer Fehler

Die Bilder bekommen farbige Ränder, weil die einzelnen Farben des Spektrums verschieden gebrochen werden (Blau stärker als Rot). Der Fehler wird vermieden durch Kombination einer

Konvexlinse aus Kronglas und einer Konkavlinse aus Flintglas (achromatisches Linsenpaar, *Achromat*).

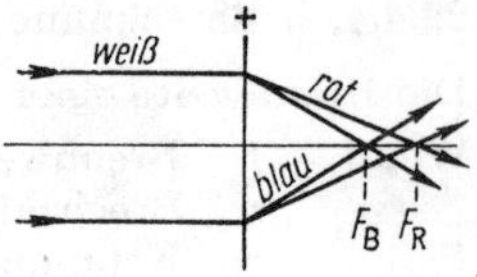

Sphärischer Fehler

Unschärfe im Bild, weil die durch die Randzonen der Linse gehenden Strahlen stärker gebrochen werden. Abhilfe: Abblenden. Vermieden wird der Fehler bei einem entsprechend korrigierten Linsenpaar.

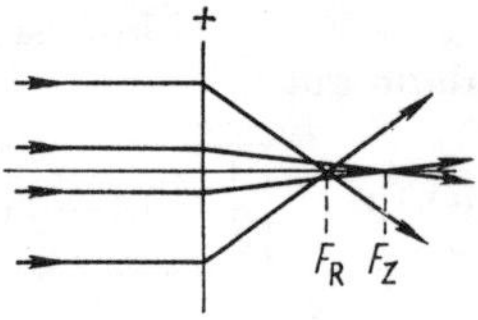

Bildfeldwölbung

Die Ränder der Bilder werden unscharf, weil das Bild auf einer gewölbten Fläche erzeugt wird. Der Fehler wird vermieden durch Verwendung besonderer Linsensysteme (*Aplanate*).
Weitere Linsenfehler sind: *kissen-* bzw. *tonnenförmige Verzeichnung*, *Astigmatismus*, *Koma* u. a. Zu ihrer Korrektur sind komplizierte Linsensysteme erforderlich.

22.5. Zerlegung des Lichtes

22.5.1. Temperaturstrahler

Ein erhitzter Körper beginnt bei einer bestimmten Temperatur zu leuchten, er sendet Licht aus. Das Licht besitzt sämtliche Wellenlängen in dem sichtbaren Bereich von **390 bis 770 nm.** Dabei entstehen die kürzeren Wellenlängen bei höheren Temperaturen.

22.5.2. Lumineszenz

Nicht durch Temperatur verursachte Leuchterscheinungen nennt man Lumineszenz. So bezeichnet man das Licht, das beim Sprung eines Elektrons von einer kernferneren auf eine kernnähere Bahn entsteht. Dabei entstehen Strahlungen ganz bestimmter Frequenz. Die Frequenzen hängen vom Atombau des jeweiligen Stoffes ab; → auch 32.2.5.!
Je nach der Ursache für den Elektronensprung unterscheidet man mehrere Arten von Lumineszenz:

1. Elektrolumineszenz. Sie ist das Leuchten eines elektrisch angeregten Gases.
2. Chemolumineszenz. Sie tritt bei Fäulnisprozessen auf.
3. Fluoreszenz. Sie wird angeregt durch von außen auftreffende Strahlung (Ultraviolettstrahlung, Röntgenstrahlung u. a.).
4. Phosphoreszenz. Sie entspricht der Fluoreszenz, zeigt aber Nachleuchten.

22.5.3. Lichtzerlegung (Dispersion)

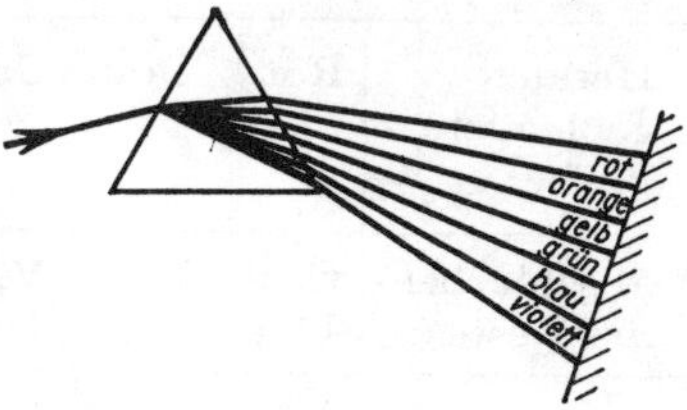

Weißes Licht, also Licht, das alle Wellenlängen enthält, wird beim Durchgang durch ein Prisma in seine Bestandteile zerlegt. Die entstehenden Farben nennt man Spektralfarben, das ganze Farbband Spektrum.

Rot – Orange – Gelb – Grün – Blau – Violett

Beachte:

1. Der Übergang von Farbe zu Farbe ist allmählich und enthält sehr viele Farbtöne. Die Einteilung in die genannten Spektralfarben ist willkürlich. Jede Farbe umfaßt einen Wellenlängenbereich, siehe Übersicht!
2. Spektralfarben sind nicht weiter zerlegbar.

Übersicht:

Wellenlängen der einzelnen Farbbereiche
UV – Violett – Blau – Grün – Gelb – Orange – Rot – Infrarot
390 430 490 570 600 630 770 nm

22.5.4. Komplementärfarben

Das gesamte Farbband eines Spektrums läßt sich wieder zu Weiß vereinigen. Wird vorher jedoch eine Wellenlänge herausgeblendet, so ergibt der Rest nicht mehr Weiß, sondern die Komplementärfarbe (Ergänzungsfarbe). Führt man dieser die ausgeblendete Wellenlänge wieder zu, entsteht wieder Weiß.

Komplementärfarben sind Misch- oder Spektralfarben, die sich zu Weiß ergänzen.

Übersicht:

Komplementärfarben							
Herausgeblendete Farbe:	Rot	Orange	Gelb	Grün	Blau	Indigo	Violett
Mischfarben des Restes:	Grünblau	Blau	Violett	Purpur	Orange	Gelb	Grüngelb

Beachte:

Die in der unteren Reihe stehenden Mischfarben kommen mit Ausnahme des Purpur auch als Spektralfarben vor.

22.5.5. Spektrenarten

Emissionsspektrum

Das von glühenden festen Körpern ausgestrahlte (emittierte) Licht liefert ein **kontinuierliches Spektrum.** Es enthält alle Wellenlängen und besitzt keine Unterbrechungen.

Bei leuchtenden Gasen enthält das Licht eine bestimmte Auswahl von Wellenlängen. Anzahl und Größe der emittierten Wellenlängen sind charakteristisch für das jeweilige Element. Das Spektrum ist aus einzelnen farbigen Linien zusammengesetzt:

Linienspektrum

Anzahl und Lage der Linien in einem diskontinuierlichen Spektrum, wie es leuchtende Gase und Dämpfe liefern, ist charakteristisch für das Element oder die chemische Verbindung und dient der Spektralanalyse.

Absorptionsspektrum

Das Licht wird zerlegt, nachdem es vorher durch andere Stoffe hindurchgegangen ist. Diese haben dabei bestimmte Wellenlängen absorbiert.

Feste und flüssige Stoffe absorbieren größere Bereiche des Spektrums.
Glühende Gase und Dämpfe absorbieren nur bestimmte Wellenlängen, und zwar die, die sie sonst emittieren. Im Spektrum entstehen **Absorptionslinien.** Ihre Lage und Anzahl ist charakteristisch für den Stoff. Auch das Sonnenlicht liefert ein Absorptionsspektrum. Durch Absorption in der Gashülle der Sonne entstehen die **Fraunhoferschen Linien** A bis H.

22.6. Optische Instrumente

Sie haben zwei Aufgaben:

1. sie sollen *Bilder* erzeugen (Fotoapparat, Projektor usw.),
2. sie sollen den *Sehwinkel* vergrößern (Lupe, Mikroskop, Fernrohr usw.).

22.6.1. Projektionsapparat

Er besitzt ein konvexes Linsensystem, das Objektiv. Der Gegenstand befindet sich ein bis zwei Brennweiten vor der Linse. Das Bild entsteht mehr als zwei Brennweiten hinter der Linse und ist reell, vergrößert und umgekehrt (Fall 3 der Übersicht in 22.4.3.).

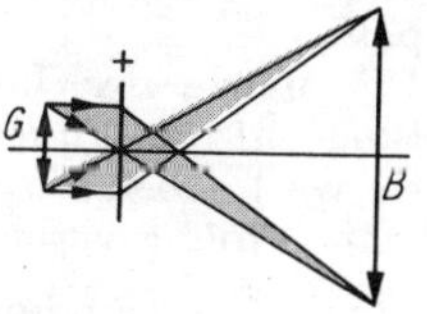

Das Scharfstellen des Projektionsbildes erfolgt durch Anpassen der Gegenstandsweite an die jeweilige Bildweite.
Die Größe des Projektionsbildes läßt sich berechnen.

Wenn V Vergrößerung durch den Projektor $= B:G$, Abbildungsverhältnis,
b Bildweite,
f Brennweite,

dann gilt

(O 11) $$V = \frac{b}{f} - 1$$

Es gibt zwei Ausführungen des Projektors:
Durchsichtige Gegenstände werden mit einem *Diaskop*, undurchsichtige Gegenstände mit einem *Episkop* projiziert.

Der Kondensor eines *Diaskops* soll einen möglichst großen Teil des die Lampe verlassenden divergenten Lichtes durch das Objektiv hindurch auf die Projektionsfläche bringen. Die Glühlampe steht im Brennpunkt der ersten Kondensorlinse, die die divergenten Strahlen parallelisiert. In der zweiten Kondensorlinse werden sie dann konvergent gemacht und gelangen so durch das Objektiv.

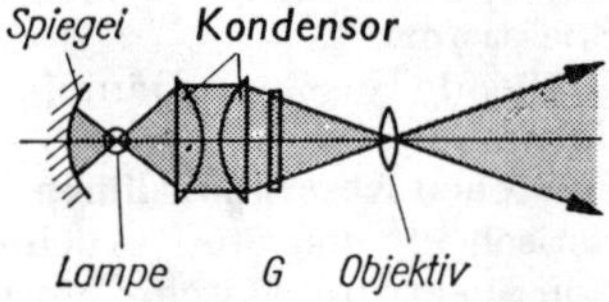

Bei einem *Episkop* wird das Licht starker Lampen auf den zu projizierenden Gegenstand geworfen. Ein ebener Spiegel wandelt den vertikalen Strahlengang in einen horizontalen um.

22.6.2. Fotoapparat

Er besitzt ein konvexes Linsensystem. Der Gegenstand ist mehr als 2 Brennweiten entfernt. Das Bild ist reell, verkleinert und umgekehrt (Fall 1 der Übersicht in 22.4.3.). Bei der Scharfeinstellung wird entsprechend (O 9) die Bildweite b der jeweils vorliegenden Gegenstandsweite g angepaßt.

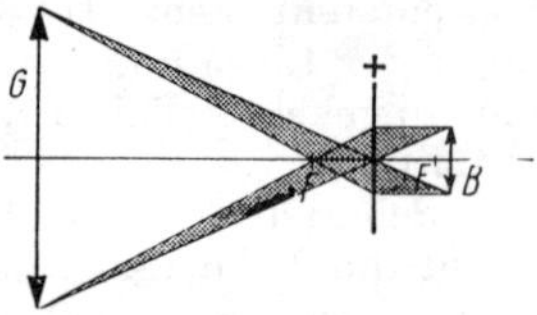

Die Menge des bei einer Belichtung auf den Film fallenden Lichtes wird neben der Belichtungszeit vom Öffnungsverhältnis bestimmt.

Wenn d Durchmesser des Lichtstrahlbündels,
f Brennweite des Objektivs,

dann gilt für das

Öffnungsverhältnis:

(O 12) $$\frac{1}{F} = \frac{d}{f}$$

Beachte:

1. Das größte Öffnungsverhältnis eines Objektivs bezeichnet man als seine **Lichtstärke.**
2. Den Nenner F des Öffnungsverhältnisses bezeichnet man als **Blendenzahl.** Internationale **Blendenreihe:** 1,4 – 2 – 2,8 – 4 –

5,6 – 8 – 11 – 16 – 22. Sie ist so abgestuft, daß von Blende zu Blende der Querschnitt des Strahlenbündels halbiert wird.

22.6.3. Auge

Es besitzt eine Konvexlinse, die sogenannte *Kristallinse*. Der Strahlengang entspricht dem Fotoapparat. Die Scharfeinstellung erfolgt aber nicht durch Verändern der Bildweite, sondern durch Brennweitenveränderung der Kristallinse. Das Anpassen der Brennweite an die jeweilige Gegenstandsweite erfolgt unbewußt und heißt **Akkommodation.**

Dabei kann die größte Gegenstandsweite unendlich sein **(Fernpunkt)** und die kleinste **(Nahpunkt)** etwa 8 bis 10 cm. Dieser Wert vergrößert sich mit zunehmendem Alter.

Die kleinste Entfernung, auf die das Auge ermüdungsfrei akkomodieren kann, nennt man **deutliche Sehweite** s. Sie beträgt bei einem normalsichtigen Auge etwa $s = 25$ cm.

Bei *weitsichtigen* Augen liegt der Nahpunkt zu weit weg. Die Brechkraft der Kristallinse ist zu klein und wird mit einer zusätzlichen Konvexlinse vergrößert.

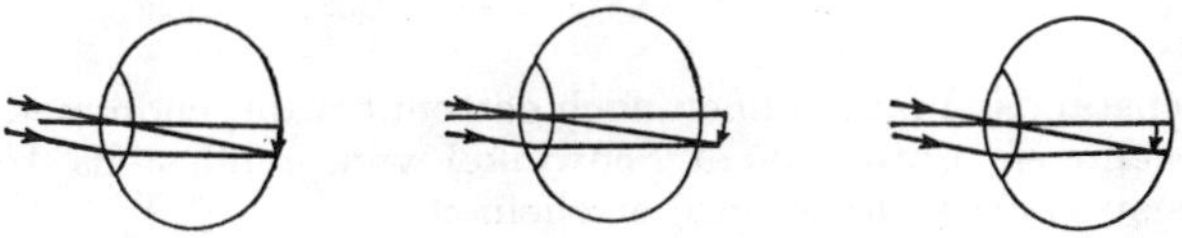

Bei *kurzsichtigen* Augen ist der Augapfel zu lang. Der Abstand des Fernpunktes ist kleiner als unendlich. Die Brechkraft der Kristallinse muß mit einer zusätzlichen Konkavlinse verkleinert werden.

In der Augenoptik gibt man anstelle der Brennweite häufig die **Brechkraft** an.

> Unter der Brechkraft einer Linse versteht man den Kehrwert ihrer in Meter ausgedrückten Brennweite.

Sie wird in Dioptrien (dpt) = 1/m angegeben.

Brechkraft der Linse

(O 13) $$D = \frac{1}{f}$$ ges : $\left|\frac{D}{\text{dpt}}\right|\frac{f}{\text{m}}\right|$

Beachte:

Sammellinsen haben eine *positive*, Zerstreuungslinsen eine *negative* Brechkraft (z. B. +4 dpt).

Sehwinkel

Unter dem Sehwinkel versteht man den Winkel, den die äußersten von einem Gegenstand kommenden Strahlen miteinander im Auge bilden. Er bestimmt die Größe des Netzhautbildes.

Die Größe des Sehwinkels läßt sich berechnen.

Wenn G Gegenstandsgröße,
g Gegenstandsweite,
δ_0 Sehwinkel,

dann gilt

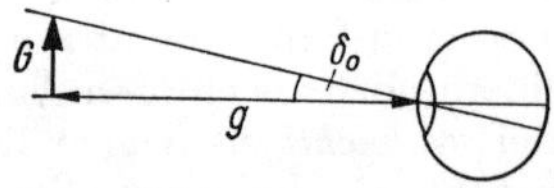

(O 14) $\tan \delta_0 = G : g$

Beachte:

Zwei Gegenstandspunkte können noch getrennt wahrgenommen werden, wenn sie unter einem Sehwinkel von mindestens 1′ (Auflösungsvermögen des Auges) erscheinen.

Mit Hilfe optischer Instrumente läßt sich der Sehwinkel vergrößern.

Wenn B Größe des vom Instrument erzeugten virtuellen Bildes,
b Entfernung dieses Bildes,
δ Sehwinkel mit Instrument,

dann gilt

(O 15) $\tan \delta = B : b$

Vergrößerung

Aus (O 14) und (O 15) läßt sich die Vergrößerung eines Instrumentes bestimmen.

Wenn V lineare Vergrößerung des Netzhautbildes, hervorgerufen durch die Verwendung des Instrumentes,
δ Sehwinkel mit Instrument,
δ_0 Sehwinkel ohne Instrument,

dann gilt

(O 16) $\boxed{V = \delta : \delta_0}$

22.6.4. Lupe

Sie ist eine Konvexlinse. Der Gegenstand befindet sich innerhalb der Brennweite. Das Bild ist *virtuell*, *aufrecht* und *vergrößert* (Fall 5 der Übersicht in 22.4.3.). Es entsteht auf der Gegenstandsseite, d. h. vor der Linse.

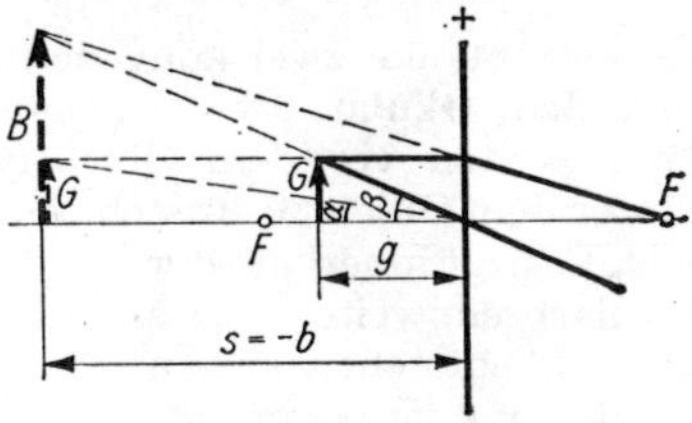

Wenn V Vergrößerung einer Lupe,
s deutliche Sehweite, bei normalsichtigen Augen 25 cm,
f Brennweite der Lupe

und die Gegenstandsweite ohne Lupe s bzw. mit Lupe (bei nicht akkomodiertem Auge) f ist,
dann gilt mit (O 16) $V = \delta : \delta_0$, worin $\delta \approx \tan \delta = B : \infty = G : f$ und $\delta_0 \approx \tan \delta_0 = G : s$. Es folgt $V = \frac{G : f}{G : s}$ oder

(O 17) $\boxed{V = \frac{s}{f}}$ (bei Betrachtungen mit nicht akkomodiertem Auge).

Vielfach wird beim Blick durch die Lupe das Auge auf die deutliche Sehweite s akkomodiert. Das Bild entsteht dann nicht im Unendlichen, sondern im Abstand $s = -b$. Er ergibt sich

$V = \frac{\delta}{\delta_0} = \frac{B : s}{G : s} = \frac{B}{G} = \frac{s}{g} \cdot \frac{1}{g}$ errechnet sich aus

$\frac{1}{g} - \frac{1}{s} = \frac{1}{f}$ oder

$\frac{1}{g} = \frac{1}{s} + \frac{1}{f} = \frac{s + f}{sf}$. Somit ergibt sich für die Vergrößerung

$$V = \frac{s\,(s+f)}{sf} \text{ oder}$$

(O 18) $$\boxed{V = \frac{s}{f} + 1}$$ (bei Betrachtung mit akkomodiertem Auge).

Beachte:

Die Vergrößerung ist um so stärker, je kleiner die Brennweite ist.

22.6.5. Mikroskop

Es besteht aus zwei konvexen Linsensystemen, dem **Objektiv** und dem **Okular.** Der Gegenstand befindet sich ein bis zwei Brennweiten vor dem Objektiv. Mehr als zwei Brennweiten hinter dem Objektiv entsteht ein **reelles, vergrößertes Zwischenbild.** Es liegt innerhalb der Okularbrennweite. Das Endbild entsteht vor dem Okular und ist *vergrößert, virtuell* und (auf den Gegenstand bezogen) *umgekehrt* (Fall 3 und 5 der Übersicht in 22.4.3.).

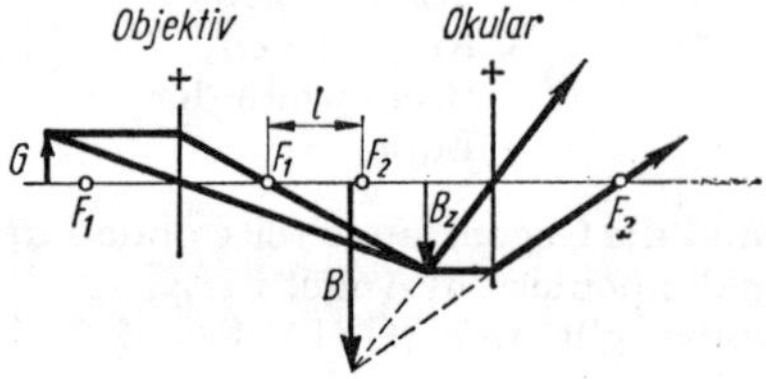

Wenn l Abstand der inneren Brennpunkte F_1 und F_2, Tubuslänge,

f_1 Brennweite des Objektivs,

f_2 Brennweite des Okulars,

s deutliche Sehweite, bei normalsichtigen Augen 25 cm,

V_1 Vergrößerung im Objektiv $= l/f_1$,

V_2 Vergrößerung im Okular $= s/f_2$,

V Gesamtvergrößerung im Mikroskop,

dann gilt

(O 19) $$\boxed{V = V_1 V_2 = \frac{ls}{f_1 f_2}}$$

22.6.6. Fernrohre

Sie haben die Aufgabe, bei großen, aber sehr weit entfernten Gegenständen den Bildwinkel zu vergrößern.

Astronomisches Fernrohr

Es besteht aus zwei konvexen Linsensystemen, dem **Objektiv** und dem **Okular.** Der Gegenstand befindet sich sehr weit vor dem Objektiv. Das Zwischenbild entsteht unmittelbar hinter dem Brennpunkt des Objektivs und gleichzeitig innerhalb der

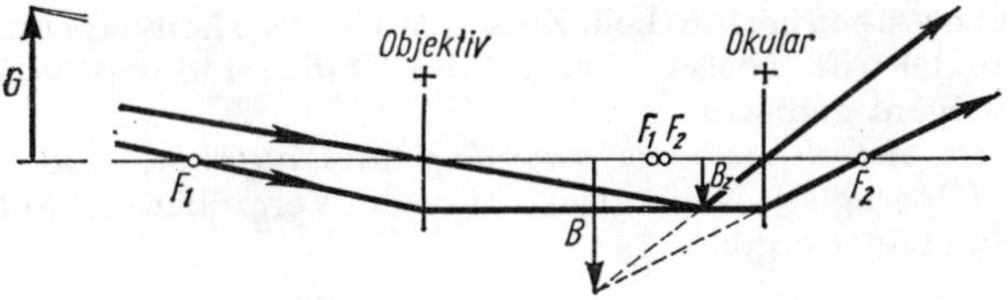

Brennweite des Okulars. Das Endbild entsteht vor dem Okular und ist *vergrößert, virtuell* und (auf den Gegenstand bezogen) *umgekehrt* (Fall 1 und 5 der Übersicht in 22.4.3.).

Wenn V Vergrößerung durch das Fernrohr,
f_1 Brennweite des Objektivs,
f_2 Brennweite des Okulars,
l mechanische Länge des Fernrohres,

dann gilt

(O 20) $$V = f_1 : f_2$$

und

(O 21) $$l = f_1 + f_2$$

Beachte:

Die inneren Brennpunkte von Objektiv und Okular (F_1 und F_2) liegen praktisch in einem Punkt.

Erdfernrohr (terrestrisches Fernrohr)

Es entspricht in allem dem astronomischen Fernrohr. Um im Verhältnis zum Gegenstand jedoch *aufrechte* Bilder zu erhalten, ist eine *Umkehrlinse* in den Strahlengang eingeschaltet. Das Zwischenbild entsteht zwei Brennweiten vor der Umkehrlinse. Diese erzeugt ein zweites Zwischenbild zwei Brennweiten hinter ihr (Fall 2 der Übersicht in 22.3.4.). Die Länge des Fernrohres verlängert sich dadurch um vier Brennweiten der Umkehrlinse.

Bei den modernen Prismenferngläsern erfolgt die Umkehrung durch Umkehrprismen mit je 180° Richtungsänderung. Ein Prisma vertauscht oben und unten, das andere links und rechts.

Holländisches Fernrohr

Es besteht aus einem konvexen Linsensystem (Objektiv) und aus einem konkaven (Okular). Im Gegensatz zu den anderen Fernrohren entsteht bei ihm kein Zwischenbild. Das konvergente Strahlenbündel trifft noch vorher auf das Okular und wird von diesem divergent gemacht.

Das Bild ist *virtuell, schwach vergrößert* und *aufrecht,* jedoch lichtstark (Opernglas, Nachtglas). Für die Vergrößerung gilt (O 20). Seine Länge ergibt sich zu

(O 22) $$l = f_1 - f_2$$

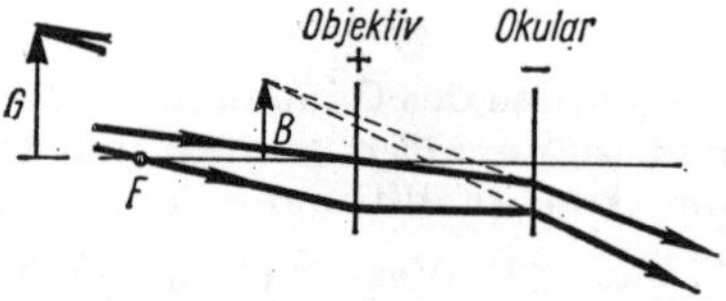

23. Wellenoptik

Das Licht zeigt sich in vielen Experimenten als eine elektromagnetische Welle. Die Wellenlängen des sichtbaren Lichtes liegen im Vakuum in dem Bereich von etwa 390 bis 770 mm.

Während die Schwingungszahl (Frequenz) für eine bestimmte Lichtart konstant ist, hängt ihre Wellenlänge von der Lichtgeschwindigkeit im jeweiligen Medium ab.

23.1. Interferenz

Darunter versteht man die Überlagerung von Schwingungen und Wellen. Auch Lichtwellen können interferieren, vorausgesetzt, sie sind **kohärent,** d. h., sie wurden aus ein und demselben Wellenzug durch Reflexion, Brechung oder Beugung aufgespalten.

Beträgt beim Wiederzusammentreffen nach verschieden langen Wegen der Gangunterschied ein geradzahliges Vielfaches von $\lambda/2$, so tritt Verstärkung, bei einem ungeradzahligen Vielfachen von $\lambda/2$ Auslöschung ein.

23.1.1. Farben dünner Blättchen

Der Strahl wird an der Ober- und Unterseite einer dünnen Schicht jeweils nur teilweise reflektiert. Die reflektierten Teile überlagern sich mit einem Gangunterschied, der sich aus dem

Umweg des einen Strahles und dem Phasensprung von $\lambda/2$ des anderen bei der Reflexion am dichteren Medium zusammensetzt. Der Umweg beträgt $2dn$, weil er mit der kleineren Geschwindigkeit c/n zurückgelegt wurde.

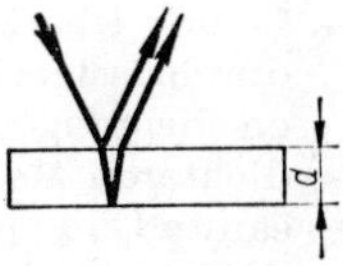

Wenn Δs Gangunterschied bei senkrechtem Einfall,
d Dicke des dünnen Blättchens,
n Brechzahl des Blättchens,
λ Wellenlänge des Lichtes,

dann gilt

(O 23) $$\Delta s = 2dn - \frac{\lambda}{2}$$

Aus $\Delta s = 0, \lambda, 2\lambda, 3\lambda, \ldots$ folgt

Verstärkung für

(O 24) $$\lambda = 4dn, \frac{4dn}{3}, \frac{4dn}{5}, \frac{4dn}{7}, \ldots$$

Ferner folgt aus $\Delta s = \frac{\lambda}{2}, \frac{3\lambda}{2}, \frac{5\lambda}{2}, \frac{7\lambda}{2}, \ldots$

Auslöschung für

(O 25) $$\lambda = 2dn, \frac{2dn}{2}, \frac{2dn}{3}, \frac{2dn}{4}, \ldots$$

Beachte:

1. Bei bekannter Schichtdicke d kann man die Wellenlänge des ausgelöschten Lichtes bestimmen.
2. Bei bekannter Wellenlänge des ausgelöschten Lichtes kann man die Schichtdicke berechnen.
3. Die gleichen Interferenzerscheinungen ergeben sich an zwischen zwei festen Körpern (z. B. Glasplatten) eingeschlossenen dünnen Luftschichten. (O 24) und (O 25) gelten auch dann.

4. Dünne Überzüge auf festen (lichtundurchlässigen oder lichtdurchlässigen) Körpern erzeugen entsprechende Interferenzerscheinungen. Da jetzt für beide Strahlen eine Reflexion am dichteren Medium mit $\lambda/2$-Phasensprung auftritt, ist der gesamte Gangunterschied $\Delta s = 2dn$. (O 24) gilt somit für Auslöschung, (O 25) für Verstärkung.

23.2. Beugung

Die bei mechanischen Wellen beobachteten Beugungen können auch bei Lichtwellen auftreten.

23.2.1. Beugung am engen Spalt

An einem engen Spalt bilden sich nach dem HUYGENSschen Prinzip Elementarwellen. Je nach Richtung besteht zwischen

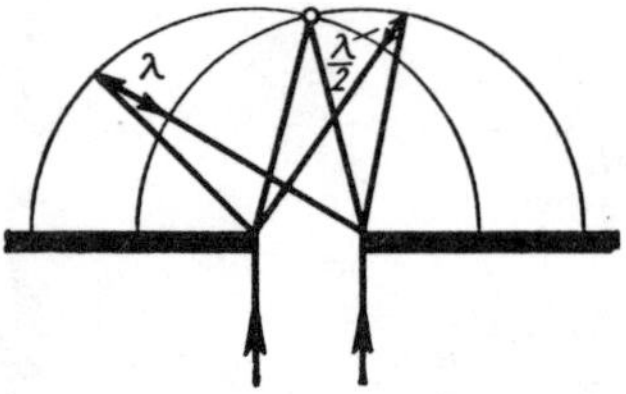

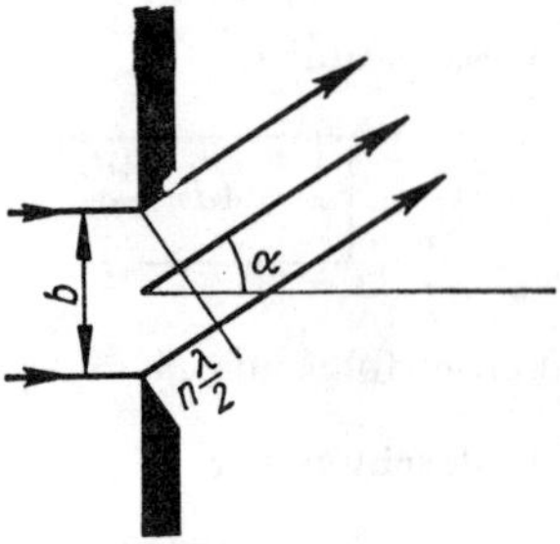

diesen ein bestimmter Gangunterschied, der infolge Überlagerung zu Verstärkung, Schwächung oder Auslöschung führt.

Wenn b Spaltbreite,
α Beugungswinkel,
λ Wellenlänge,
n ganze Zahl (außer 1),

dann gilt

(O 26) $$\boxed{\sin\alpha = n\,\frac{\lambda}{2b}}$$

Die Richtungen der **Maxima** ergeben sich für **ungerade** Werte von n, die Richtungen der **Minima** ergeben sich für **gerade** Werte von n.

In der ursprünglichen Richtung liegt das Hauptmaximum ($\alpha = 0°$; $n = 0$). Die Nebenmaxima ($n = 3, 5, 7, \ldots$) sind wesentlich lichtschwächer, weil sich hier nur ein Teil der Strahlen durch Interferenz verstärkt. Die Intensität der Nebenmaxima nimmt mit zunehmendem n ab.

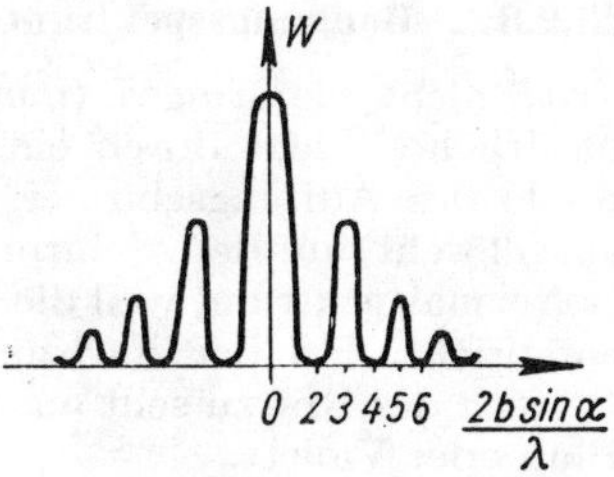

23.2.2. Beugungsgitter

Es besteht aus vielen nebeneinanderliegenden Spalten. Auf einen Millimeter können bis zu 1700 Spalte kommen. Die *Gitterkonstante* bestimmt den Abstand zweier Spaltmitten, also die Summe von Spaltbreite und Zwischenraum.

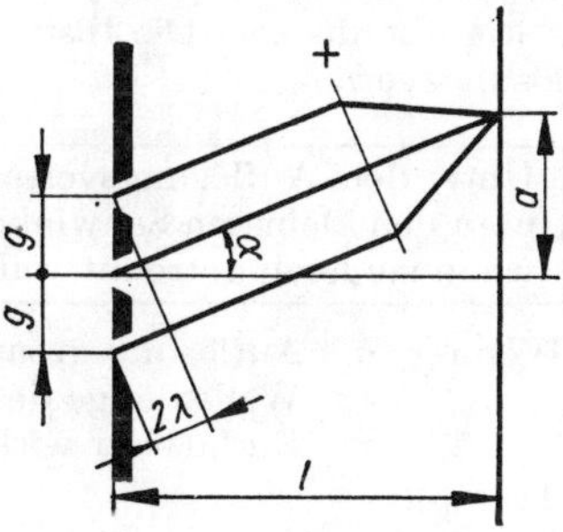

Wenn α Beugungswinkel,
g Gitterkonstante,
λ Wellenlänge,
l Entfernung Gitter-Auffangschirm,
a Abstand des Nebenmaximums,
n ganze Zahl: 1, 2, 3, ...,

dann gilt entsprechend der Zeichnung

(O 27) $\boxed{\sin \alpha = n \frac{\lambda}{g}}$ worin α aus $\tan \alpha = \frac{a}{l}$ zu bestimmen ist.

Beachte:

1. Je kleiner die Gitterkonstante, desto größer ist der Beugungswinkel für eine bestimmte Wellenlänge.
2. Die Wellenlänge ist dem Sinus des Beugungswinkels proportional, d. h., rotes Licht wird im Gegensatz zum Prisma am meisten abgelenkt (gebeugt).
3. Aus der Lage des Maximums läßt sich bei bekannter Gitterkonstante bequem die Wellenlänge des Lichtes und umgekehrt berechnen.

23.2.3. Beugungsspektrum

Tritt nicht einfarbiges (monochromatisches), sondern weißes, natürliches Licht durch ein Beugungsgitter, so wird an jeder Stelle des Auffangschirmes eine andere Farbe verstärkt oder ausgelöscht, auf dem Schirm entsteht ein Spektrum. Man nennt es **Normalspektrum,** weil die Lage der Farben den Wellenlängen entspricht. Bei der Farbzerlegung mit einem Prisma ist der Bereich des Rot zu sehr auseinandergezogen im Verhältnis zum Blau oder Violett.

23.2.4. Auflösungsvermögen optischer Instrumente

Jedes optische Gerät (auch das Auge) wirkt mit den Rändern der Blenden, Fassungen usw. beugend. Gegenstandspunkte werden deshalb als kleine Scheibchen abgebildet, die sich gegenseitig überdecken. Die Instrumente besitzen ein begrenztes Auflösungsvermögen.

> Unter dem Auflösungsvermögen **(Auflösungsgrenze)** versteht man den kleinsten Sehwinkel, den zwei Punkte haben dürfen, wenn sie noch getrennt wahrgenommen werden sollen.

Wenn δ Auflösungsgrenze, kleinster Sehwinkel,
λ Wellenlänge des Lichtes,
r Radius der wirksamen Öffnung,

dann gilt

(O 28) $$\delta = 0{,}61 \frac{\lambda}{r}$$

Beim Mikroskop interessiert nicht so sehr der kleinste Sehwinkel, sondern der Mindestabstand zweier Objektpunkte.

Wenn b Auflösungsgrenze, kleinster Punktabstand,
λ Wellenlänge des Lichtes,
n Brechzahl des Mediums zwischen Objekt und Objektiv,
α halber Öffnungswinkel des Objektivs,

dann gilt

(O 29) $$b = 0{,}61 \frac{\lambda}{n \sin \alpha}$$

Beachte:

1. Das Produkt $n \sin \alpha$ bezeichnet man als die **numerische Apertur** des Objektivs.
2. Nach (O 29) löst ein Mikroskop mit hoher numerischer Apertur noch bis zu etwa $b = \lambda/2$ auf.

23.3. Polarisation

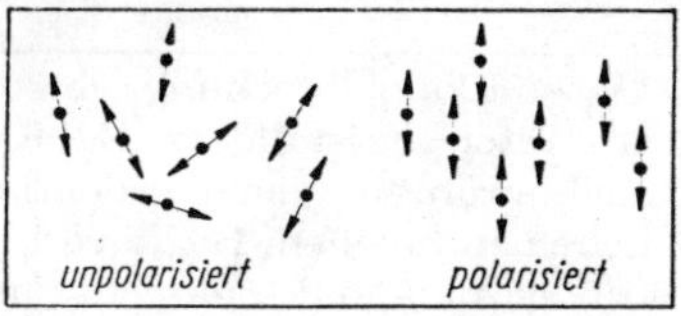

Natürliches Licht ist nicht polarisiert. In ihm sind alle Schwingungsrichtungen quer zur Ausbreitungsrichtung enthalten.

Eine Welle ist linear polarisiert, wenn sie nur in einer Richtung quer zur Ausbreitungsrichtung schwingt. Nur Transversalwellen sind polarisierbar.

Es gibt verschiedene Möglichkeiten, Licht zu polarisieren. Licht ist demnach eine Transversalwelle.

23.3.1. Polarisation durch Reflexion

An der Grenzfläche zweier Medien wird nur ein Teil der Energie eines Lichtstrahles gebrochen. Ein weiterer Teil wird nach dem Reflexionsgesetz zurückgeworfen. Der reflektierte Teil erweist sich als polarisiert, wenn der Einfallswinkel einen bestimmten Wert hat.

Trifft der Lichtstrahl unter dem Polarisationswinkel α_p auf die Grenzfläche eines Isolators (z. B. Glas), dann ist der *reflektierte* Strahl vollkommen linear polarisiert **(Brewstersches Gesetz).**

Wenn n Brechzahl für beide Medien,
α_p Polarisationswinkel (Einfallswinkel, der für eine vollständige Polarisation erforderlich ist),

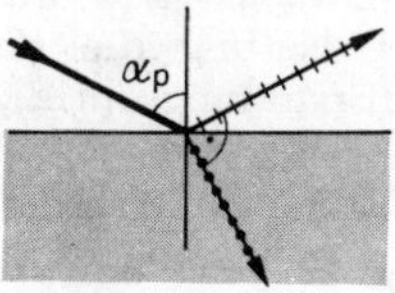

dann gilt

(O 30) $$\tan \alpha_p = n$$

Beachte:

1. Wenn (O 30) erfüllt ist, dann bildet der reflektierte Strahl mit dem gebrochenen einen rechten Winkel.
2. Für Glas beträgt der Polarisationswinkel $\alpha_p = 57°$.

23.3.2. Polarisation durch Doppelbrechung

Unter Doppelbrechung versteht man die Eigenschaft bestimmter Kristalle (z. B. Kalkspat), einen auftreffenden Lichtstrahl in einen ordentlichen und einen außerordentlichen zu brechen. Beide verlaufen nach verschiedenen Richtungen und sind senkrecht zueinander polarisiert.

Man erhält polarisiertes Licht, wenn man nur einen dieser Strahlen verwendet. Seine Energie beträgt nur noch 50 % der ursprünglichen. In der Praxis verwendet man zwei zusammengekittete Kristalle (NICOLsches Prisma). An der Kittfläche (Kanadabalsam) wird der ordentliche Strahl total reflektiert. Größere Durchlaßfläche und geringere Dicke besitzen Polarisationsfilter, die aus Herapathitkristallen zusammengesetzt sind oder aus einer besonders präparierten gestreckten Kunststoffolie bestehen. Im allgemeinen benötigt man zwei dieser Filter: den **Polarisator** (um das Licht zu polarisieren) und den **Analysator** (um Polarisation und Schwingrichtung festzustellen).

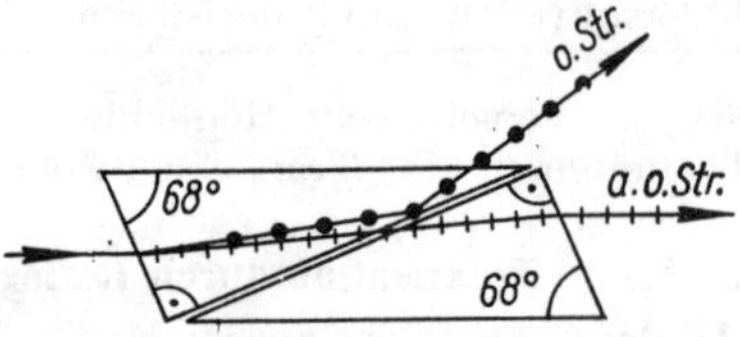

Innere Spannungen rufen in bestimmten Stoffen (z. B. Gläsern und Kunstharzen) ebenfalls Doppelbrechung **(Spannungsdoppelbrechung)** hervor. In Konstruktionsmodellen aus diesen Stoffen werden bei Belastung die Kraftwirkungen sichtbar (Spannungsoptik).

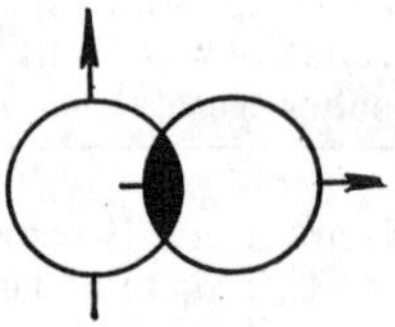

23.3.3. Drehung der Polarisationsebene

Ein Stoff ist **optisch aktiv,** wenn er die Polarisationsrichtung des durch ihn hindurchgehenden Lichtes drehen kann.

Solche Stoffe sind z. B. Quarz, Weinsäurelösungen, Zuckerlösungen u. a. Der Drehwinkel ist von der Lichtwellenlänge, der Weglänge und bei Lösungen von der Konzentration abhängig.

24. Lichtmessung

24.1. Fotometrische Größen

24.1.1. Lichtstärke

Sie ist Basisgröße des Internationalen Einheitensystems und wird in Candela (cd) gemessen.

> Die Candela ist die Lichtstärke, mit der ein schwarzer Körper senkrecht zu seiner Oberfläche von $\frac{1}{600000}$ m² leuchtet, wenn seine Temperatur gleich der des bei 101,3 kPa erstarrenden Platins (2042,5 K) ist.

Beachte:

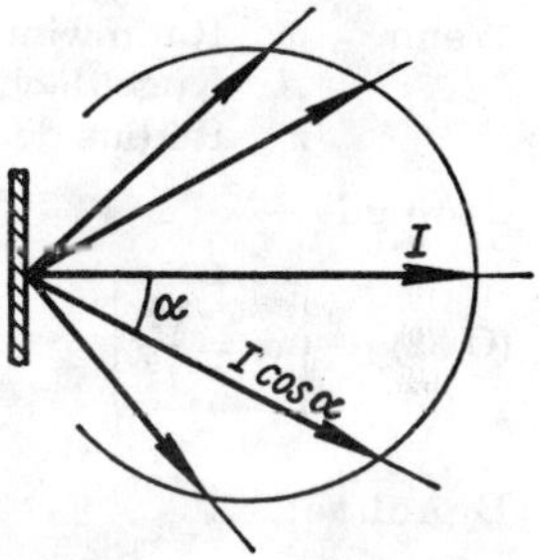

Die Einheiten Hefnerkerze (HK) und Neue Kerze (NK) sind veraltet. Größenmäßig entsprechen sich Neue Kerze und Candela.

Die technisch gebräuchlichen Lichtquellen haben eine richtungsabhängige Lichtstärke. Die Lichtstärke in einer bestimmten Richtung ist der **Lichtverteilungskurve** (→ 24.1.3.) zu entnehmen. Die regelmäßigste Lichtverteilungskurve hat eine ebene diffus strahlende Fläche. Da die Lichtstärke in Richtungen, die um α zur Mittelsenkrechten geneigt sind, $I \cos \alpha$ beträgt, muß die Lichtverteilungskurve ein Kreis sein. Eine derartig strahlende Fläche bezeichnet man als **Lambertstrahler.**

24.1.2. Lichtstrom

> Unter dem Lichtstrom versteht man das Produkt aus der Lichtstärke und dem durchstrahlten Raumwinkel.

Er wird in Lumen (lm) gemessen.

Wenn Φ Lichtstrom,
I Lichtstärke,
ω Raumwinkel,

dann gilt

(O 31) $\boxed{\Phi = I\omega}$

SI:	Φ	I	ω
	lm	cd	sr

(O 31) gilt nur für den Fall, daß die Lichtstärke innerhalb des Raumwinkels ω konstant ist. Im Normalfall ist sie es nicht. Es gilt dann

(O 31 a) $\boxed{\Phi = \int I \,\mathrm{d}\omega}$

Raumwinkel

Darunter versteht man das Verhältnis einer Kugelfläche zum Quadrat ihres Radius. Die Einheit dieses Verhältnisses ist der Steradiant (sr).

Wenn ω Raumwinkel,
A Kugelfläche,
r Radius der Kugelfläche,

dann gilt

(O 32) $\boxed{\omega = \frac{A}{r^2}}$

SI:	ω	A	r
	sr	m^2	m

Beachte:

1. Der volle Raumwinkel beträgt $\omega = 4\pi$ sr.
2. Ein Raumwinkel von 1 sr entspricht einem Kreiskegel mit einem Öffnungswinkel von 65,6°.

Gesamtlichtstrom

Der Lichtstrom, der unsere technischen Lichtquellen verläßt, ist in den verschiedenen Richtungen von unterschiedlicher Stärke. In den Tabellen gibt man daher stets den Gesamtlichtstrom Φ_{ges} an. Wie er sich auf die einzelnen Richtungen verteilt, ist dann der Lichtverteilungskurve (→ 24.1.3.) zu entnehmen.

Beachte:

Zahlenwerte für den Gesamtlichtstrom → Tabelle 29 (Anhang)!

24.1.3. Lichtverteilungskurve

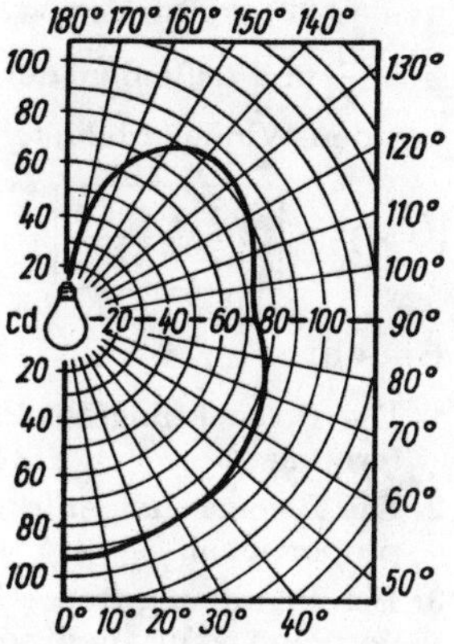

Die Lichtstärke technischer Lichtquellen ist nicht allseitig gleich. Bei Glühlampen z. B. pflegt man die Verteilung der Lichtstärke auf die einzelnen Richtungen in einem Polardiagramm (Lichtverteilungskurve) anzugeben. Es zeigt, wie groß die Lichtstärke in den einzelnen Richtungen ist. Nebenstehendes Diagramm bezieht sich auf Glühlampen der Allgebrauchsserie und gilt für eine Lampe mit einem Gesamtlichtstrom Φ_{ges} von **1000 lm.** Für Lampen mit einem anderen Gesamtlichtstrom ist entsprechend umzurechnen.

24.1.4. Beleuchtungsstärke

> Unter der Beleuchtungsstärke versteht man das Verhältnis des senkrecht auftreffenden Lichtstromes zur Auftrefffläche.

Sie wird in Lux (lx) gemessen.

Wenn E Beleuchtungsstärke,
Φ Lichtstrom, der auf die Fläche A trifft,
A vom Lichtstrom getroffene Fläche,
α Winkel zwischen den auftreffenden Lichtstrahlen und dem auf der Fläche errichteten Lot,

dann gilt

(O 33) $$E = \frac{\Phi}{A}$$ SI: $\left|\frac{E}{\text{lx}}\right|\frac{\Phi}{\text{lm}}\left|\frac{A}{\text{m}^2}\right|$

oder bei ungleichmäßiger Verteilung des Lichtstromes

(O 33a) $$E = \frac{d\Phi}{dA}$$

Aus (O 33) ergibt sich, weil $\Phi = I\omega$ und $\omega = \frac{A}{r^2}$ und außerdem der Strahl mit dem Lot den Winkel α bildet,

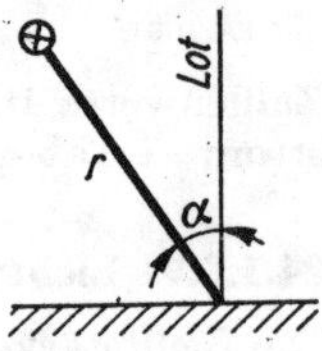

(O 34) $$\boxed{E = \frac{I \cos \alpha}{r^2}}$$ SI: $\left|\frac{E}{\mathrm{lx}}\middle|\frac{I}{\mathrm{cd}}\middle|\frac{r}{\mathrm{m}}\right|$

Beachte:

1. Die Beleuchtungsstärke nimmt mit dem Quadrat der Entfernung ab.
2. Die Beleuchtungsstärke ist dem Cosinus des Einfallswinkels proportional.
3. Bei Benutzung von (O 34) wird die Lichtstärke der Lichtverteilungskurve entnommen. Da diese für eine Lampe mit $\Phi_{ges} = 1000$ lm gilt, ist auf den Gesamtstrom der jeweiligen Lichtquelle umzurechnen. Zahlenwerte → Tabelle 29 (Anhang)!

Übersicht:

Normalbeleuchtungsstärken *E* (in lx)				
Ansprüche:	niedrig	mittel	hoch	
Wohnräume, Allgemeinbeleuchtung	40	80	150	
Art der Arbeit:	grob	mittel	fein	sehr fein
Arbeitsräume, Schulen:				
nur Allgemeinbel.	40	80	150	300
Allgemeinbeleuchtung	20	30	40	50
und Arbeitsplatzbel.	100	300	1000	5000
Verkehrsstärke:	schwach	mittel	stark	sehr stark
Durchgänge u. Treppen	15		30	
Straßen und Plätze	3	8	15	30
Fabrikhöfe	3		15	

Übersicht:

Natürliche Beleuchtungsstärken	
Sonnenlicht im Sommer	100000 lx
Sonnenlicht im Winter	10000 lx
Bedeckter Himmel im Sommer	5000...20000 lx
Bedeckter Himmel im Winter	1000... 2000 lx
Nachts bei Vollmond	0,2 lx
Mondlose klare Nacht	0,0003 lx

24.1.5. Leuchtdichte

Unter der Leuchtdichte versteht man das Verhältnis der Lichtstärke zur Leuchtfläche.

Sie wird in Candela/Quadratmeter (cd/m²) gemessen. Eine weitere zulässige Einheit war bis 1974 das Stilb (sb).

Wenn L Leuchtdichte der Fläche,
I Lichtstärke der Fläche,
A leuchtende Fläche,

dann gilt

(O 35) $$L = \frac{I}{A}$$

	L	I	A
SI:	$\frac{\text{cd}}{\text{m}^2}$	cd	m^2
74:	sb	cd	cm^2

Umrechnung: $$1\ \text{sb} = 1\ \frac{\text{cd}}{\text{cm}^2} = 10^4\ \frac{\text{cd}}{\text{m}^2}$$

Beachte:

1. Die Gleichung gilt auch für *reflektierende* Flächen.
2. Für A ist die sogenannte **scheinbare Fläche** einzusetzen, das ist bei geneigten oder gekrümmten Flächen ihre Projektion auf eine zur Betrachtungsrichtung senkrecht stehende Ebene.

Übersicht:

Leuchtdichte *L* einiger Lichtquellen (in cd/cm²)	
Nachthimmel	10^{-7}
Grauer Himmel	bis 0,3
Blauer Himmel	bis 1
Mond	0,25
Sonne am Horizont	600
Mittagssonne	bis 150000
Leuchtstofflampen	0,2...0,4
Kerzenflamme	bis 1
Wolfram-Glühlampe, mattiert	5...40
Wolfram-Glühlampe, klar	200...1500
Kohlelichtbogen	bis 18000

Beachte:

Bei Leuchtdichten ab etwa $0{,}75 \frac{\text{cd}}{\text{cm}^2}$ tritt eine Blendung des Auges ein.

24.2. Fotometer

Bei der Messung von *Lichtstärken* bedient man sich des Vergleiches. Erzeugen zwei Lichtquellen auf der gleichen Fläche die gleiche Beleuchtungsstärke, dann ist entsprechend (O 34)

$$E = \frac{I_1}{r_1^2} = \frac{I_2}{r_2^2} \quad \text{oder} \quad I_1 : I_2 = r_1^2 : r_2^2 .$$

Daraus ergibt sich für die unbekannte Lichtstärke I_2

(O 36) $$\boxed{I_2 = I_1 \frac{r_2^2}{r_1^2}}$$

Beachte:

Die Gleichung gilt nur, wenn beide Lichtquellen gleiche Beleuchtungsstärken auf der Fläche hervorrufen.
Die Gleichheit der Beleuchtungsstärken wird durch Verände-

rung der Abstände der Lichtquellen von der beleuchteten Fläche eingestellt. Als Hilfsmittel dienen unter anderem

1. Fettfleckfotometer von Bunsen,
2. Fotometerwürfel von Lummer und Brodhuhn.

Für die Messung des Gesamtlichtstromes einer Lampe verwendet man die Ulbrichtsche Kugel.
Beleuchtungsstärken werden direkt mit dem **Luxmeter,** einem mit einem Fotoelement verbundenen Mikroamperemeter, gemessen.

ELEKTRIZITÄTSLEHRE

25. Gleichstromkreis

25.1. Elektrischer Strom

Der in einem Leiter fließende Strom besteht aus Elektronen, die sich mit relativ kleiner Geschwindigkeit vorwärtsbewegen. Diese sogenannten freien Elektronen haben sich aus dem Atomverband gelöst.
Der elektrische Strom übt verschiedene Wirkungen aus:

- Wärmewirkung,
- Chemische Wirkung,
- Magnetische Wirkung.

25.1.1. Stromstärke

Sie ist Basisgröße des Internationalen Einheitensystems und wird in Ampere (A) gemessen.
Gesetzliche Definition der Stromstärkeeinheit Ampere:

Ein Ampere ist die Stärke eines elektrischen Stromes, der durch zwei geradlinige parallele Leiter mit einem Abstand von einem Meter fließt und der zwischen den Leitern je Meter Länge eine Kraft von $2 \cdot 10^{-7}$ N hervorruft.

25.1.2. Elektrizitätsmenge (Ladungsmenge)

Unter der Elektrizitätsmenge versteht man das Produkt aus Stromstärke und Zeit.

SI-Einheit: Amperesekunde (As) = Coulomb (C)

Wenn Q Elektrizitätsmenge, die in der Zeit t durch den Leiter fließt,
I Stromstärke im Leiter,
t Dauer des Stromflusses,

dann gilt

(E 1) $$Q = It$$

SI:	Q	I	t
	C	A	s

Umrechnung:

1 Amperestunde (Ah) = 3600 C

Die kleinste Ladungsmenge (Elektrizitätsmenge) besitzen die Elementarteilchen Elektron (negativ) und Proton (positiv). Man bezeichnet sie als die

elektrische Elementarladung:

(E 2) $$e = 1{,}602 \cdot 10^{-19}\,\mathrm{C}$$

Beachte:

1. Jede Elektrizitätsmenge kann nur ein ganzzahliges Vielfaches der elektrischen Elementarladung sein.
2. Die Elektrizitätsmenge 1 Coulomb (C) entspricht der Ladung von $6{,}2 \cdot 10^{18}$ Elektronen.

Durch Umstellung folgt aus (E 1) $I = Q/t$. Da die Stromstärke während der Zeit t keineswegs konstant sein muß, gilt genauer (für die augenblickliche Stromstärke)

(E 3) $$I = \frac{\mathrm{d}Q}{\mathrm{d}t}$$

25.2. Spannung

25.2.1. Urspannung *E*

Sie ist die Ursache jedes elektrischen Stromes und herrscht zwischen den Polen einer **Spannungsquelle.** Häufig wird sie als **elektromotorische Kraft (EMK)** bezeichnet.
Am **Minuspol** besteht ein Elektronenüberschuß, am **Pluspol** ein Elektronenmangel. Beide Zustände werden durch Vorgänge im Innern der Spannungsquelle erzeugt und aufrechterhalten. Die Elektronen fließen vom Elektronenüberschuß zum -mangel, also vom Minus- zum Pluspol. Vor Kenntnis der wahren Verhältnisse

war bereits festgelegt die
technische Stromrichtung:

> Der Strom fließt vom Plus- zum Minuspol.

Übersicht:

Gebräuchliche Spannungen (in V)	
Stahlakkumulator (NiFe) je Zelle	1,2
Bleiakkumulator je Zelle	2
Lichtanlage im Auto	6 oder 12
Netz	125 oder 220
Straßenbahn	550
Elektrische Lokomotiven	bis 15000
Hochspannungsfernleitungen	bis 380000

25.2.2. Spannungsabfall *U*

So bezeichnet man die Spannung zwischen zwei beliebigen Punkten eines stromdurchflossenen Leiters. Sie ist stets ein Teil der Urspannung.

> Unter der Spannung zwischen zwei Punkten eines Leiters versteht man das Verhältnis der in diesem Leiterteil umgesetzten Leistung zu dem durch den Leiter fließenden Strom.

SI-Einheit: $\frac{\text{Watt}}{\text{Ampere}} = \text{Volt (V)}$

Gesetzliche Definition der Spannungseinheit Volt:

> Das Volt ist die elektrische Spannung zwischen zwei Punkten eines metallischen Leiters, in dem bei einem Strom von 1 A zwischen den beiden Punkten eine Leistung von 1 W umgesetzt wird.

25.3. Elektrischer Widerstand

Er bestimmt die Stärke des Stromes, der bei einer bestimmten Spannung durch den Stromkreis fließt.

Unter dem Widerstand versteht man das Verhältnis der Spannung zwischen den Enden eines Leiters zur Stärke des Stromes im Leiter.

SI-Einheit: $\dfrac{\text{Volt}}{\text{Ampere}} = \text{Ohm}\ (\Omega)$

Gesetzliche Definition der Widerstandseinheit Ohm:

Das Ohm ist der elektrische Widerstand zwischen zwei Punkten eines metallischen Leiters, durch den bei der Spannung 1 V zwischen den beiden Punkten ein Strom von 1 A fließt.

Wenn R Widerstand des Leiters,
U Spannung im Stromkreis,
I Stromstärke,

dann gilt

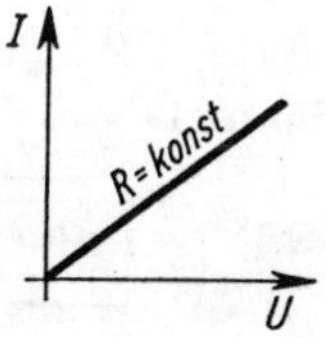

(E 4) $$\boxed{R = \frac{U}{I}}$$ SI: $\left|\frac{R}{\Omega}\right|\frac{U}{V}\left|\frac{I}{A}\right|$

daraus folgt: $I = \dfrac{U}{R}$ und $U = IR$

Dieses wichtigste Gesetz der Elektrizitätslehre nennt man das **Ohmsche Gesetz:**

In einem Leiter ist die Stromstärke der Spannung direkt und dem Widerstand umgekehrt proportional.

Beachte:

1. Das Ohmsche Gesetz gilt auch für Teile eines Stromkreises.
2. Die Strom-Spannungs-Kennlinie ist nur bei konstantem Widerstand eine Gerade. Der Widerstand ist aber temperaturabhängig (→ 25.3.2.!)

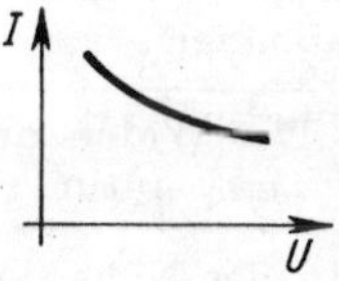

3. Gasentladungsstrecken haben eine fallende Kennlinie, d. h., bei steigender Spannung sinkt die Stromstärke.
4. Bei einer begrenzten Zahl von Ladungsträgern (Elektronenröhren) strebt die Stromstärke bei steigender Spannung

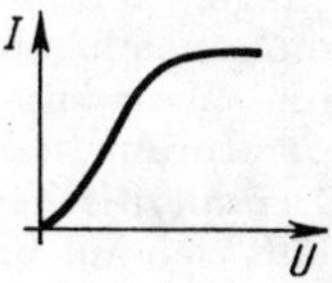

einem bestimmten Maximalwert (Sättigungswert) zu. Die I,U-Kurve ergibt eine Sättigungskennlinie.
Den Kehrwert des Widerstandes R bezeichnet man als **elektrischen Leitwert** G

(E 5) $$G = \frac{1}{R}$$

	G	R
SI:	S	Ω

Er wird in Siemens (S) = 1/Ω gemessen.

25.3.1. Spezifischer Widerstand

Wenn R Widerstand des Leiters,
ϱ spezifischer Widerstand des Materials,
l Gesamtlänge des Leiters,
A Querschnitt des Leiters,

dann gilt

(E 6) $$R = \frac{\varrho l}{A}$$

	R	ϱ	l	A
SI:	Ω	Ωm	m	m²
ges:	Ω	$\frac{\Omega mm^2}{m}$	m	mm²

Beachte:

1. Der spezifische Widerstand ϱ ist temperaturabhängig.
2. Zahlenwerte für den spezifischen Widerstand siehe Tabelle 30 (Anhang)!
3. Den Kehrwert des spezifischen Widerstandes bezeichnet man als **elektrische Leitfähigkeit** $\varkappa = 1/\varrho$

25.3.2. Widerstand und Temperatur

Der spezifische Widerstand eines Leiters ist temperaturabhängig.

> Der Widerstand eines metallischen Leiters wächst mit der Temperatur.

In der Nähe des absoluten Nullpunktes sinkt der Widerstand einiger Metalle sprunghaft auf annähernd Null. Diese Erscheinung nennt man *Supraleitung*. Konstantan (60 % Cu, 40 % Ni) und Manganin (86 % Cu, 2 % Ni, 12 % Mn) sind gering temperaturabhängig.
Der spezifische Widerstand (in den Tabellen auf 20 °C bezogen) läßt sich auf beliebige Temperaturen umrechnen.

Wenn ϱ_t spezifischer Widerstand bei beliebiger Temperatur,
ϱ_{20} spezifischer Widerstand bei 20 °C (Tabellenwert),
α Temperaturkoeffizient (für 20 °C),
t Temperatur, für die der spezifische Widerstand bestimmt werden soll,

dann gilt

(E 7) $$\varrho_t = \varrho_{20}\,[1 + \alpha\,(t - 20\,°C)]$$

ges:

ϱ	α	t
$\frac{\Omega mm^2}{m}$	$\frac{1}{K}$	°C

Beachte:

1. Zahlenwerte für den Temperaturkoeffizienten → Tabelle 30 (Anhang)!
2. Mit (E 7) läßt sich in entsprechender Weise der Widerstand R von 20 °C auf andere Temperaturen umrechnen.

25.4. Elektrischer Stromkreis

In einem Stromkreis fließen die Elektronen außerhalb der Spannungsquelle vom Minus- zum Pluspol und innerhalb der Spannungsquelle vom Plus- zum Minuspol wieder zurück.

> In einem unverzweigten elektrischen Stromkreis ist an allen Stellen die Stromstärke gleich groß.

Auch das Innere einer Spannungsquelle besitzt einen Widerstand **(innerer Widerstand R_i).** Dieser und die äußeren Widerstände (R_a) bestimmen die Stromstärke. Für den gesamten Stromkreis lautet demnach das Ohmsche Gesetz (E 4):

(E 8) $$I = \frac{E}{R_i + R_a}$$

SI:

I	E	R
A	V	Ω

Beachte:

Die an den inneren und äußeren Widerständen entstehenden Spannungsabfälle werden nach dem Ohmschen Gesetz (E 4) berechnet.

In einem vollständigen Stromkreis muß zwischen folgenden Spannungen unterschieden werden:

Urspannung (E) oder elektromotorische Kraft (EMK):

Spannung zwischen den Polen einer Spannungsquelle bei nicht geschlossenem Stromkreis (Leerlauf-Spannung).

Innerer Spannungsabfall (U_i):

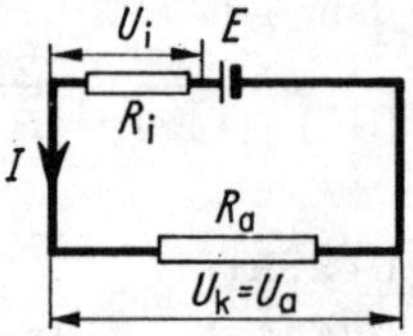

Teil der Urspannung, der im Innern der Spannungsquelle bei geschlossenem Stromkreis abfällt,

$$U_i = IR_i$$

Klemmenspannung (U_K)

Spannung zwischen den Polen einer Spannungsquelle bei geschlossenem Stromkreis. Sie ist um den inneren Spannungsabfall U_i kleiner als die Urspannung, also

Urspannung = Klemmenspannung + innerer Spannungsabfall

Wenn
- U_K Klemmenspannung,
- E Urspannung,
- R_i Innenwiderstand der Spannungsquelle,
- R_a Summe der äußeren Widerstände,
- I Stromstärke,

dann gilt

$$U_K = E - U_i = E - IR_i = E - \frac{ER_i}{R_i + R_a} \quad \text{oder}$$

(E 9) $$\boxed{U_K = \frac{ER_a}{R_i + R_a}}$$

SI: $\left|\frac{U}{V}\right|\frac{E}{V}\left|\frac{R}{\Omega}\right|$

Für den äußeren Stromkreis steht nur die Klemmenspannung zur Verfügung. Sie entspricht dem gesamten äußeren Spannungsabfall.

Die Klemmenspannung ist gleich der Summe der äußeren Spannungsabfälle.

(E 10) $$\boxed{U_K = U_1 + U_2 + U_3 + \ldots}$$

Aus dem OHMschen Gesetz für den gesamten Stromkreis (E 8) ergibt sich durch Umformung das

2. Kirchhoffsches Gesetz

(E 11) $$E = I(R_i + R_a) = U_i + U_a$$

> In einem geschlossenen Stromkreis ist die Urspannung gleich der Summe aller Spannungsabfälle.

Enthält ein Stromkreis mehrere Urspannungen, so sind diese algebraisch zu addieren. Bei Gegenreihenschaltung (umgekehrte Polung) wird die Urspannung demnach subtrahiert. Um die richtigen Vorzeichen der Urspannungen in solch einem als **Masche** bezeichneten Stromkreis zu finden, legt man einen bestimmten Umlaufsinn fest. Es gilt dann der

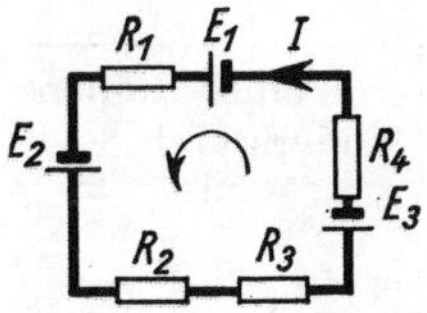

Maschensatz

(E 12) $$\sum E = \sum U$$

> In einem unverzweigten Stromkreis ist die algebraische Summe aller Urspannungen gleich der Summe aller Spannungsabfälle.

25.5. Stromverzweigung

1. Kirchhoffsches Gesetz

> In einer Stromverzweigung ist die Summe der Zweigströme gleich dem Gesamtstrom.

(E 13) $$I_{ges} = I_1 + I_2 + I_3 + \ldots$$

Daraus folgt, daß in jedem Punkte eines verzweigten Stromkreises die Summe der zufließenden Ströme gleich der Summe der abfließenden Ströme ist **(Knotenpunktsatz).** Ferner folgt wegen $I = U/R$

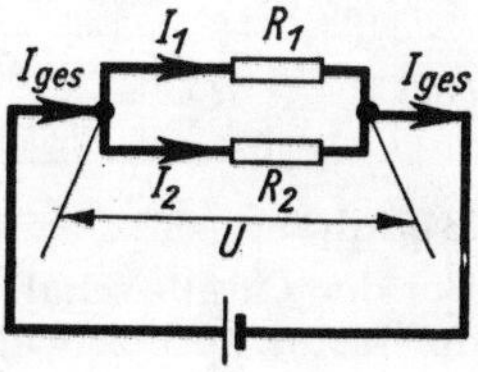

> In einer Stromverzweigung verhalten sich die Zweigströme umgekehrt wie die Widerstände der Zweige.

(E 14) $$I_1 : I_2 = R_2 : R_1$$

25.6. Schaltung von Widerständen

25.6.1. Reihenschaltung von Widerständen

Werden Widerstände, Spannungsquellen u. a. hintereinandergeschaltet, so spricht man von einer Reihenschaltung.

> Bei einer Reihenschaltung von Widerständen ist der Gesamtwiderstand gleich der Summe der Einzelwiderstände.

(E 15) $$R_{\text{ges}} = R_1 + R_2 + R_3 + \ldots$$

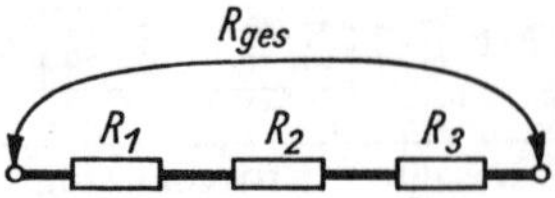

25.6.2. Parallelschaltung von Widerständen

Aus den Gesetzen von Ohm und Kirchhoff folgt:

> Bei der Parallelschaltung ist der Kehrwert des Gesamtwiderstandes gleich der Summe der Kehrwerte der Einzelwiderstände.

(E 16) $$\frac{1}{R_{\text{ges}}} = \frac{1}{R_1} + \frac{1}{R_2} + \frac{1}{R_3} + \ldots$$

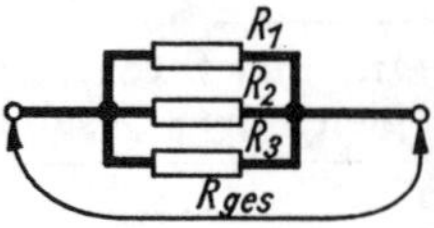

Bei nur zwei parallelgeschalteten Widerständen vereinfacht sich (E 16) zu

(E 17) $$R_{\text{ge}} = \frac{R_1 R_2}{R_1 + R_2}$$

Beachte:

Bei der Parallelschaltung ist der Gesamtwiderstand kleiner als der kleinste Einzelwiderstand.

Da der Kehrwert des Widerstandes der Leitwert ist, folgt aus (E 16):

> Bei der Parallelschaltung ist der Gesamtleitwert gleich der Summe der Einzelleitwerte.

(E 18) $$G_{ges} = G_1 + G_2 + G_3 + \ldots$$

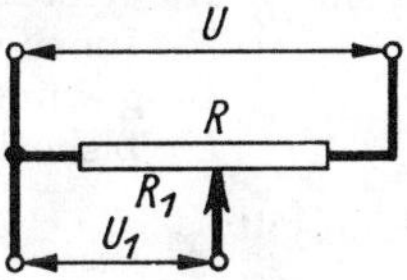

25.6.3. Spannungsteiler

Fällt an dem Widerstand eine Spannung U ab, so kann man eine Teilspannung an dem entsprechenden Teil des Widerstandes abgreifen.

Wenn U_1 Spannungsabfall am abgegriffenen Teilwiderstand R_1,
U Spannungsabfall am gesamten Widerstand R,
R_1 abgegriffener Teilwiderstand,
R Gesamtwiderstand,

dann gilt

(E 19) $$U_1 = U \frac{R_1}{R}$$

Beachte:

Diese Gleichung gilt exakt nur für den unbelasteten Spannungsteiler und mit hinreichender Genauigkeit bei geringer Belastung (kleiner Stromstärke), weil im Abgriffspunkt eine Stromverzweigung vorliegt. Durch den abgegriffenen Widerstand R_1 fließt nur ein Teilstrom, der Spannungsabfall U_1 ist kleiner, als sich nach (E 19) ergibt.

25.7. Schaltung von Meßgeräten

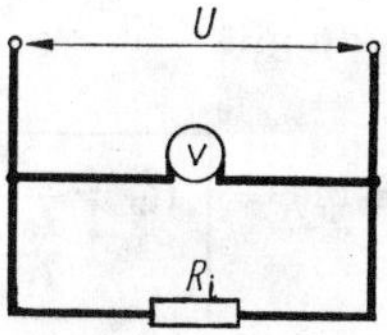

25.7.1. Spannungsmesser

Sie liegen im **Nebenschluß,** d. h. parallel zu der zu messenden Spannung. Ihr Innenwiderstand soll möglichst groß sein,

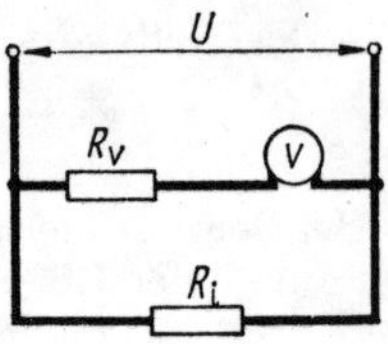

damit sie die Stromstärke im Kreis nicht verändern. Soll eine Spannung gemessen werden, die über den Meßbereich des Instrumentes hinausgeht, so muß ein Vorwiderstand eingeschaltet werden, der einen entsprechenden Spannungsabfall erzeugt.

Wenn R_v erforderlicher Vorwiderstand,
R_i Innenwiderstand des Spannungsmessers,
U_2 gewünschter neuer Meßbereich,
U_1 bisheriger Meßbereich des Instrumentes,

dann gilt

(E 20) $$R_v = R_i\left(\frac{U_2}{U_1} - 1\right)$$

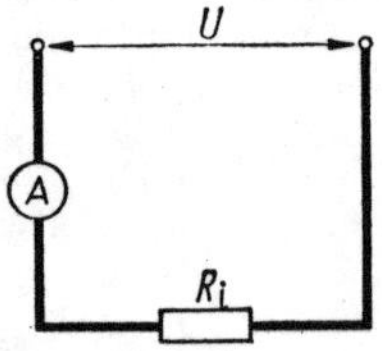

25.7.2. Strommesser

Sie liegen im **Hauptschluß,** d. h., der zu messende Strom fließt durch sie hindurch. Der Innenwiderstand soll möglichst klein sein, damit am Instrument kein nennenswerter Spannungsabfall entsteht.

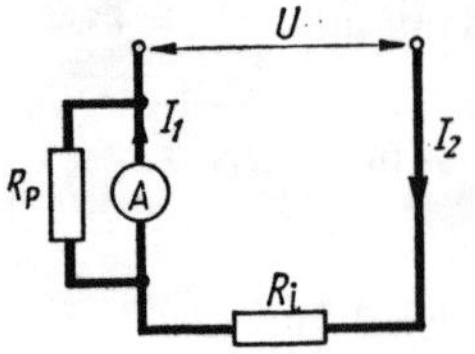

Sollen Ströme gemessen werden, die über den Meßbereich hinausgehen, so muß ein Parallelwiderstand eingeschaltet werden, der einen entsprechenden Teil des Stromes am Instrument vorbeileitet.

Wenn R_p erforderlicher Parallelwiderstand (Shunt),
R_i Innenwiderstand des Strommessers,
I_2 gewünschter neuer Meßbereich,
I_1 bisheriger Meßbereich des Instruments,

dann gilt

(E 21) $$R_p = \frac{R_1}{\frac{I_2}{I_1} - 1}$$

25.8. Elektrische Arbeit und Leistung

Die elektrische Energie läßt sich in andere Energieformen bzw. in Arbeit umwandeln.

25.8.1. Elektrische Arbeit

Wenn W Stromarbeit,
U Spannung,
I Stromstärke,
t Zeitdauer des Stromflusses,

dann gilt

(E 22) $$\boxed{W = UIt} = \frac{U^2}{R}t = I^2Rt$$ SI: $\left|\frac{W}{\mathrm{Ws} = \mathrm{J}}\right|\frac{U}{\mathrm{V}}\left|\frac{I}{\mathrm{A}}\right|\frac{t}{\mathrm{s}}\left|\frac{R}{\Omega}\right|$

Umrechnung (von nur bis 1977 gültigen Einheiten):

$$1\,\mathrm{kWh} = 3{,}6 \cdot 10^6\,\mathrm{Ws} = 860\,\mathrm{kcal}$$
$$1\,\mathrm{Ws} = 0{,}239\,\mathrm{cal} = 0{,}102\,\mathrm{kpm}$$

Beachte:

1. Umrechnungen von Arbeitseinheiten → auch Tabelle U 5!
2. Wattsekunde und Joule sind identisch.

25.8.2. Elektrische Leistung

Wenn P Stromleistung,
U Spannung,
I Stromstärke,

dann gilt entsprechend (M 94) $P = \frac{W}{t}$

(E 23) $$\boxed{P = UI} = \frac{U^2}{R} = I^2R$$ SI: $\left|\frac{P}{\mathrm{W}}\right|\frac{U}{\mathrm{V}}\left|\frac{I}{\mathrm{A}}\right|\frac{R}{\Omega}\right|$

Beachte:

Umrechnung von Leistungseinheiten → Tabelle U 6!

Übersicht:

Elektrische Leistung P einiger Geräte (in W)			
Glühlampen	15 ... 1000	Bügeleisen	400 ... 700
Elektr. Kocher	500 ... 1500	Tauchsieder	bis 1000
Heizsonnen	500 ... 1000	Elektroherde	2000

26. Elektrisches Feld

In der Umgebung eines elektrisch geladenen Körpers bzw. zwischen zwei elektrisch geladenen Körpern besteht ein *elektrisches Feld*. So bezeichnet man den Raum, in dem die Kräfte der geladenen Körper wirken.

26.1. Ladung

Bei vielen Nichtleitern (Bernstein, Glas, Hartgummi u. a.) kann durch Reibung die Oberfläche elektrisch geladen werden. Der Oberfläche werden bei diesem Vorgang Elektronen entzogen oder zugeführt.

Elektronenmangel:	Körper ist **positiv** geladen,
Elektronenüberschuß:	Körper ist **negativ** geladen.

Zwischen elektrisch geladenen Körpern wirken Kräfte.

> Gleichnamig geladene Körper stoßen einander ab, ungleichnamig geladene Körper ziehen einander an.

Aus diesem Grund sitzen die Ladungen leitender Körper stets an der Oberfläche. Das Innere ist ladungs- und damit feldfrei. Die Verteilung der Ladungen ist ungleich. An stärker gekrümmten Stellen sitzen sie dichter. An Spitzen und Kanten können sie so dicht sitzen, daß sie die Luft ionisieren und den Körper verlassen: Spitzenwirkung (→ auch 26.2.2.!).
Die gleichmäßig verteilten Elektronen eines ungeladenen Leiters sammeln sich auf einer Körperhälfte unter der Wirkung der Kräfte eines in die Nähe gebrachten geladenen Körpers: **Influenz.**

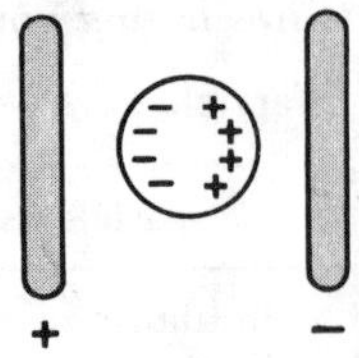

Demnach werden auch neutrale Körper angezogen. Der Nachweis der Ladung kann nur durch Abstoßung erfolgen.
Nachweis und Messung der Ladung erfolgen mit Elektrometern. Auch ruhende Ladungen werden (ebenso wie fließende) in Coulomb (C) oder Amperesekunden (As) angegeben.
Ein elektrisches Feld wird durch **elektrische Kraftlinien** oder **Feldlinien** dargestellt.

Die Feldlinien geben in jedem Punkt eines elektrischen Feldes die Richtungen der dort wirkenden Kraft an.

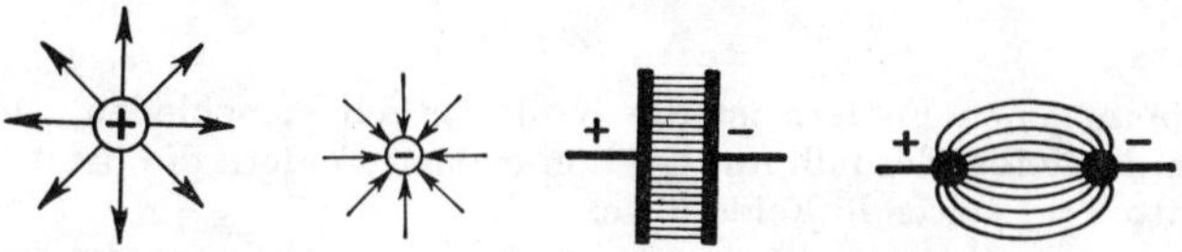

Eigenschaften:

- Sie verlaufen von der positiven zur negativen Ladung, haben also Anfang und Ende.
- Sie treten stets senkrecht aus der Oberfläche eines leitenden Körpers aus.
- In Richtung der Feldlinien herrscht ein Zug, quer zu ihnen ein Druck.
- Je nach Verlauf der Feldlinien nennt man das Feld **radial,** **homogen** (bei parallelen Feldlinien) oder **inhomogen** (bei nichtparallelen Feldlinien).

26.2. Feldstärke

Die Stärke des elektrischen Feldes wird durch die Kraft ausgedrückt, die auf eine Punktladung in diesem Feld wirkt.

Unter der Feldstärke versteht man das Verhältnis der auf eine Ladung im Feld wirkenden Kraft zur Größe dieser Ladung.

SI-Einheit: $\frac{\text{Newton}}{\text{Coulomb}} = \frac{\text{N}}{\text{C}} = \frac{\text{N}}{\text{As}} = \frac{\text{JV}}{\text{msW}} = \frac{\text{V}}{\text{m}}$

Entsprechend der Definition ist die elektrische Feldstärke eine **vektorielle Größe,** d. h., sie ist durch Betrag und Richtung bestimmt. Da es bei Berechnungen nur auf den Betrag ankommt, wurde in der Schreibweise der folgenden Gleichungen der vektorielle Charakter nicht berücksichtigt.

Wenn E elektrische Feldstärke,
F Kraft, die im Feld auf eine Ladung Q wirkt,
Q Ladung im Feld,

dann gilt

(E 24) $$E = \frac{F}{Q}$$

	E	F	Q
SI:	$\frac{\text{V}}{\text{m}}$	N	C

Beachte:

In inhomogenen Feldern ist die Kraft örtlich verschieden, die Gleichung liefert deshalb nur bei homogenen Feldern die für das gesamte Feld geltende Feldstärke.

Die Bewegung einer Ladung im Feld entspricht einer Arbeit. Nach (M 87) und (E 22) ergibt sich $Fs = UIt = UQ$. Daraus folgt $\frac{U}{s} = \frac{F}{Q} = E$. Somit ergibt sich für die elektrische Feldstärke ein weiterer Ausdruck.

Wenn E elektrische Feldstärke eines homogenen Feldes,
d Abstand der beiden geladenen Platten, zwischen denen das Feld existiert,
U Spannung zwischen diesen Platten,

dann gilt

(E 25) $$E = \frac{U}{d}$$

	E	U	d
SI:	V/m	V	m
ges:	V/cm	V	cm

26.2.1. Verschiebungsdichte

Die auf einem geladenen Körper (z. B. Platten eines Kondensators) gebundenen Ladungen bestimmen die Größe der herrschenden Feldstärke.

> Unter der Verschiebungsdichte versteht man das Verhältnis der Ladung zur Größe der geladenen Fläche.

SI-Einheit: $\frac{\text{Coulomb}}{\text{Quadratmeter}} = \frac{\text{C}}{\text{m}^2} = \frac{\text{As}}{\text{m}^2}$

Wenn D Verschiebungsdichte,
Q Ladung, gebunden auf den Platten,
A Fläche der Platte,

dann gilt

(E 26) $$D = \frac{Q}{A}$$

	D	Q	A
SI:	$\frac{\text{C}}{\text{m}^2}$	C	m^2

Beachte:

Die Verschiebungsdichte entspricht der Ladungsdichte.

Verschiebungsdichte und Feldstärke müssen (als Ursache und Wirkung) einander proportional sein.

Wenn D Verschiebungsdichte,
E elektrische Feldstärke,
ε_0 elektrische Feldkonstante $= 8{,}85 \cdot 10^{-12}$ As/Vm, (auch Verschiebungskonstante genannt),

dann gilt

(E 27) $$D = \varepsilon_0 E$$

SI:

D	ε_0	E
$\frac{\mathrm{C}}{\mathrm{m}^2}$	$\frac{\mathrm{C}}{\mathrm{Vm}}$	$\frac{\mathrm{V}}{\mathrm{m}}$

Beachte:

Aus (E 26) ergibt sich mit $Q = DA$ die auf der gesamten Fläche gebundene Ladungsmenge. Man bezeichnet sie mit **Verschiebungsfluß** und gibt sie in Amperesekunden (As) an.

26.2.2. Feldstärke an Leiteroberflächen

Mit Hilfe von (E 26) und (E 27) läßt sich die Feldstärke an der Oberfläche von Leitern bestimmen.

Es gilt $E = \frac{D}{\varepsilon_0}$ oder

(E 28) $$E = \frac{Q}{A\varepsilon_0}$$

Wenn E elektrische Feldstärke,
Q auf die Oberfläche gebundene Ladung,
ε_0 elektrische Feldkonstante $= 8{,}85 \cdot 10^{-12}$ As/Vm,
r Kugelradius,

dann gilt für die

Feldstärke an der Kugeloberfläche

(E 29) $$E = \frac{Q}{4\pi\varepsilon_0 r^2}$$

SI:

E	Q	ε_0	r
$\frac{\mathrm{V}}{\mathrm{m}}$	C	$\frac{\mathrm{C}}{\mathrm{Vm}}$	m

Beachte:

Die Konstante $\frac{1}{4\pi\varepsilon_0}$ hat den Wert $8{,}99 \cdot 10^9$ Vm/C.

Unter Verwendung von (E 31) ergibt sich ein weiterer Ausdruck für die Feldstärke auf der Oberfläche einer Kugel.

Wenn U Spannung einer freistehenden Kugel gegenüber Erde,
r Radius dieser Kugel,

dann gilt $E = \frac{CU}{4\pi\varepsilon_0 r^2}$ oder mit (E 34)

(E 30) $$E = \frac{U}{r}$$

	E	U	r
SI:	$\frac{\mathrm{V}}{\mathrm{m}}$	V	m
ges:	$\frac{\mathrm{V}}{\mathrm{cm}}$	V	cm

Beachte:

Bei einem geladenen Körper mit gekrümmter Oberfläche ist die Feldstärke dem Krümmungsradius umgekehrt proportional. Diese als **Spitzenwirkung** (Spitzenentladung) bekannte Erscheinung führt zu Entladungen an Stellen mit kleinem Krümmungsradius.

26.3. Kapazität

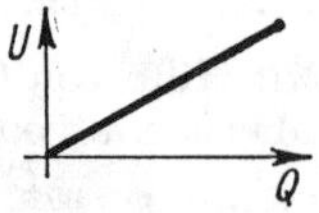

Beim Aufladen eines Körpers ist seine Spannung gegen einen Bezugspunkt (z. B. Erde) proportional der zugeführten Ladungsmenge: $U \sim Q$. Den Proportionalitätsfaktor nennt man Kapazität. Sie stellt die Fähigkeit des Körpers dar, Ladungen zu speichern.

Unter der Kapazität eines Körpers versteht man das Verhältnis der zugeführten Ladungsmenge zur entstandenen Spannung.

SI-Einheit: $\frac{\text{Coulomb}}{\text{Volt}} = \frac{\text{Amperesekunden}}{\text{Volt}} = \text{Farad (F)}$

Wenn C Kapazität eines Körpers,
Q zugeführte Ladungsmenge,
U entstandene Spannung,

dann gilt

(E 31) $$C = \frac{Q}{U}$$

	C	Q	U
SI:	F	C	V

Umrechnung:

$$1\ \mathrm{F} = 10^6\ \mu\mathrm{F} = 10^{12}\ \mathrm{pF}$$

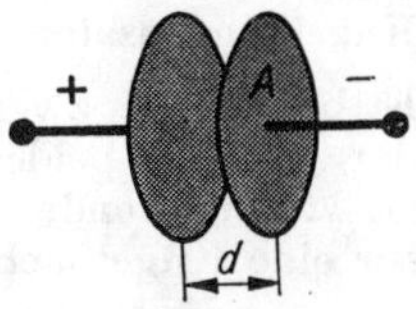

26.3.1. Kondensator

Darunter versteht man zwei ungleichartig geladene Körper, die einen bestimmten Abstand voneinander besitzen. In den meisten Fällen sind es parallel zueinander stehende Platten. Die Kapazität des Kondensators hängt von der Größe der Platten und ihrem Abstand sowie dem Material zwischen den Platten **(Dielektrikum)** ab.

Wenn C Kapazität des Zweiplattenkondensators,
A Fläche der Kondensatorplatte,
d Plattenabstand,
ε_0 elektrische Feldkonstante $= 8{,}85 \cdot 10^{-12}$ F/m,
ε_r Dielektrizitätszahl des Dielektrikums (Stoff zwischen den Platten)
$= \dfrac{\text{Kapazität mit Dielektrikum}}{\text{Kapazität ohne Dielektrikum}}$,

dann gilt entsprechend (E 31), (E 26), (E 25) und (E 27)

$$C = \frac{Q}{U} = \frac{DA}{U} = \frac{DA}{Ed} = \frac{\varepsilon_0 DA}{Dd} = \frac{\varepsilon_0 A}{d}$$

und unter Berücksichtigung des Dielektrikums für einen **Zweiplattenkondensator**

(E 32) $$C = \varepsilon_0 \varepsilon_r \frac{A}{d}$$

	C	ε_0	ε_r	A	d
SI:	F	$\frac{\mathrm{F}}{\mathrm{m}}$	—	m²	m

Beachte:

1. ε_r ist der Faktor, um den sich die Kapazität durch Einbringen eines Dielektrikums zwischen die Platten vergrößert.
2. Zahlenwerte für Dielektrizitätszahlen → Tabelle 32 (Anhang)!
3. Bei technischen Kondensatoren (z. B. Dreh- oder Blockkondensatoren) werden mehr als 2 Platten verwendet. Die sich nach (E 32) ergebende Kapazität ist dann mit z zu multiplizieren (z Gesamtzahl der Zwischenräume zwischen den Platten).

Kugelkondensator

Er besteht aus zwei konzentrisch angeordneten Hohlkugeln. Ist der Abstand beider Kugelflächen sehr klein (dr), dann kann (E 42) angewendet werden. Mit $A = 4\pi r^2$ für eine Kugelfläche ergibt sich

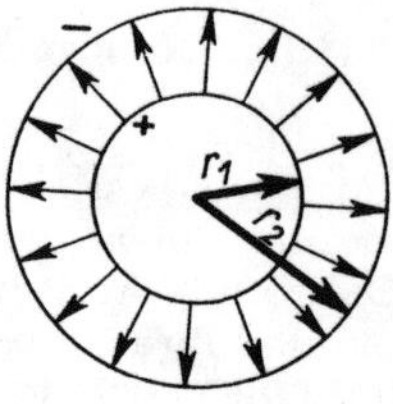

$$C = \frac{4\pi\varepsilon_0\varepsilon_r r^2}{dr}$$

Bei größerem Abstand der Kugelflächen läßt sich die Kapazität ebenfalls bestimmen.

Wenn C Kapazität eines Kugelkondensators,
r_1 Radius der Innenkugel,
r_2 Radius der Außenkugel,
ε_0 elektrische Feldkonstante $= 8{,}85 \cdot 10^{-12}$ F/m,
ε_r Dielektrizitätszahl,

dann gilt $\frac{1}{C} = \frac{1}{4\pi\varepsilon_0\varepsilon_r}\int\limits_{r_1}^{r_2}\frac{dr}{r^2} = \frac{1}{4\pi\varepsilon_0\varepsilon_r}\left(\frac{1}{r_1} - \frac{1}{r_2}\right)$ und

(E 33) $$\boxed{C = 4\pi\varepsilon_0\varepsilon_r \frac{r_1 r_2}{r_2 - r_1}}$$

SI:	C	ε_0	r
	F	$\frac{\text{F}}{\text{m}}$	m

Beachte:

1. Die Konstante $4\pi\varepsilon_0$ hat den Wert $1{,}114 \cdot 10^{-10}$ F/m.
2. Zahlenwerte für ε_r → Tabelle 32 (Anhang)!

Kapazität einer Kugel

Bei ihr ist r_2 sehr groß, also $r_2 \to \infty$. Mit $r_1 = r$ ergibt sich aus (E 33)

(E 34) $$\boxed{C = 4\pi\varepsilon_0\varepsilon_r r}$$

SI:	C	ε_0	r
	F	$\frac{\text{F}}{\text{m}}$	m

Beachte:

1. Die Konstante $4\pi\varepsilon_0$ hat den Wert $1{,}114 \cdot 10^{-10}$ F/m.
2. Die Kapazität einer Kugel ist ihrem Radius proportional: $C \sim r$.
3. Zahlenwerte für ε_r → Tabelle 32 (Anhang)!

26.3.2. Parallelschaltung von Kondensatoren

> Bei der Parallelschaltung ist die Gesamtkapazität gleich der Summe der Einzelkapazitäten.

(E 35) $$C_{ges} = C_1 + C_2 + C_3 + \ldots$$

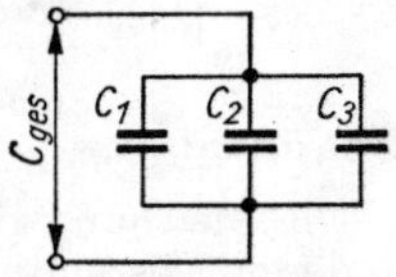

26.3.3. Reihenschaltung von Kondensatoren

> Bei der Reihenschaltung ist der Kehrwert der Gesamtkapazität gleich der Summe der Kehrwerte der Einzelkapazitäten.

(E 36) $$\frac{1}{C_{ges}} = \frac{1}{C_1} + \frac{1}{C_2} + \frac{1}{C_3} + \ldots$$

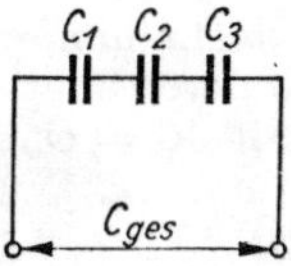

Bei nur zwei in Reihe geschalteten Kondensatoren vereinfacht sich (E 36) zu

(E 37) $$C_{ges} = \frac{C_1 C_2}{C_1 + C_2}$$

Beachte:

Bei der Reihenschaltung ist die Gesamtkapazität stets kleiner als die kleinste Einzelkapazität.

26.4. Kraft und Energie im elektrischen Feld

26.4.1. Kraft

Punktladungen

Wenn F Kraft zwischen zwei Punktladungen (anziehend oder abstoßend),
Q_1 1. Punktladung,
Q_2 2. Punktladung,
r Abstand der beiden Punktladungen voneinander,
ε_0 elektrische Feldkonstante $= 8{,}85 \cdot 10^{-12}$ F/m,
ε_r Dielektrizitätszahl,

dann gilt als

Coulombsches Gesetz

(E 38) $$F = \frac{1}{4\pi\varepsilon_0\varepsilon_r}\frac{Q_1Q_2}{r^2}$$

	F	ε_0	Q	r
SI:	N	$\frac{\text{F}}{\text{m}}$	C	m

Beachte:

1. Die Gleichung gilt in guter Näherung auch für Kugeln, wenn deren Abstand groß ist im Verhältnis zu ihrem Radius. In diesem Fall ist r der Mittelpunktsabstand.
2. Werte für ε_r → Tabelle 32 (Anhang)!
3. Die Konstante $\frac{1}{4\pi\varepsilon_0}$ hat den Wert $8{,}99 \cdot 10^9$ m/F.

Plattenpaar

Die Ladung einer Platte wirkt auf ein Ladungselement dQ der anderen Platte mit der Kraft $\mathrm{d}F = E\,\mathrm{d}Q$ entsprechend (E 24). Mit $\mathrm{d}Q = C\,\mathrm{d}U$ (E 31) und $E = U/d$ (E 25) ergibt sich

$$\mathrm{d}F = \frac{U}{d}C\,\mathrm{d}U \quad \text{oder} \quad \mathrm{d}F = \frac{C}{d}U\,\mathrm{d}U.$$ Die Gesamtkraft

ergibt sich durch Integration zu

$$F = \frac{C}{d}\int_0^U U\,\mathrm{d}U = \frac{C}{d}\frac{U^2}{2}.$$ Wird für C die Kapazität

eines Zweiplattenkondensators eingesetzt, so folgt

(E 39) $$F = \frac{\varepsilon_0\varepsilon_r A U^2}{2d^2}$$

	F	ε_0	A	U	d
SI:	N	$\frac{\text{F}}{\text{m}}$	m^2	V	m

Beachte:

Werte für ε_r → Tabelle 32 (Anhang)!

Da in einem homogenen Feld (Plattenkondensator) $\frac{U}{d} = E$ (E 25), ergibt sich aus (E 39) allgemein

(E 40) $$F = \frac{\varepsilon_0\varepsilon_r}{2}E^2 A$$

	F	ε_0	E	A
SI:	N	$\frac{\text{F}}{\text{m}}$	$\frac{\text{V}}{\text{m}}$	m^2

26.4.2. Energie des Feldes

In jedem elektrischen Feld ist Energie gespeichert. Sie entspricht der Arbeit, die zum Aufbau des Feldes (Trennung der Ladungen) aufzuwenden ist, und wird beim Zusammenbrechen des Feldes wieder in Arbeit umgewandelt.

Wenn W Energie des geladenen Kondensators,
C Kapazität des Kondensators,
U Spannung zwischen den Platten des Kondensators,

dann gilt, weil die Stromarbeit nach (E 22) $W = UIt$ und die Spannung während der Ladung von Null auf U gleichmäßig steigt,

$$W = \frac{UIt}{2} = \frac{UQ}{2} \quad \text{und wegen (E 31)} \quad P = CU$$

(E 41) $$\boxed{W = \frac{CU^2}{2}}$$

SI:	W	C	U
	J	F	V

Beachte:
Diese Gleichung gilt für jedes elektrische Feld.

Plattenkondensator

Wenn W Energie eines geladenen Zweiplattenkondensators,
A Fläche einer Kondensatorplatte,
d Plattenabstand,
E elektrische Feldstärke,
ε_0 elektrische Feldkonstante $= 8{,}85 \cdot 10^{-12}$ F/m,
ε_r Dielektrizitätszahl,

dann gilt, weil nach (E 32) bei einem Zweiplattenkondensator

$$C = \varepsilon_0 \varepsilon_r \frac{A}{d} \quad \text{und nach (E 25)} \quad U = Ed \text{ ist,}$$

(E 42) $$\boxed{W = \frac{\varepsilon_0 \varepsilon_r}{2} E^2 A d}$$

SI:	W	ε_0	E	A	d
	J	$\frac{\text{F}}{\text{m}}$	$\frac{\text{V}}{\text{m}}$	m²	m

Mit $V = Ad$ als dem Volumen des homogenen elektrischen Feldes folgt aus (E 42)

(E 43) $$\boxed{W = \frac{\varepsilon_0 \varepsilon_r}{2} E^2 V}$$

SI:	W	ε_0	E	V
	J	$\frac{\text{F}}{\text{m}}$	$\frac{\text{V}}{\text{m}}$	m³

Beachte:

1. Werte für ε_r → Tabelle 32 (Anhang)!
2. Die Gleichung gilt auch für kleine, als homogen zu betrachtende Bereiche eines größeren nicht homogenen Feldes.

27. Magnetisches Feld

27.1. Dauermagnetismus (permanenter Magnetismus)

27.1.1. Stabmagnet

Jeder Magnet hat zwei Pole: einen **Nord-** und einen **Südpol.** Ein Pol kommt niemals allein vor. Zwischen zwei Polen bestehen Kraftwirkungen.

Gleichnamige Pole stoßen sich ab, ungleichnamige Pole ziehen sich an.

Den Raum, in dem ein Magnet Kraftwirkungen ausübt, nennt man **magnetisches Feld.**

Die magnetischen Feldlinien zeigen in einem Feld die Richtung der wirkenden Kraft an.

In der Richtung der Feldlinien herrscht Zug, quer zu ihnen Druck. Verlaufen die Feldlinien parallel, so ist das Feld homogen. Ein kleiner Probemagnet stellt sich in Richtung der Feldlinien ein.

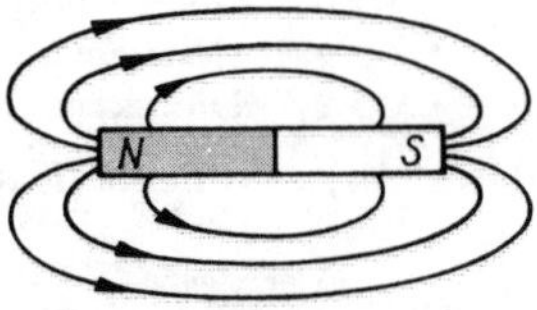

Die Feldlinien eines Magneten sind geschlossene Linien. Außerhalb des Magneten verlaufen sie vom Nord- zum Südpol.

27.1.2. Magnetisches Feld der Erde

Der magnetische Südpol der Erde liegt in der Nähe des geographischen Nordpols (74° nördlicher Breite und 100° westlicher Länge). Der magnetische Nordpol liegt in der Nähe des geographischen Südpols (72° südlicher Breite und 155° östlicher Länge). Eine frei bewegliche Magnetnadel stellt sich unter der Wirkung des magnetischen Erdfeldes in Richtung der Feldlinien ein. Diese Richtung weicht sowohl von der Horizontalen als auch von der Nord-Süd-Richtung ab.

Unter Deklination (Mißweisung) versteht man die Abweichung einer Magnetnadel von der geographischen Nord-Süd-Richtung, unter Inklination ihre Abweichung von der Horizontalen.

Beachte:
Die magnetischen Pole der Erde liegen nicht fest, sie wandern.

27.2. Elektromagnetismus

In der Umgebung eines stromdurchflossenen Leiters herrscht ein Magnetfeld.

Die magnetischen Feldlinien eines Stromleiters sind konzentrische Kreise.

Für die Bestimmung des Richtungssinns der Feldlinien gilt die

Korkenzieherregel:

Schraubt man einen Korkenzieher in Richtung des fließenden Stromes vorwärts, so gibt sein Drehsinn die Richtung der Feldlinien an.

Bei einer Spule überlagern sich die Felder der einzelnen Windungen.

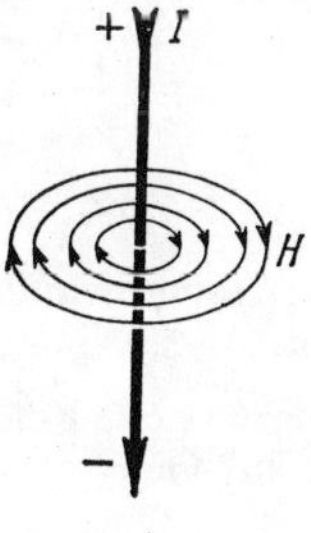

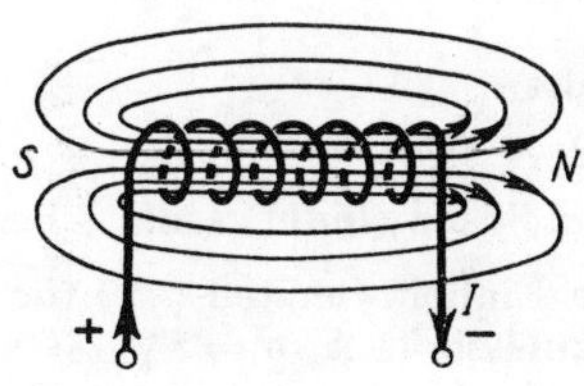

Im Innern einer relativ langen **Zylinderspule** herrscht ein homogenes Feld.

Die an den Enden auftretenden inhomogenen Feldteile sind bei einer **Ringspule** nicht vorhanden.

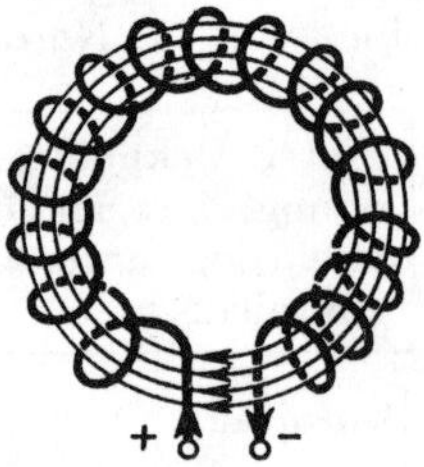

Die im Innern einer Ringspule laufenden Feldlinien sind in sich geschlossen.

27.2.1. Feldstärke

Die magnetische Feldstärke ist eine **vektorielle Größe,** d. h., sie ist durch Betrag und Richtung bestimmt. Da es bei Berechnungen im allgemeinen auf den Betrag ankommt, bleibt in der Schreibweise der folgenden Gleichungen der vektorielle Charakter unberücksichtigt.
Die Größe der magnetischen Feldstärke im Innern einer **stromdurchflossenen Spule** ist abhängig von Stromstärke, Spulenlänge und Windungszahl. Sie wird in $\frac{\text{Ampere}}{\text{Meter}}$ (A/m) gemessen.

Wenn H magnetische Feldstärke innerhalb einer Spule,
I Stärke des die Spule durchfließenden Stromes,
N Windungszahl der Spule (vielfach noch mit w bezeichnet),
l Länge der Spule (bzw. der Feldlinien im homogenen Feld),

dann gilt

(E 44) $$H = \frac{IN}{l}$$

SI:

H	I	N	l
$\frac{\text{A}}{\text{m}}$	A	—	m

Beachte:

1. Das Produkt IN wurde vielfach als **Amperewindungszahl** – jetzt **Stromwindungszahl** – bezeichnet.
2. Die Einheit Oersted (Oe) für die magnetische Feldstärke ist unzulässig (1 A/m = $^{4\pi}/_{1000}$ Oe = 0,01257 Oe).

Gerader Leiter

Aus (E 44) folgt $Hl = IN$. Bei einem geraden Leiter ist die Feldstärke H entlang einer kreisförmigen Feldlinie konstant.

Wenn H magnetische Feldstärke außerhalb eines stromdurchflossenen geraden Leiters im Abstand r,
I Stromstärke im Leiter,
r Radius der kreisförmigen Feldlinie,

dann gilt, weil $N = 1$ und $l = 2\pi r$ ist,

(E 45) $$H = \frac{I}{2\pi r}$$

SI:

I	r
A	m

27.2.2. Magnetische Spannung

Unter der magnetischen Spannung versteht man das Produkt aus magnetischer Feldstärke und Feldlinienlänge. Ihre Einheit ist Ampere (A).

Wenn V magnetische Spannung,
H magnetische Feldstärke,
l Länge der Feldlinie eines homogenen Feldes,

dann gilt

(E 46) $$V = Hl$$

V	H	l
A	$\frac{\text{A}}{\text{m}}$	m

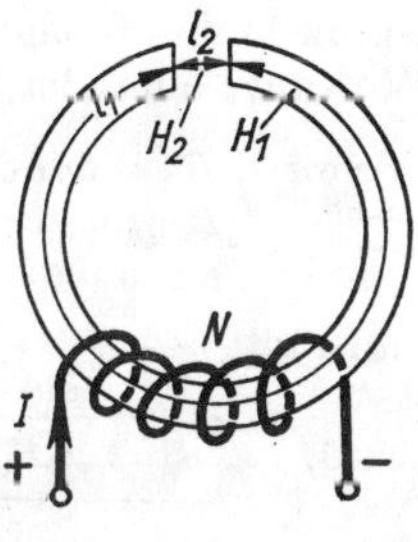

Nach (E 44) ergibt sich $Hl = IN$. Das ist die gesamte magnetische Spannung eines homogenen Ringfeldes. Ist die magnetische Feldstärke H entlang der Feldlinie l nicht konstant, dann gilt

(E 47) $$IN = H_1 l_1 + H_2 l_2 + \ldots \doteq \sum Hl$$

Darin bezeichnet man das Produkt IN als die magnetomotorische Kraft (MMK) oder besser als **magnetische Urspannung.**

Die magnetische Urspannung ist gleich der Summe aller magnetischen Spannungsabfälle entlang einer geschlossenen Feldlinie.

27.2.3. Magnetische Induktion

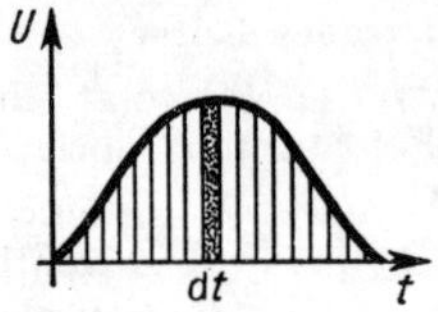

Beim Ein- und Ausschalten des Stromes in einer Zylinderspule wird in einer im Innern angebrachten Drahtschleife ein Spannungsstoß $\int U\,dt$ induziert, den man, auf die Fläche bezogen, als *Induktion* bezeichnet.

Unter der Induktion versteht man das Verhältnis des Spannungsstoßes im Innern einer Drahtschleife zu deren Fläche.

SI-Einheit: $\dfrac{\text{Voltsekunde}}{\text{Quadratmeter}}$ (Vs/m²) = Tesla (T)

Wenn B magnetische Induktion,
$\int U\,dt$ induzierter Spannungsstoß,
A Fläche der Drahtschleife, die von den Feldlinien senkrecht durchsetzt wird,

dann gilt

(E 48) $$B = \frac{\int U\,dt}{A}$$

	B	U	t	A
SI:	$\mathrm{T} = \dfrac{\mathrm{Vs}}{\mathrm{m}^2}$	V	s	m²

Induktion und magnetische Feldstärke müssen (als Ursache und Wirkung) einander proportional sein.

Wenn B magnetische Induktion,
H magnetische Feldstärke,
μ_0 magnetische Feldkonstante $= 1{,}257 \cdot 10^{-6}$ Vs/Am,

dann gilt

(E 49) $$B = \mu_0 H$$

	B	μ_0	H
SI:	$\mathrm{T} = \dfrac{\mathrm{Vs}}{\mathrm{m}^2}$	$\dfrac{\mathrm{Vs}}{\mathrm{Am}}$	$\dfrac{\mathrm{A}}{\mathrm{m}}$

Beachte:

1. (E 49) gilt nur für das Vakuum bzw. mit genügender Genauigkeit für Luft. Befinden sich andere Stoffe im magnetischen Feld, so ist (E 51) zu benutzen.

2. Die Einheit Gauß (G) für die magnetische Induktion ist unzulässig ($1\ \mathrm{Vs/m^2} = 10^4$ G).

27.2.4. Magnetischer Fluß

> Als magnetischen Fluß (Kraftfluß) bezeichnet man das Produkt aus der magnetischen Induktion und dem Querschnitt des Feldes.

SI-Einheit: Voltsekunde (Vs) = Weber (Wb)

Wenn Φ magnetischer Fluß,
B magnetische Induktion,
A Querschnitt des Feldes,

dann gilt

(E 50) $\boxed{\Phi = BA}$

	Φ	B	A
SI:	Wb = Vs	$\mathrm{T} = \frac{\mathrm{Vs}}{\mathrm{m^2}}$	$\mathrm{m^2}$

Beachte:

1. Wegen (E 50) wird die Induktion B häufig als **magnetische Flußdichte** (Kraftflußdichte) bezeichnet.
2. Die Einheit Maxwell (M) für den magnetischen Fluß ist unzulässig (1 Vs = 10^8 M).

27.2.5. Permeabilitätszahl

Befindet sich ein Stoff in einem magnetischen Feld, so ergibt sich bei bestimmter Feldstärke eine andere Induktion, als sie aus (E 49) folgt. Der Faktor, um den die Induktion durch Einbringen des Stoffes verändert wird, heißt **Permeabilitätszahl** μ_r, also

$$\boxed{\text{Permeabilitätszahl } \mu_r = \frac{\text{Induktion mit Stoff im Feld}}{\text{Induktion ohne Stoff im Feld}}}$$

Wenn B magnetische Induktion,
H magnetische Feldstärke,
μ_0 magnetische Feldkonstante = $1{,}257 \cdot 10^{-6}$ Vs/Am,
μ_r Permeabilitätszahl,

dann gilt mit (E 49)

(E 51) $\boxed{B = \mu_0 \mu_r H}$

	B	μ_0	μ_r	H
SI:	$\mathrm{T} = \frac{\mathrm{Vs}}{\mathrm{m^2}}$	$\frac{\mathrm{Vs}}{\mathrm{Am}}$	—	$\frac{\mathrm{A}}{\mathrm{m}}$

Beachte:

1. Stoffe mit $\mu_r \gg 1$ (z. B. Eisen, Kobalt, Nickel) heißen **ferromagnetisch** und stärken das Feld erheblich,
Stoffe mit $\mu_r > 1$ (z. B. Platin, Aluminium, Luft) heißen **paramagnetisch** und stärken das Feld sehr gering,
Stoffe mit $\mu_r < 1$ (z. B. Silber, Kupfer, Wismut) heißen **diamagnetisch** und schwächen das Feld sehr gering.
2. Werte für die Permeabilitätszahl μ_r → Tabelle 33!
Bei ferromagnetischen Stoffen ist sie nicht konstant, sondern feldstärkeabhängig!
3. Oberhalb einer bestimmten stoffabhängigen Temperatur **(Curie-Punkt)** werden ferromagnetische zu diamagnetischen Stoffen.
4. Den Ausdruck $\mu_r - 1$ bezeichnet man als **magnetische Suszeptibilität $\varkappa$.** Sie ist bei ferro- und paramagnetischen Stoffen positiv, bei diamagnetischen Stoffen hingegen negativ.

Magnetisierungskurve

Die Permeabilitätszahl μ_r eines ferromagnetischen Stoffes ist feldstärkeabhängig, weil Feldstärke und Induktion nicht proportional sind. Bei steigender Feldstärke strebt die Induktion einem Maximalwert **(Sättigungswert)** zu. Die bei einem bestimmten Stoff im Feld zur jeweiligen Feldstärke gehörende Induktion zeigt die Magnetisierungskurve.

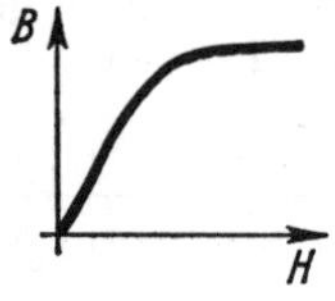

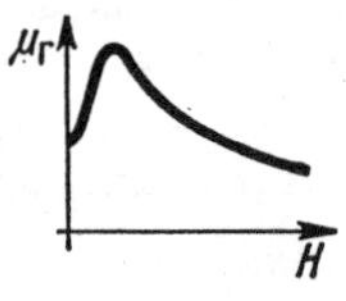

Wegen $\mu_r = \dfrac{B}{\mu_0 H}$ (E 51) muß $\cdot\ \mu_r$ bei wachsender Feldstärke zuerst größer und dann wieder kleiner werden. Bei ferromagnetischen Stoffen kann also nicht mit Tabellenwerten für μ_r gerechnet werden.

Hysteresis

Die Hysteresisschleife ist eine besondere Art der Magnetisierungskurve ferromagnetischer Stoffe. Nach einem Aufmagnetisieren des zunächst unmagnetischen Stoffes bis zum Sättigungswert

für die Induktion **(Neukurve)** ergeben sich jeweils zwei verschiedene Induktionswerte zu jedem Feldstärkewert, je nachdem, ob dieser steigend oder fallend durchlaufen wurde.
Die bei $H = 0$ vorhandene restliche Induktion B_0 wird **Remanenz** genannt. Als **Koerzitivkraft** bezeichnet man die (negative) Feldstärke H_0, bei der $B = 0$ wird.

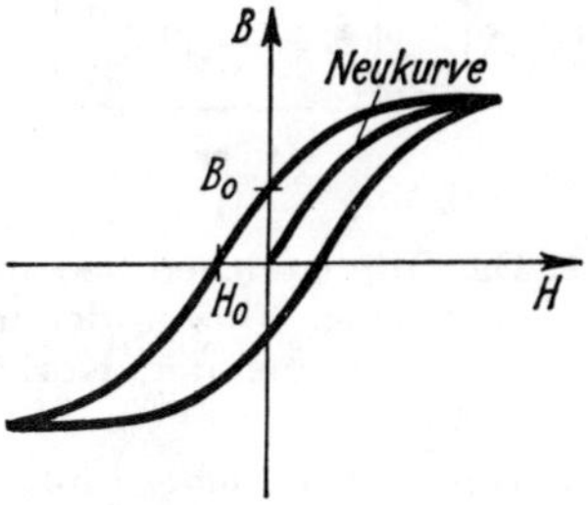

Magnetostriktion

Die magnetische Feldstärke hat bei ferromagnetischen Stoffen einen Einfluß auf die Abmessungen (z. B. Länge eines Stabes). Mit wachsender Feldstärke kann die Länge größer oder kleiner werden. Dieser Effekt wird zur Erzeugung von Ultraschall verwendet; → 15.2.!

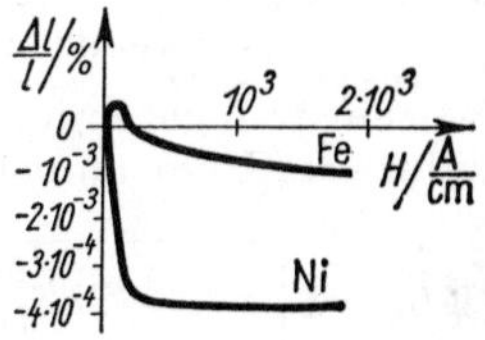

27.3. Induktion

In einer Spule wird eine Spannung induziert, wenn der sie durchsetzende magnetische Fluß eine Änderung erfährt. Dieselbe Erscheinung ist zu beobachten, wenn ein Leiter quer zu den Feldlinien durch ein Magnetfeld bewegt wird. Man nennt diesen Vorgang Induktion.

27.3.1. Induktionsgesetz

Voraussetzung jeder Induktion ist eine Änderung des magnetischen Flusses.

Wenn E in einer Spule induzierte Urspannung,
$\Delta\Phi$ gleichmäßige Flußänderung,
Δt Dauer der gleichmäßigen Änderung,
N Windungszahl der Spule,

dann gilt als **Induktionsgesetz von Faraday:**

(E 52) $$E = -N \frac{\Delta\Phi}{\Delta t}$$

SI:	E	N	Φ	t
	V	—	Vs	s

Beachte:

1. Das Minuszeichen bedeutet, daß bei einer Zunahme des magnetischen Flusses der induzierte Strom entgegengesetzt zu der sich aus der Korkenzieherregel ergebenden Richtung fließt.
2. Die erforderliche Flußänderung kann durch Stromstärkeänderung oder durch Bewegung erzielt werden.
3. (E 52) gilt nur bei gleichmäßiger Änderung des Flusses, sonst (E 52a) verwenden!

Bei einer ungleichmäßigen Änderung des Flusses gilt für die induzierte Urspannung als *augenblicklicher* Wert e

(E 52a) $$e = -N \frac{\mathrm{d}\Phi}{\mathrm{d}t}$$

SI:	e	N	Φ	t
	V	—	Vs	s

27.3.2. Induktion im bewegten Leiter

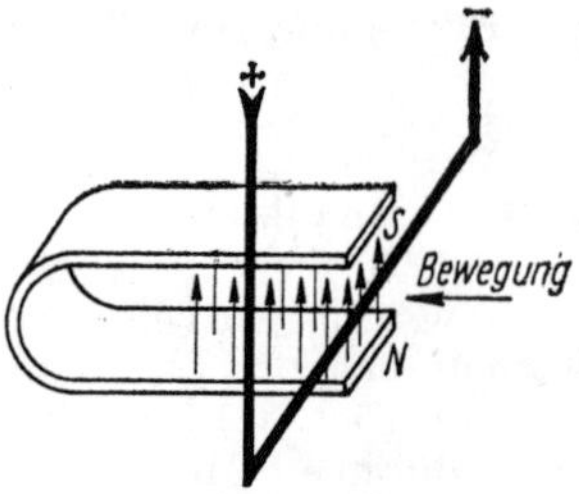

Wird ein Leiter quer durch ein Magnetfeld bewegt, so wird an den Enden des Leiters eine Spannung induziert. Es fließt ein Induktionsstrom, dessen Richtung sich mit der **Rechten-Hand-Regel** bestimmen läßt:

> Hält man die rechte Hand so, daß die magnetischen Feldlinien in die innere Handfläche treten und der abgespreizte Daumen in Bewegungsrichtung zeigt, so geben die gestreckten Finger die Stromrichtung an.

Bewegt sich der Leiter mit konstanter Geschwindigkeit v, so überstreicht er in der Zeit Δt die Fläche $l\Delta s$, so daß der magnetische Fluß um $\Delta\Phi = Bl\Delta s$ geändert wird.

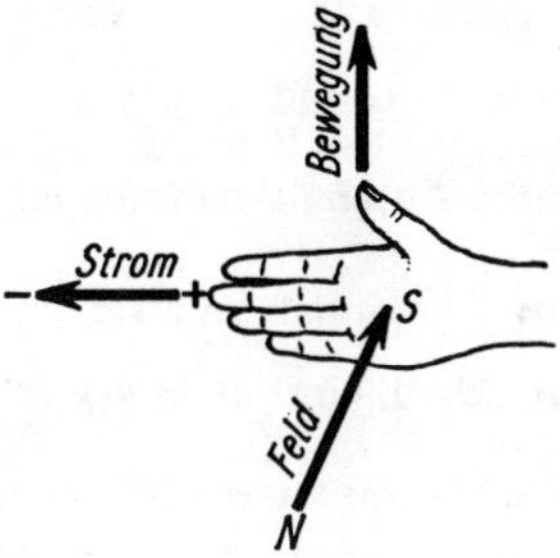

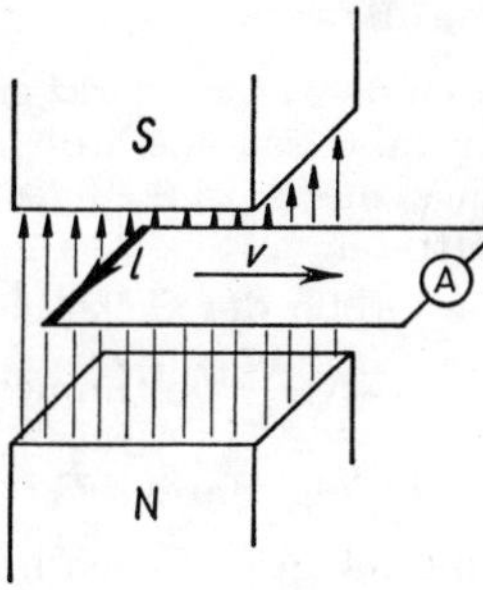

Wenn E im bewegten Leiter induzierte Urspannung,
v konstante Geschwindigkeit des quer zu den Feldlinien bewegten Leiters,
l Länge des Leiters,
B Induktion des Magnetfeldes,

dann gilt entsprechend (E 52) mit $N = 1$

$$E = -\frac{\Delta\Phi}{\Delta t} = -\frac{Bl\Delta s}{\Delta t} \text{ oder weil } \frac{\Delta s}{\Delta t} = v\,,$$

(E 53) $$\boxed{E = -Blv}$$

	E	B	l	v
SI:	V	T	m	$\frac{\text{m}}{\text{s}}$

27.3.3. Selbstinduktion

Änderungen des magnetischen Flusses induzieren nicht nur in anderen Leitern eine Spannung, sondern auch in der das magnetische Feld erzeugenden Spule selbst. Diese Erscheinung nennt man *Selbstinduktion*.

> Unter Selbstinduktion versteht man das Entstehen einer zusätzlichen Induktionsspannung in den eigenen Windungen einer von nicht konstantem Strom durchflossenen Spule.

Bestimmt man die Richtung der induzierten Urspannungen, so ergibt sich:

> Die durch Selbstinduktion entstehenden Urspannungen wirken verzögernd auf die sie erzeugenden Stromstärkeänderungen.

Beachte:

Besonders stark wirkt sich dies beim Schließen und Öffnen von Stromkreisen aus, wobei langsames Ansteigen des Stromes bzw. langsames Absinken des Stromes und hohe Abschaltspannungen auftreten.

Die Größe der Selbstinduktionsspannung läßt sich mit (E 52) $E = -N \dfrac{\Delta\Phi}{\Delta t}$ bestimmen. Mit $\Phi = BA$ (E 50) und $B = \mu_0\mu_r H$ (E 51) folgt daraus $E = -N\mu_0\mu_r A \dfrac{\Delta H}{\Delta t}$. Die induzierte Urspannung hängt demnach nur von den technischen Daten der Spule und der Änderungsgeschwindigkeit der Feldstärke ab. Diese ist jedoch proportional der Änderungsgeschwindigkeit der Stromstärke. Speziell für eine Ringspule bzw. eine lange Zylinderspule gilt (E 44) $\Delta H = \Delta I \dfrac{N}{l}$.

Somit ergibt sich

$$E = -\frac{\mu_0\mu_r A N^2}{l}\,\frac{\Delta I}{\Delta t}.$$ Die hierin auftretenden Konstanten faßt man zusammen und nennt sie die **Induktivität** der Spule.

SI-Einheit: $\dfrac{\text{Vs}}{\text{A}}$ = Henry (H)

Wenn L Induktivität einer Zylinderspule,
N Windungszahl der Spule,
A Querschnittsfläche der Spule,
l Länge der Spule,
μ_0 magnetische Feldkonstante = $1{,}257 \cdot 10^{-6}$ H/m,
μ_r Permeabilitätszahl des Füllstoffes,

dann gilt

Induktivität einer Ring- bzw. langen Zylinderspule

(E 54) $$L = \frac{\mu_0\mu_r A N^2}{l}$$

SI:	L	μ_0	A	N	l
	H	$\frac{\text{H}}{\text{m}}$	m^2	—	m

Beachte:

Die Induktivität L wird manchmal auch als Selbstinduktionskoeffizient bezeichnet.

Nicht nur in Spulen, sondern auch in beliebigen Leitern wird bei Feldstärkeänderungen eine zusätzliche Urspannung induziert.

Bei Kenntnis der Induktivität des Leiters läßt sich die Größe dieser Spannung berechnen.

Wenn E Selbstinduktionsspannung,
L Induktivität des Leiters,
ΔI gleichmäßige Stromstärkeänderung im Leiter,
Δt Dauer dieser Änderung,

dann gilt für beliebige Leiter

(E 55) $$E = -L \frac{\Delta I}{\Delta t}$$

SI:	E	L	I	t
	V	H	A	s

Beachte:

(E 55) gilt nur bei gleichmäßiger Änderung der Stromstärke, also konstanter Änderungsgeschwindigkeit. Sonst ist (E 55a) zu verwenden.

Bei ungleichmäßiger Änderung der Stromstärke gilt für die Selbstinduktionsspannung als augenblicklicher Wert e

(E 55a) $$e = -L \frac{\mathrm{d}I}{\mathrm{d}t}$$

SI:	e	L	I	t
	V	H	A	s

27.4. Kraft und Energie im magnetischen Feld

27.4.1. Kraftwirkungen

Überlagern sich mehrere Magnetfelder (Permanentmagnet und Stromleiter bzw. zwei Stromleiter) zu einem resultierenden Feld, so ergeben sich aus dem Verlauf der Feldlinien Kraftwirkungen.

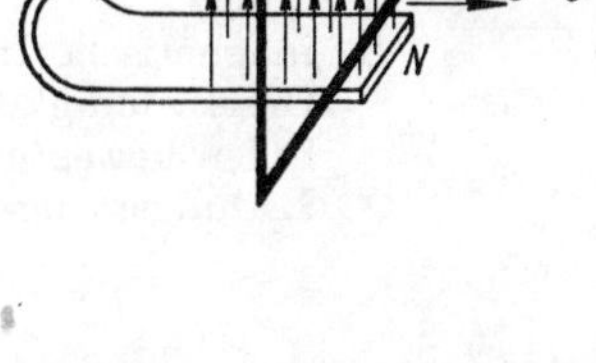

Stromleiter im Magnetfeld

Für die Kraftwirkung auf einen stromdurchflossenen Leiter im Magnetfeld und die sich daraus ergebende Bewegung gilt die

Linke-Hand-Regel:

Hält man die linke Hand so, daß die magnetischen Feldlinien in die innere Handfläche treten und die gestreckten Finger in Stromrichtung zeigen, so gibt der abgespreizte Daumen die Richtung der Bewegung an.

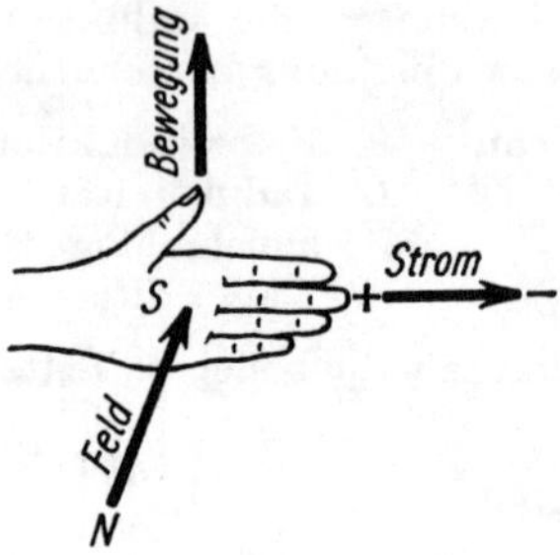

Die Größe der die Bewegung verursachenden Kraft ergibt sich durch Gleichsetzen der mechanischen Arbeit bei der Bewegung und der aufzuwendenden elektrischen Arbeit (induzierte Urspannung mal Ladung)

Wenn F Kraftwirkung auf einen stromdurchflossenen Leiter im Magnetfeld,
B magnetische Induktion des Feldes,
l Länge des Leiters,
I Stromstärke im Leiter,

dann gilt

$W = Fs = UIt$ oder mit (E 53)

$Fs = BlvIt$ und somit, weil $t/s = 1/v$,

(E 56) $$\boxed{F = BlI}$$

	F	B	l	I
SI:	N	T	m	A

Beachte:
Hierauf beruht die Wirkung vieler elektrischer Meßgeräte, des Lautsprechers und des Elektromotors.

Elektrische Ladung im Magnetfeld

Eine im Magnetfeld bewegte Ladung stellt ebenfalls einen Strom dar und unterliegt demnach einer Kraftwirkung entsprechend (E 56).

Wenn F Kraftwirkung auf eine im Magnetfeld bewegte Ladung,
B magnetische Induktion des Feldes,
v Geschwindigkeit der rechtwinklig zu den Feldlinien bewegten Ladung,
Q Ladungsmenge, Größe der bewegten Ladung,

dann gilt, weil nach (E 1) $I = \frac{Q}{t}$, entsprechend (E 56) $F = Bl\,\frac{Q}{t}$, worin l die Länge des Weges, den die Ladung Q in der Zeit t zurücklegt, also ihre Geschwindigkeit v ist. Daraus folgt

(E 57) $\boxed{F = BvQ}$

SI:

F	B	v	Q
N	$\frac{\text{Vs}}{\text{m}^2}$	$\frac{\text{m}}{\text{s}}$	As

Beachte:

Im besonderen Fall kann die bewegte Ladung ein Elektron sein. Für Q ist dann die elektrische Elementarladung $e = 1{,}602 \cdot 10^{-19}$ As einzusetzen.

Lorentzkraft

So bezeichnet man die auf ein im Magnetfeld bewegtes Elektron wirkende Kraft. Sie wirkt rechtwinklig zur Bahn des Elektrons und zwingt dieses daher auf eine Kreisbahn. Bei Anwendung der Linken-Hand-Regel muß beachtet werden, daß sich das Elektron entgegengesetzt zur technischen Stromrichtung bewegt.

Der Radius der Kreisbahn ergibt sich aus der Überlegung: LORENTZ-Kraft = Fliehkraft.

Wenn
- r Radius der Kreisbahn des Elektrons,
- m_e Elektronenmasse $= 9{,}11 \cdot 10^{-31}$ kg,
- e elektrische Elementarladung $= 1{,}602 \cdot 10^{-19}$ As,
- v Geschwindigkeit des Elektrons,
- B magnetische Induktion des Feldes,

dann gilt $BvQ = \frac{m_e v^2}{r}$ und somit

(E 58) $\boxed{r = \frac{m_e v}{eB}}$

SI:

r	m_e	v	e	B
m	kg	$\frac{\text{m}}{\text{s}}$	C	T

Beachte:

Bei hohen Geschwindigkeiten (etwa ab $2 \cdot 10^7$ m/s) muß der relativistische Massenzuwachs berücksichtigt werden (→30.5.2.)!

Zwei parallele Stromleiter

Auch zwischen parallelen Stromleitern bestehen Kraftwirkungen, weil sich ein Leiter jeweils im Magnetfeld des anderen befindet.

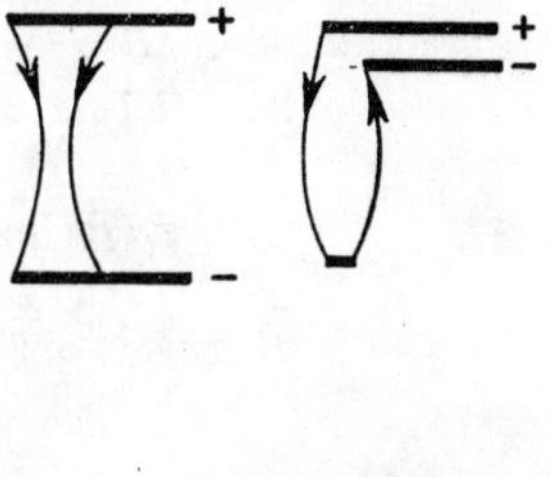

> Bei gleicher Stromrichtung ziehen parallele Leiter einander an, bei ungleicher dagegen stoßen sie einander ab.

Wenn F Kraft zwischen zwei parallelen Stromleitern,
μ_0 magnetische Feldkonstante $= 1{,}257 \cdot 10^{-6}$ H/m,
μ_r Permeabilitätszahl,
I_1 Stromstärke im 1. Leiter,
I_2 Stromstärke im 2. Leiter,
l Länge der Leiter,
r Abstand beider paralleler Leiter,

dann gilt für den 2. Leiter im Feld des 1. nach (E 56)
$F = B_1 I_2 l$ und weil $B_1 = \mu_0 \mu_r H_1$ (E 51) und H_1 im Abstand r von einem Stromleiter $H_1 = \dfrac{I_1}{2\pi r}$ (E 45),

(E 59) $$F = \frac{\mu_0 \mu_r I_1 I_2 l}{2\pi r}$$

	F	μ_0	μ_r	I	l	r
SI:	N	$\frac{\text{H}}{\text{m}}$	—	A	m	m

Beachte:
Hierauf beruht die gesetzliche Definition der Stromstärkeeinheit Ampere (→ 25.1.1.)!

27.4.2. Energie des Feldes

In jedem magnetischen Feld ist Energie gespeichert. Sie entspricht der Arbeit, die zum Aufbau des Feldes aufzuwenden ist, und wird beim Zusammenbrechen des Feldes wieder frei.

Wenn W Energie des Magnetfeldes eines stromdurchflossenen Leiters,
L Induktivität des Leiters,
I Stromstärke im Leiter,

dann gilt für die Stromarbeit im Zeitabschnitt dt (U und I sind nicht konstant)

$\mathrm{d}W = UI\,\mathrm{d}t$, worin $U = L\dfrac{\mathrm{d}I}{\mathrm{d}t}$ die durch Selbstinduktion entstandene Gegenspannung ist. Also

$\mathrm{d}W = LI\,\mathrm{d}I$ und die gesamte Energie

$$W = \int_0^I LI\,\mathrm{d}I \text{ bzw.}$$

(E 60) $W = \frac{1}{2} L I^2$

SI: W	L	I
Ws = J	H	A

Beachte:

Diese Gleichung gilt für jedes magnetische Feld.

Feldenergie einer Spule

Wenn W Energie des homogenen Feldes einer Ring- bzw. langen Zylinderspule,
μ_0 magnetische Feldkonstante $= 1{,}257 \cdot 10^{-6}$ H/m,
μ_r Permeabilitätszahl,
H magnetische Feldstärke,
A Querschnittsfläche des Feldes im Innern der Spule
l Länge der Spule,

dann gilt mit (E 54) $L = \mu_0 \mu_r \frac{A N^2}{l}$ und (E 44) $H = \frac{IN}{l}$ entsprechend (E 60)

$$W = \frac{\mu_0 \mu_r A N^2 I^2}{2l} \text{ bzw.}$$

(E 61) $W = \frac{\mu_0 \mu_r}{2} H^2 A l$

W	μ_0	μ_r	H	A	l
Ws = J	$\frac{\text{H}}{\text{m}}$	—	$\frac{\text{A}}{\text{m}}$	m²	m

Mit $Al = V$ als dem Volumen des homogenen magnetischen Feldes folgt aus (E 61)

(E 62) $W = \frac{\mu_0 \mu_r}{2} H^2 V$

W	μ_0	μ_r	H	V
Ws = J	$\frac{\text{H}}{\text{m}}$	—	$\frac{\text{A}}{\text{m}}$	m³

Beachte:

Die Gleichung gilt auch für kleine, als homogen zu betrachtende Bereiche eines größeren nicht homogenen Feldes.

27.5. Elektrische und magnetische Feldgrößen

Eine vergleichende Zusammenstellung der Größen und Gleichungen des elektrischen und des magnetischen Feldes zeigt die folgende Übersicht:

Übersicht:

Elektrisches Feld		
Größe	Gleichung	Einheit
Stromstärke	$I = \frac{\mathrm{d}Q}{\mathrm{d}t}$	A
Ladungsmenge	$Q = It$	$\mathrm{As} = \mathrm{C}$
Spannung	$U = Ed$	V
Feldstärke	$E = \frac{U}{d}$	$\frac{\mathrm{V}}{\mathrm{m}}$
Verschiebungsdichte	$D = \frac{Q}{A}$	$\frac{\mathrm{As}}{\mathrm{m}^2} = \frac{\mathrm{C}}{\mathrm{m}^2}$
Kapazität	$C = \frac{Q}{U}$	$\frac{\mathrm{As}}{\mathrm{V}} = \mathrm{F}$
Kapazität des Plattenkondensators	$C = \frac{\varepsilon_0 \varepsilon_r A}{d}$	F
elektrische Feldkonstante	$\varepsilon_0 = \frac{1}{\mu_0 c_0^2}$	$\frac{\mathrm{As}}{\mathrm{Vm}} = \frac{\mathrm{F}}{\mathrm{m}}$
Feldenergie	$W = \frac{1}{2} C U^2$	$\mathrm{Ws} = \mathrm{J}$
Energie des Plattenkondensators	$W = \frac{\varepsilon_0 \varepsilon_r}{2} E^2 V$	$\mathrm{Ws} = \mathrm{J}$

28. Elektrische Maschinen

Zu den elektrischen Maschinen zählt man Generatoren (Dynamomaschinen) für die Umwandlung mechanischer Energie in elektrische und Motoren für die Umwandlung elektrischer Energie in mechanische. Die Wirkung der Generatoren beruht auf dem Induktionsgesetz, die der Motoren auf der Kraftwirkung zwischen magnetischen Feldern.

Magnetisches Feld		
Größe	Gleichung	Einheit
ind. Spannung	$E = -N\frac{d\Phi}{dt}$	V
magn. Fluß	$\Phi = BA$	Vs = Wb
Spannung	$V = Hl$	A
Feldstärke	$H = \frac{IN}{l}$	$\frac{A}{m}$
Induktion	$B = \frac{\Phi}{A}$	$\frac{Vs}{m^2} = T$
Induktivität	$L = \frac{\Phi N}{I}$	$\frac{Vs}{A} = H$
Induktivität der Ringspule	$L = \frac{\mu_0 \mu_r A N^2}{l}$	H
magnetische Feldkonstante	$\mu_0 = \frac{1}{\varepsilon_0 c_0^2}$	$\frac{Vs}{Am} = \frac{H}{m}$
Feldenergie	$W = \frac{1}{2} L I^2$	Ws = J
Energie der Ringspule	$W = \frac{\mu_0 \mu_r}{2} H^2 V$	Ws = J

28.1. Generatoren

28.1.1. Wechselstromgenerator

Wird zur Spannungserzeugung eine im Magnetfeld rotierende Leiterschleife benutzt, so ist die Induktionsspannung nicht konstant, sondern hängt von der jeweiligen Stellung der Schleife im Magnetfeld ab. Sie ist proportional der Änderungsgeschwindigkeit des magnetischen Flusses, wie sich aus (E 52a) ergibt.

Wegen (E 50) $\Phi = BA$ ist der magnetische Fluß proportional dem Querschnitt A des die Leiterschleife durchsetzenden Feldes, also $\Phi = BA \cos \varphi$. Daraus läßt sich die Größe der jeweiligen Induktionsspannung berechnen.

Wenn u augenblickliche Induktionsspannung,
U_{max} größte Spannung während einer Umdrehung der Schleife,
φ jeweiliger Drehwinkel, bezogen auf eine Anfangsstellung rechtwinklig zu den magnetischen Feldlinien,

dann gilt $u = -\frac{d\Phi}{dt} = -\frac{d(BA \cos \varphi)}{dt}$

$$= \frac{d(BA \cos \omega t)}{dt} = BA\omega \sin \omega t$$

Setzt man $BA\omega = U_{max}$, dann ergibt sich $u = U_{max} \sin \omega t$ bzw.

(E 63) $$\boxed{u = U_{max} \sin \varphi}$$

Beachte:

In dem Ausdruck $\varphi = \omega t$ wird ω als **Kreisfrequenz** bezeichnet; $\omega = 2\pi f$.

Als Folge der Induktionsspannung entsteht in der rotierenden Schleife ein Strom von ebenfalls periodisch schwankender Stärke.

Wenn i augenblickliche Stromstärke,
I_{max} größte Stromstärke während einer Umdrehung der Schleife,
φ jeweiliger Drehwinkel,

dann gilt entsprechend (E 63)

(E 64) $$\boxed{i = I_{max} \sin \varphi}$$

Beachte:

Enthält der Stromkreis zusätzliche Wechselstromwiderstände, dann ist bei φ die auftretende Phasenverschiebung zu berücksichtigen!

Zeichnet man Spannung (oder Stromstärke) in Abhängigkeit vom Drehwinkel (oder von der Zeit, weil $\varphi = \omega t$), so erhält man eine Sinuskurve. Man spricht von Wechselstrom, weil sich die Richtung während eines Umlaufs der Schleife zweimal ändert.

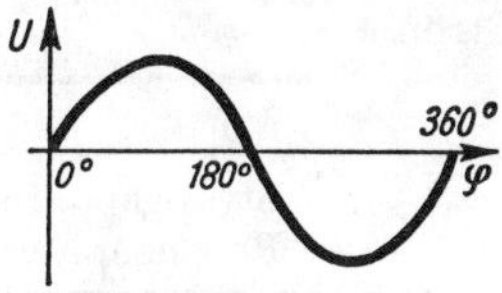

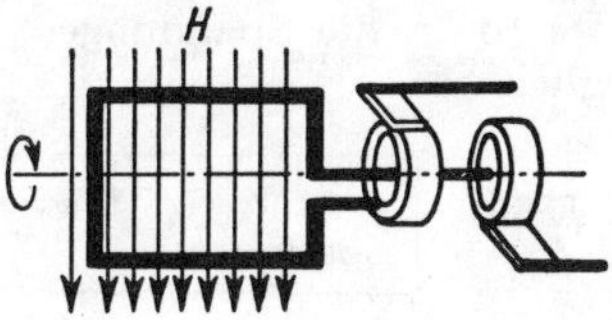

Jeder Wechselstromgenerator besteht aus einem Magneten zur Erzeugung des erforderlichen magnetischen Feldes (meist Elektromagnet), einer rotierenden Leiterschleife und Schleifringen zur Abnahme des Stromes. Um höhere Spannungen als bei einer Leiterschleife zu bekommen, verwendet man Spulen mit vielen Windungen und Eisenkern. Der rotierende Teil heißt **Rotor** bzw. **Läufer,** der ruhende Teil **Stator.** Bei Generatoren mit größeren Leistungen bildet die Induktionsspule den Stator, während der Feldmagnet den Läufer bildet **(Innenpolmaschine).** Dadurch braucht über die Schleifringe nur die geringe Leistung des Feldmagneten übertragen zu werden.

28.1.2. Drehstromgenerator

Er ist ein Wechselstromgenerator mit drei gleichen, um je 120° versetzten Induktionsspulen und liefert drei um 120° phasenverschobene Wechselspannungen. Man spricht von Drehstrom bzw. **Dreiphasenstrom.**

Die algebraische Summe der drei Spannungen bzw. Ströme ist in jedem Augenblick Null.

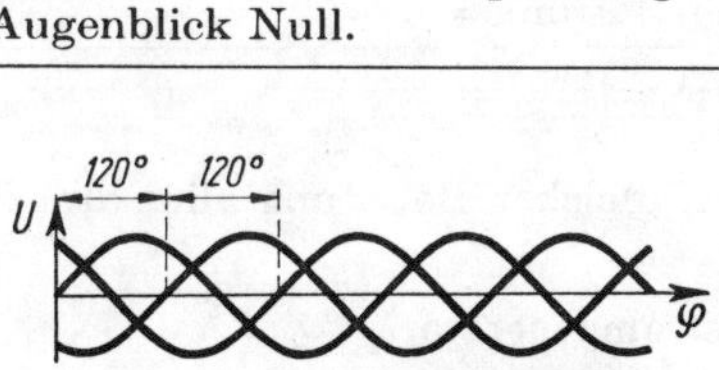

Um weniger als $3 \cdot 2 = 6$ Leitungen fortführen zu können, sind die drei Induktionsspulen (jeweils als **Phase** oder **Strang** bezeichnet) in besonderer Weise verkettet.

Dreieckschaltung

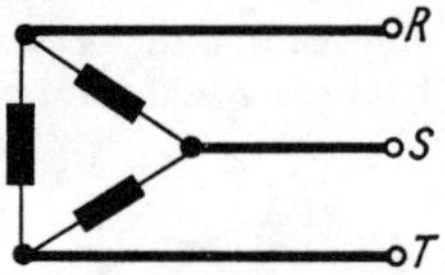

Die drei Stränge sind hintereinander zu einem geschlossenen Stromkreis geschaltet. Für die Spannungen bzw. Ströme gilt:

(E 65) Leiterspannung $U_{RS} = U_{RT} = U_{ST}$ = Strangspannung = Phasenspannung

und

(E 66) Leiterstrom $I_R = I_S = I_T = \sqrt{3}$ Strangstrom $= \sqrt{3}$ Phasenstrom

Sternschaltung

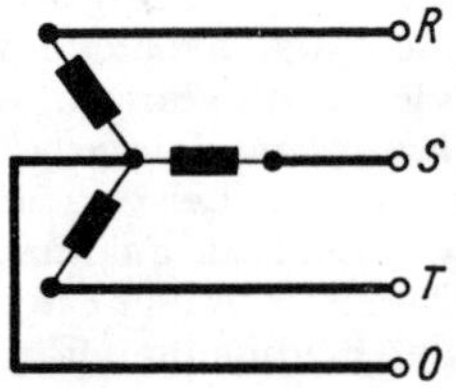

Die Anfänge der drei Stränge sind in einem Punkt, dem Sternpunkt *Mp*, zusammengeschaltet. Dieser wird geerdet und als vierter, sogenannter Nullleiter fortgeführt. Für die Spannungen bzw. Ströme gilt:

(E 67) Leiterspannung $U_{RS} = U_{RT} = U_{ST} = \sqrt{3}$ Strangspannung $= \sqrt{3}$ Phasenspannung

$U_{RO} = U_{SO} = U_{TO}$ = Strangspannung = Phasenspannung

und

(E 68) Leiterstrom $I_R = I_S = I_T$ = Strangstrom = Phasenstrom

Nulleiterstrom = 0

Beachte:

(E 68) ist nur bei gleicher Belastung aller drei Stränge erfüllt.

28.1.3. Gleichstromgenerator

Er entspricht im Prinzip einem Wechselstromgenerator, hat jedoch anstelle der beiden Schleifringe zur Abnahme des Stromes zwei gegeneinander isolierte Halbringe **(Kommutator).** Diese haben die Aufgabe, die Anschlüsse in dem Augenblick umzupolen, in dem die Spannung ihre Richtung ändert. Es entsteht **pulsierender Gleichstrom,** der zwar seine Richtung nicht mehr ändert, dessen Stärke aber dennoch sinusförmig zu- und abnimmt.

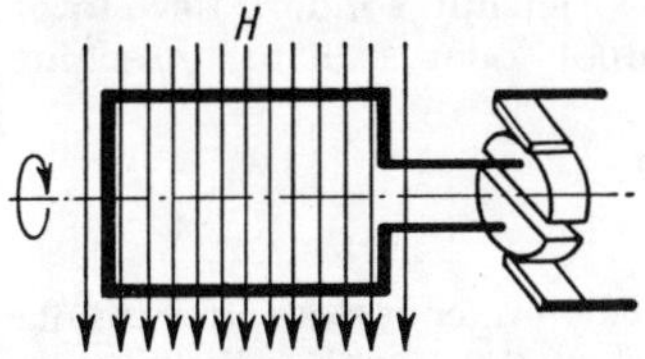

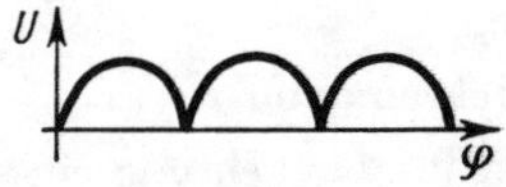

Größere Spannungen als eine Leiterschleife liefert eine eisengefüllte Spule mit vielen Windungen **(Doppel-T-Anker).** Das Pulsieren des Stromes läßt sich weitgehend mindern durch Verwendung eines **Trommelankers.** Dieser besteht im Prinzip aus vielen zueinander versetzten Wicklungen, die jeweils mit entsprechenden Segmenten des **Kollektors** verbunden sind.

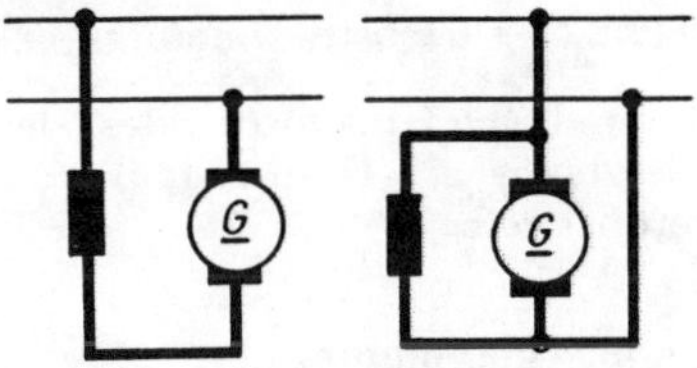

Für die Erregung des Feldmagneten benutzt man den im Anker induzierten Strom **(Siemenssches Prinzip).** Bei der **Hauptschlußmaschine** (auch Reihenschlußmaschine genannt) liegen Feld- und Ankerwicklung in Reihe, d. h., der gesamte Strom fließt durch den Magneten. Bei der **Nebenschlußmaschine** dagegen liegen beide Wicklungen parallel, und durch den Magneten fließt nur ein Teilstrom.

28.2. Motoren

Sie haben den gleichen prinzipiellen Aufbau wie Generatoren. Eine an die Ankerwicklung gelegte Spannung erzeugt ein Magnetfeld, das sich mit dem des Feldmagneten überlagert. So entsteht eine Kraftwirkung, die den Rotor in Umdrehung versetzt.

28.2.1. Wechselstrommotoren

Synchronmotor

Er entspricht dem Wechselstromgenerator. Bei diesem wird die Frequenz der erzeugten Wechselspannung von der Drehzahl des

Läufers bestimmt. Umgekehrt bestimmt beim Synchronmotor die Frequenz der Wechselspannung die Drehzahl des Läufers. Der Motor läuft nicht von allein an, sondern muß erst auf die erforderliche Drehzahl gebracht, d. h. angeworfen werden. Bei größerer Belastung sinkt nicht die Drehzahl, sondern der Motor bleibt stehen. Er kann als Außenpol- oder Innenpolmaschine gebaut sein.

Asynchronmotor

Er ist die Umkehrung eines Gleichstromgenerators und müßte deshalb als Gleichstrommotor (→ 28.2.2.!) mit Gleichstrom betrieben werden. Er kann aber auch als Wechselstrommotor laufen, weil die Änderung der Stromrichtung in Feldmagnet und Anker gleichzeitig erfolgt und deshalb ohne Wirkung bleibt. Die Drehzahl ist also frequenzunabhängig. Der Motor läuft asynchron und wird häufig als **Universalmotor** bezeichnet.

28.2.2. Gleichstrommotoren

Sie sind eine Umkehrung des Gleichstromgenerators und können wie dieser als Hauptschluß- oder Nebenschlußmaschine ausgeführt sein.

Hauptschlußmotor

Die Wicklungen von Feldmagnet und Anker liegen in Reihe. Beim Einschalten fließt ein großer Strom durch den Anker und damit auch durch den Magneten und gibt dem Motor ein großes Drehmoment. Seine Drehzahl ist stark belastungsabhängig. Bei zu geringer Belastung kann die Drehzahl sehr ansteigen und der Motor «durchgehen».

Nebenschlußmotor

Die Wicklungen von Feldmagnet und Anker liegen parallel. Beim Einschalten muß der Ankerwicklung ein strombegrenzender Anlaßwiderstand vorgeschaltet sein, der erst mit steigender Drehzahl und damit steigender induzierter Gegenspannung überflüssig wird. Da der Ankerstrom nicht durch den Magneten fließt, ist die Erregung konstant und die Drehzahl des Motors nur gering belastungsabhängig.

28.2.3. Drehstrommotoren

Sie haben den gleichen Aufbau wie ein Innenpol-Drehstromgenerator. Legt man an die drei Induktionsspulen Drehstrom, so entsteht im Innern ein **Drehfeld,** weil der Strom in den einzelnen Spulen nacheinander sein Maximum erreicht. Deshalb benötigt der Läufer keine Wicklung, sondern ist ein sogenannter **Kurzschlußläufer.** Er ist meistens als **Käfiganker** ausgeführt (Zylinder aus Kupferstäben). Die Drehung des Feldes induziert im Kurzschlußanker einen Strom, dessen Magnetfeld den Anker in Umdrehung versetzt. Die Drehzahl des Läufers muß stets kleiner sein als die Drehzahl des Feldes. Diese Erscheinung bezeichnet man als **Schlupf.**

Wenn n_L Drehzahl des Läufers,
n_F Drehzahl des Feldes,

dann gilt

(E 69) $$\text{Schlupf} = \frac{n_F - n_L}{n_L}$$

Beachte:

Vielfach wird der Schlupf in Prozent ausgedrückt.

Um den hohen Einschaltstrom herabzusetzen, werden häufig die dreieckförmig geschalteten Wicklungen bis zum Erreichen einer gewissen Drehzahl sternförmig mit Hilfe eines Stern-Dreieck-Schalters umgeschaltet.

29. Wechselstrom

29.1. Effektivwerte

Zur Berechnung von Arbeit und Leistung mit (E 22) und (E 23) können bei Wechselstrom nicht die Maximalwerte U_{max} bzw. I_{max} verwendet werden. Deshalb vergleicht man den Wechselstrom mit einem Gleichstrom gleicher Leistung und bestimmt so die effektiven (wirksamen) Werte für Spannung und Stromstärke. Da bei konstantem Widerstand $P \sim I^2$ bzw. $P \sim U^2$, ergibt sich der effektive Wert aus den Quadraten der Augenblickswerte. Durch Quadrieren der Werte der sinusförmigen

i-Kurve ergibt sich die wieder sinusförmige i^2-Kurve, deren zeitlicher Mittelwert I_{eff}^2 ist, also

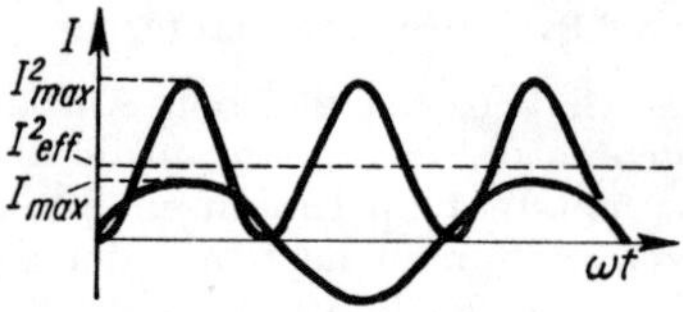

$$I_{eff}^2 = \frac{1}{2} I_{max}^2$$

Wenn I_{eff} effektive Stromstärke,
I_{max} größte Stromstärke während einer Periode,
U_{eff} effektive Spannung,
U_{max} größte Spannung während einer Periode,

dann gilt

(E 70) $$I_{eff} = \frac{I_{max}}{\sqrt{2}} = 0{,}707\, I_{max}$$

und nach Multiplikation mit R

(E 71) $$U_{eff} = \frac{U_{max}}{\sqrt{2}} = 0{,}707\, U_{max}$$

Die Effektivwerte von Stromstärke und Spannung verhalten sich zu den Maximalwerten (Scheitelwerten) wie $1 : \sqrt{2}$.

29.2. Widerstände beim Wechselstrom

Der Widerstand eines Leiters, wie er mit (E 6) berechnet wird, ist für Gleich- und Wechselstrom der gleiche. Man bezeichnet ihn als **ohmschen Widerstand** oder auch als **Wirkwiderstand.** Er wird hervorgerufen durch das Leitergefüge. Zusätzlich zum Wirkwiderstand existieren im Wechselstromkreis sogenannte **Blindwiderstände.** Die geometrische Summe von Blind- und Wirkwiderstand heißt **Scheinwiderstand.**

29.2.1. Induktiver Widerstand

Die Induktivität, die jeder Leiter besitzt, erzeugt einen Selbstinduktionsstrom, der dem eigentlichen Strom entgegengerichtet ist und wie ein zusätzlicher Widerstand wirkt.

Jede Induktivität erzeugt in einem Wechselstromkreis einen zusätzlichen induktiven Blindwiderstand.

Wenn X_L induktiver Widerstand,
ω Kreisfrequenz $= 2\pi f$,
L Induktivität des Leiters.

dann gilt

(E 72) $$X_L = \omega L = 2\pi f L$$

	X	ω	L
SI:	Ω	$\frac{1}{s}$	$H = \frac{Vs}{A}$

Beachte:

Der induktive Widerstand ist frequenzabhängig; für Gleichstrom ($f = 0$) ist $X_L = 0$!

In einem Stromkreis mit **nur** induktivem Widerstand ergibt sich für den Strom

(E 73) $$I = \frac{U}{\omega L}$$

	I	U	ω	L
SI:	A	V	$\frac{1}{s}$	$H = \frac{Vs}{A}$

Ferner bewirkt der induktive Widerstand, daß der Strom erst nach der Spannung sein Maximum erreicht.

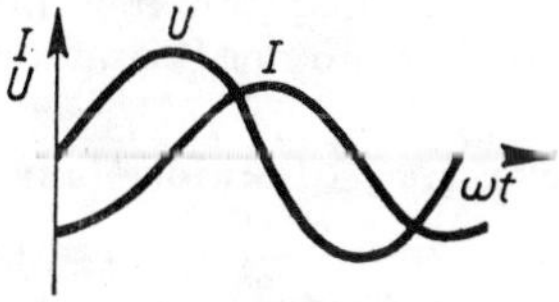

In einem Stromkreis mit nur induktivem Widerstand eilt die Spannung dem Strom um 90° voraus.

29.2.2. Kapazitiver Widerstand

Ein Kondensator stellt in einem Wechselstromkreis einen zusätzlichen Widerstand dar, weil die durch seine Aufladung entstandene Spannung den Strom schwächt.

Jede Kapazität erzeugt in einem Wechselstromkreis einen zusätzlichen kapazitiven Blindwiderstand.

Wenn X_C kapazitiver Widerstand,
ω Kreisfrequenz $= 2\pi f$,
C Kapazität des Stromkreises,

dann gilt

(E 74) $$X_C = \frac{1}{\omega C} = \frac{1}{2\pi f C}$$

	X	ω	C
SI:	Ω	$\frac{1}{s}$	$F = \frac{As}{V}$

Beachte:

Der kapazitive Widerstand ist frequenzabhängig; für Gleichstrom ($f = 0$) ist $X_C = \infty$!

In einem Stromkreis mit **nur** kapazitivem Widerstand ergibt sich für die Stromstärke

(E 75) $$I = U\omega C$$

	I	U	ω	C
SI:	A	V	$\frac{1}{s}$	$F = \frac{As}{V}$

Ferner bewirkt der kapazitive Widerstand, daß die Spannung erst nach dem Strom ihr Maximum erreicht.

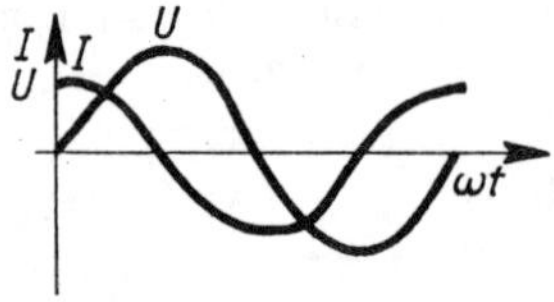

In einem Stromkreis mit nur kapazitivem Widerstand eilt der Strom der Spannung um 90° voraus.

29.2.3. Blindwiderstand

Kapazitiver und induktiver Widerstand eines Wechselstromkreises ergeben zusammen den Blindwiderstand des Kreises.

Wenn U Klemmenspannung = Summe der Spannungsabfälle an den einzelnen Widerständen,
I Gesamtstromstärke = Summe der Teilstromstärken durch die einzelnen Widerstände,
X_L induktiver Widerstand,
X_C kapazitiver Widerstand,
X gesamter Blindwiderstand,

dann gilt für

***L* und *C* in Reihe**

(E 76) $$X = X_L - X_C = \omega L - \frac{1}{\omega C}$$

und

(E 77) $U = U_L - U_C = IX$

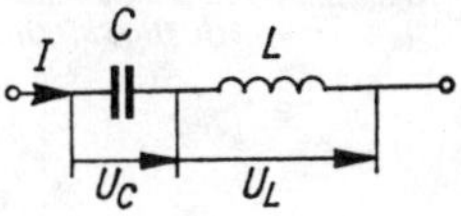

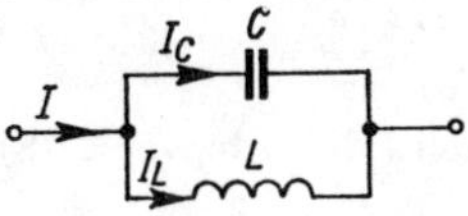

***L* und *C* parallel**

(E 78)
$$\frac{1}{X} = \frac{1}{X_L} - \frac{1}{X_C} = \frac{1}{\omega L} - \omega C$$
$$X = \frac{\omega L}{1 - \omega^2 LC}$$

und

(E 79) $$I = I_L - I_C = U\left(\frac{1}{\omega L} - \omega C\right) = \frac{U}{X}$$

29.2.4. Scheinwiderstand (Impedanz)

Jeder Stromkreis besitzt auch ohmschen (Wirk-)Widerstand, der bei der Bestimmung des Gesamtwiderstandes (Scheinwiderstand) berücksichtigt werden muß.

Wenn Z Scheinwiderstand,
R ohmscher (Wirk-)Widerstand,
X Blindwiderstand,
Y Scheinleitwert $= 1/Z$,
G Wirkleitwert $= 1/R$,
B Blindleitwert $= 1/X$,

dann gilt für

***R* und *X* in Reihe**

Bei Reihenschaltung werden Wirk- und Blindwiderstand geometrisch addiert.

(E 80)
$$Z^2 = R^2 + X^2$$
$$Z = \sqrt{R^2 + X^2}$$

und

(E 81) $$U = \sqrt{U_R^2 + U_X^2} = IZ$$

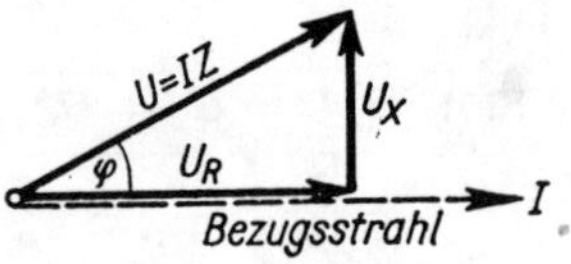

Beachte:
X ist nach (E 76) bzw. (E 78) zu bestimmen.

R und X parallel

Bei Parallelschaltung werden Wirk- und Blindleitwert geometrisch addiert.

$$\frac{1}{Z^2} = \frac{1}{R^2} + \frac{1}{X^2} \quad \text{oder}$$

$$Y^2 = G^2 + B^2 \quad \text{und daraus}$$

(E 82) $$\frac{1}{Z} = Y = \sqrt{G^2 + B^2}$$

und

(E 83) $$I = \sqrt{I_R^2 + I_X^2} = \frac{U}{Z} = UY$$

Beachte:
$B = 1/X$ ist nach (E 76) bzw. (E 78) zu bestimmen.

29.2.5. Phasenwinkel

Induktiver und kapazitiver Widerstand verursachen eine Phasendifferenz zwischen Spannung und Strom. Dieser Phasenwinkel φ ist der Winkel, den Wirk- und Scheinwiderstand im Zeigerdiagramm miteinander bilden. Speziell für den Fall einer Reihenschaltung von R, C und L ergibt sich nach (E 76)

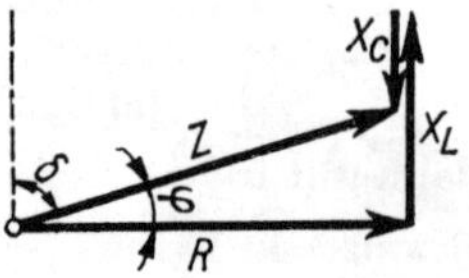

(E 84) $$\tan\varphi = \frac{L\omega - \dfrac{1}{C\omega}}{R}$$

	L	C	ω	R
SI:	H	F	$\frac{1}{s}$	Ω

Beachte:

Der Phasenwinkel φ läßt sich ebenfalls aus den Zeigerdiagrammen für Spannung bzw. Strom in 29.2.4. bestimmen.

Bei einem Kondensator mit Dielektrikum (kapazitiver Widerstand und sehr großer ohmscher Widerstand parallel) ergibt sich ein Phasenwinkel φ, der nur wenig kleiner als 90° ist. Wegen der schlechten Bestimmbarkeit des $\tan \varphi$ rechnet man dann mit dem **Verlustwinkel** δ

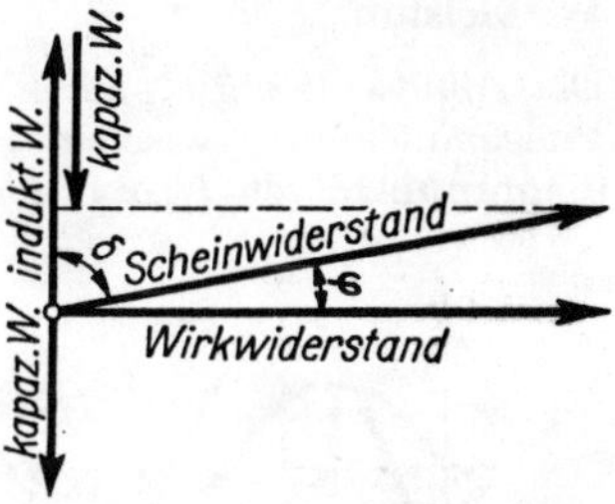

(E 85) $\boxed{\delta = 90° - \varphi}$

also $\tan \delta = 1/\tan \varphi$.

29.2.6. Resonanz

In jedem Wechselstromkreis wird der Blindwiderstand Null, wenn sich induktiver und kapazitiver Widerstand aufheben. Demnach ist die Bedingung für diesen Resonanzfall

(E 86) $\boxed{\omega L = \dfrac{1}{\omega C}}$

	L	ω	C
SI:	$\mathrm{H} = \dfrac{\mathrm{Vs}}{\mathrm{A}}$	$\dfrac{1}{\mathrm{s}}$	$\mathrm{F} = \dfrac{\mathrm{As}}{\mathrm{V}}$

Da beide Seiten von (E 86) wegen $\omega = 2\pi f$ frequenzabhängig sind, tritt der Resonanzfall bei bestimmten L und C nur für eine Frequenz ein.

Wenn f Resonanzfrequenz,
L Induktivität, C Kapazität } parallel oder in Reihe,

dann gilt entsprechend (E 86) $2\pi f = \dfrac{1}{\sqrt{LC}}$ oder

(E 87) $\boxed{f = \dfrac{1}{2\pi\sqrt{LC}}}$

	f	L	C
SI:	$\mathrm{Hz} = \dfrac{1}{\mathrm{s}}$	$\mathrm{H} = \dfrac{\mathrm{Vs}}{\mathrm{A}}$	$\mathrm{F} = \dfrac{\mathrm{As}}{\mathrm{V}}$

Beachte:

Es sind zwei Fälle der Resonanz zu unterscheiden: **Reihenresonanz** und **Parallelresonanz.**

> Bei Reihenresonanz ergibt sich ein Strommaximum, bei Parallelresonanz ergibt sich ein Stromminimum.

29.3. Wechselstromleistung

Wirkleistung

Die Blindwiderstände eines Wechselstromkreises erzeugen eine Phasendifferenz zwischen Spannung und Strom. Im Zeigerdiagramm bilden U und I deshalb den Winkel φ miteinander.

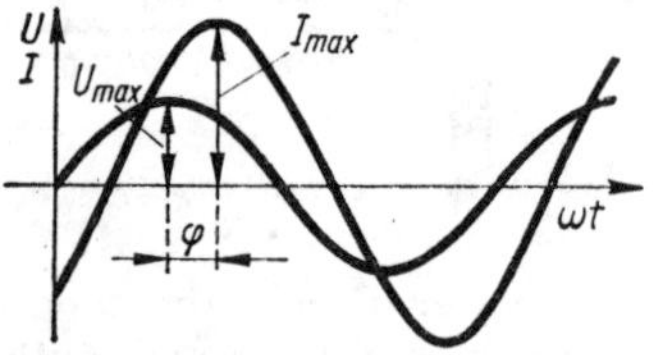

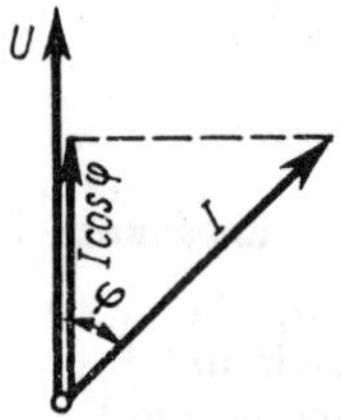

Für die Berechnung der Wirkleistung kommt demnach nur das Produkt aus Spannung und Wirkstrom (Stromkomponente in Spannungsrichtung) in Frage.

Wenn P Wirkleistung,
I effektive Stromstärke,
U effektive Spannung,
φ Phasenwinkel,

dann gilt

(E 88) $$P = UI \cos \varphi$$ SI: $\left|\frac{P}{\mathrm{W}}\right|\frac{U}{\mathrm{V}}\left|\frac{I}{\mathrm{A}}\right|$

Beachte:

1. Den Ausdruck **cos φ** nennt man **Leistungsfaktor.**
2. Hat ein Stromkreis keinen Blindwiderstand ($\varphi = 0°$), so wird $\cos \varphi = 1$.
3. Bei einem Phasenwinkel von $\varphi = 90°$ wird $\cos \varphi = 0$; der Wechselstrom leistet nichts **(wattloser Strom).**

Blindleistung

Die Blindleistung ergibt sich aus Spannung mal Blindstrom (Stromkomponente rechtwinklig zur Spannung),

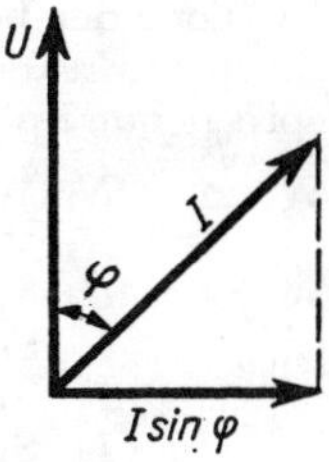

Wenn P_b Blindleistung, vielfach auch mit Q bezeichnet,
I effektive Stromstärke,
U effektive Spannung,
φ Phasenwinkel,

dann gilt

(E 89) $$\boxed{P_b = UI \sin\varphi}$$

	P	U	I
ges:	var	V	A

Beachte:
Die Einheit Var (var) bedeutet Voltampere réactif; 1 var = 1 W.

Scheinleistung

Sie ist die geometrische Summe von Wirk- und Blindleistung.

Wenn P_s Scheinleistung, vielfach auch mit S bezeichnet,
P_b Blindleistung, vielfach auch mit Q bezeichnet,
P Wirkleistung,
U effektive Spannung,
I effektive Stromstärke,

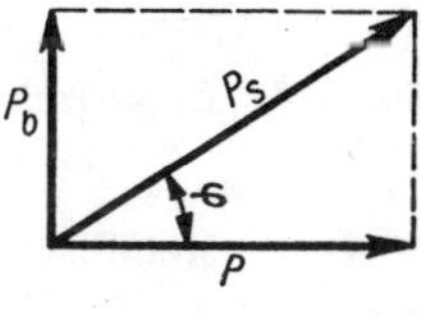

dann gilt

(E 90) $$\boxed{P_s = \sqrt{P^2 + P_b^2}}$$ und ferner

(E 91) $$\boxed{P_s = UI}$$

	P	U	I
ges:	VA	V	A

Beachte:

1. Die Einheit VA bedeutet Voltampere; 1 VA = 1 W.
2. Aus den im Wechselstromkreis gemessenen Werten von Spannung und Stromstärke errechnet sich stets die Scheinleistung.

29.4. Transformator

Er dient der beliebigen Veränderung von Wechselspannungen. Stromstärkeänderungen in der Primärwicklung induzieren entsprechende Spannungen in der Sekundärwicklung.

Wenn N_1 Windungszahl der Primärwicklung (w_1),
N_2 Windungszahl der Sekundärwicklung (w_2),
U_1 Spannung an der Primärwicklung,
U_2 Spannung an der Sekundärwicklung,
I_1 Stromstärke in der Primärwicklung,
I_2 Stromstärke in der Sekundärwicklung,

dann gilt

(E 92) $$\boxed{\frac{U_1}{U_2} = \frac{N_1}{N_2}}$$ und (E 92a) $$\boxed{\frac{N_1}{N_2} = \frac{I_2}{I_1}}$$

Daraus ergibt sich die **Transformatorleistung**

(E 93) $$\boxed{U_1 I_1 = U_2 I_2}$$

Beachte:
Das Verhältnis der Windungszahlen wird als **Übersetzungsverhältnis** bezeichnet.

30. Elektrische Leitung

30.1. Metallische Leiter

Die äußeren Elektronen der Metallatome **(Valenzelektronen)** sind meist von den Atomen getrennt und bewegen sich ungeordnet zwischen den Atomen, daher die Bezeichnung **Elektronengas.** Eine an den Leiter gelegte Spannung erzeugt in ihm ein elektrisches Feld, unter dessen Kraftwirkung die Elektronen in eine gerichtete Bewegung versetzt werden. Sie sind nun Träger eines Elektrizitätstransportes und werden **Leitungselektronen** genannt. Die Elektronengeschwindigkeit ist sehr klein. Abhängig vom Leiterquerschnitt und der Stromstärke ergibt sich eine Geschwindigkeit in der Größenordnung von mm/s. Der Widerstand eines metallischen Leiters ist temperaturabhängig. Beim Abkühlen verringert sich der Widerstand allmählich, nimmt jedoch bei vielen Metallen in der Nähe des absoluten Nullpunktes sprunghaft ab. Beim Unterschreiten dieser **Sprungtemperatur** tritt **Supraleitung** auf.

30.1.1. Thermoelektrizität

Ungleiche Temperaturen verursachen in einem Leiter Elektronenverschiebungen, es entsteht eine Thermospannung. Sie ist nachweisbar bei Verwendung eines Thermoelementes. Es besteht aus Leitungen zweier Metalle, deren Enden fest miteinander verbunden sind (verlötet, verschweißt usw.). Herrscht zwischen den Verbindungsstellen beider Metalle eine Temperaturdifferenz, so entsteht bei geöffnetem Stromkreis eine Thermospannung, bei geschlossenem Stromkreis fließt ein Thermostrom. Die Größe der Spannung hängt von den verwendeten Metallen und der Temperaturdifferenz ab. Man kann sie für $\Delta t = 1$ K ersehen aus der

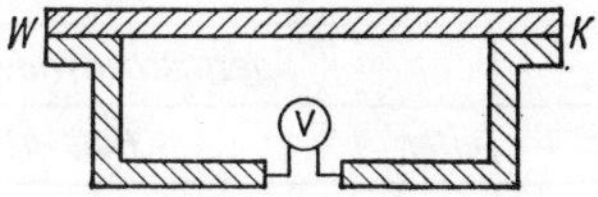

Übersicht:

Thermoelektrische Spannungsreihe (bei 0 °C)									
Sb	Fe	Zn	Cu	Pb	Al	Pt	Ni	Bi	
+35	+16	+3	+2,8	0	—0,5	—3,1	—19	—70	$\cdot 10^{-6}$ V/K

Beachte:

1. Nebenstehendes Bild zeigt die technische Stromrichtung in einem Thermoelement.
2. *U* und Δt sind nicht genau proportional. Siehe Beispiele in folgender Übersicht!

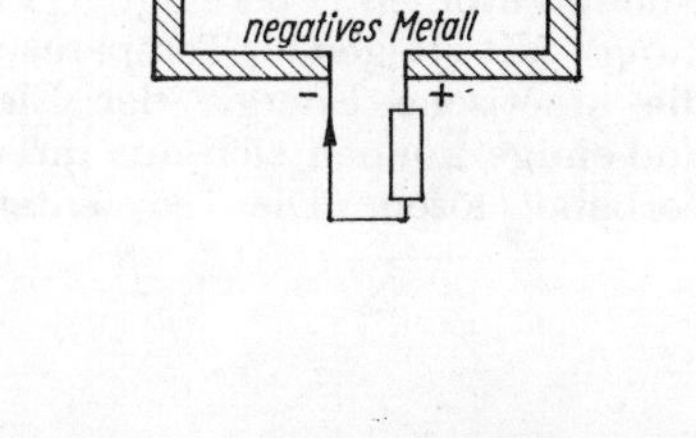

Übersicht:

Spannungen an Thermoelementen (in V für $\Delta T = 100$ K)			
Wismut-Antimon	0,011	Nickel-Eisen	0,0032
Konstantan-Eisen	0,0053	Kupfer-Eisen	0,001
Kupfer-Konstantan	0,0042	Platin-Platinrhodium	0,0006

30.2. Halbleiter

In elektrischen Leitern besteht der Strom aus freien Elektronen, Nichtleiter (Isolatoren) besitzen keine freien Elektronen. Im Prinzip sind auch Halbleiter Nichtleiter, jedoch kann eine gewisse Leitfähigkeit z. B. durch Erwärmen erzielt werden. Auch im spezifischen Widerstand bestehen Unterschiede.

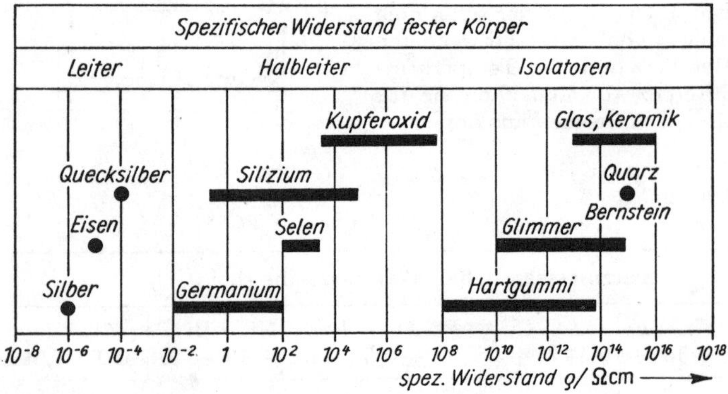

30.2.1. Eigenleitung

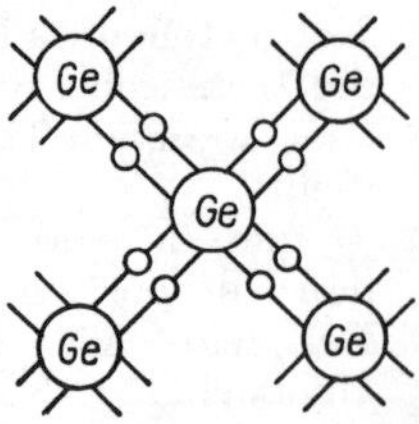

Ein chemisch reiner Halbleiter ist bei sehr tiefen Temperaturen ein Nichtleiter. Alle Elektronen sind an der Bindung mit den Nachbaratomen beteiligt (Valenzbindung). Mit steigender Temperatur wächst die kinetische Energie der Elektronen, und einige können sich aus ihrem Atomverband lösen. Die so entstandenen

Lücken nennt man **Defektelektronen** oder **Löcher.** Unter der Wirkung einer Spannung wandern die Elektronen zum Pluspol. Die Löcher bewegen sich zum Minuspol, weil gebundene Elektronen nachrücken.

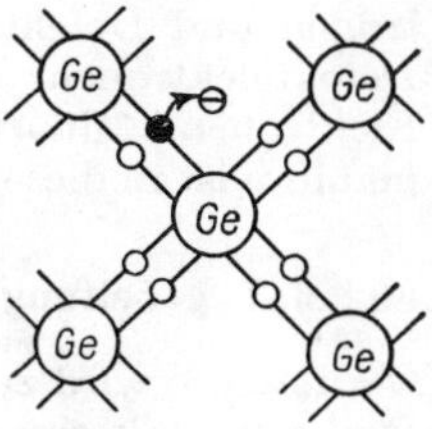

Bei der durch Temperatur angeregten Eigenleitung wandern in einem reinen Halbleiter Elektronen und Defektelektronen gleicher Zahl in entgegengesetzter Richtung. Der Widerstand nimmt mit steigender Temperatur ab.

Die Zahl der je cm^3 enthaltenen freien Elektronen bzw. Defektelektronen bezeichnet man als deren Konzentration. Obwohl bei der **Rekombination** freie Elektronen in ein Loch springen, bleibt die Konzentration die gleiche, weil in gleicher Zahl neue Elektronen-Defektelektronen-Paare gebildet werden.

Das Produkt aus Elektronenkonzentration und Defektelektronenkonzentration ist bei bestimmter Temperatur konstant.

30.2.2. n-Leitung

Die Leitfähigkeit eines Halbleiters kann durch Einlagerung **(Dotierung)** von Fremdatomen gesteigert werden. Wird z. B. 4wertiges *Germanium* mit 5wertigem *Arsen* dotiert, so steht an den «Störstellen» ein zusätzliches Leitungselektron zur Verfügung. Da auch jetzt das Produkt der Konzentration der Elek-

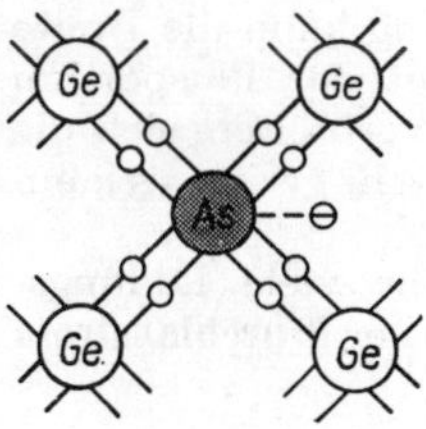

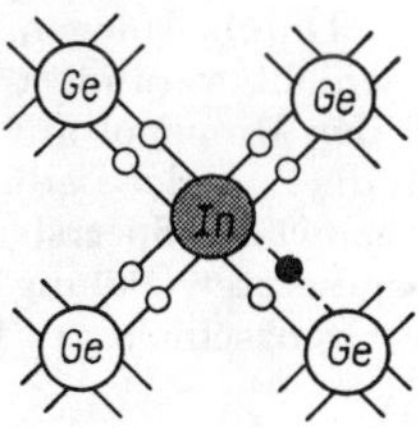

tronen und Defektelektronen konstant ist, wird die Zahl der Defektelektronen sehr gering sein. **Majoritätsträger** sind die Elektronen, **Minoritätsträger** die Defektelektronen. Das Germanium ist in diesem Fall ein **Überschußhalbleiter** oder **n-Leiter.**

30.2.3. p-Leitung

Germanium wird zu einem **Mangelhalbleiter** oder **p-Leiter** durch Dotierung mit einem 3wertigen Element, z. B. *Indium*. An den Störstellen fehlt jeweils ein Bindungselektron, es entstehen zusätzliche Defektelektronen. (Bild auf S. 307 unten rechts)

30.2.4. n-p-Gleichrichtung

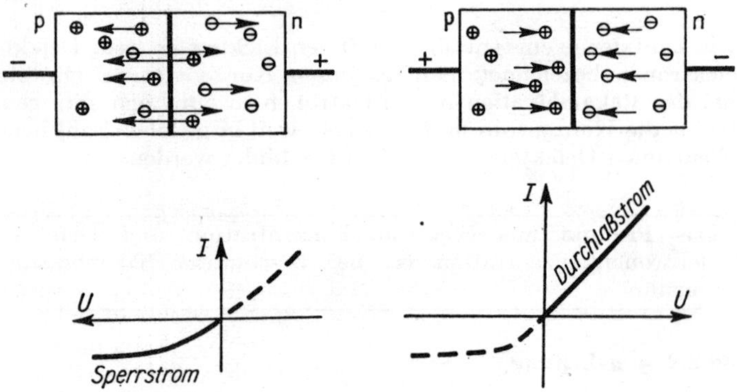

Germanium kann nun durch zweifache Dotierung sowohl p- als auch n-Leiter sein. Im Grenzbereich zwischen beiden Gebieten entsteht durch Diffusion der Ladungsträger eine Grenzschicht mit gleich viel Elektronen und Defektelektronen. Die wenigen Ladungsträger dieser Schicht geben dieser widerstandsähnliche Eigenschaften. Durch Anlegen einer Spannung kann die Breite dieser Grenzschicht verändert werden. Liegt der Pluspol am n-Leiter und der Minuspol am p-Leiter, so verbreitert sich die Grenzschicht, die Zahl der Ladungsträger ist sehr gering, es kann nur der sehr schwache **Sperrstrom** fließen.
Bei entgegengesetzter Polung gelangen sehr viele Ladungsträger in die Grenzschicht, es kann ein starker **Durchlaßstrom** fließen.

Bei angelegter Wechselspannung bewirkt ein kombinierter n-p-Leiter eine Gleichrichtung.

30.2.5. Transistor

Er besteht aus einer p-n-p-Kombination, also einem in Durchlaßrichtung und einem in Sperrichtung gepolten Gleichrichter. Die als **Emitterstrom** in das n-Gebiet gelangenden Defektelektronen werden fast restlos zu dem negativ gepolten **Kollektor**

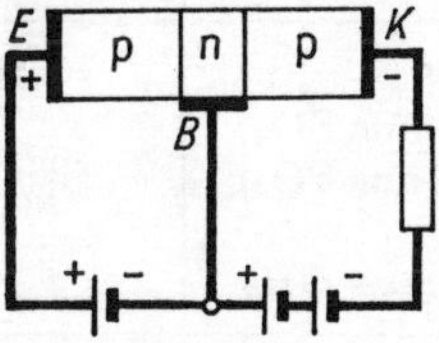

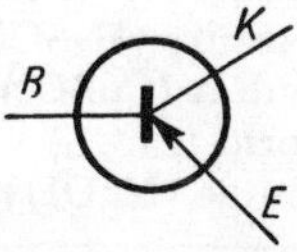

gelangen. In der Leitung zur **Basis** fließt demnach fast kein Strom. Die Schwankungen des Emitterstromes werden an dem sehr großen Kollektorwiderstand zu entsprechend schwankenden Spannungsabfällen führen.

> Bei einem Transistor steuert der Emitterstrom die Kollektorspannung, die an einem hohen Widerstand abgegriffen wird.

30.3. Flüssigkeiten

Träger des elektrischen Stromes in Flüssigkeiten sind die **Ionen,** die beim Zerfall (Dissoziation) von Molekülen entstehen.

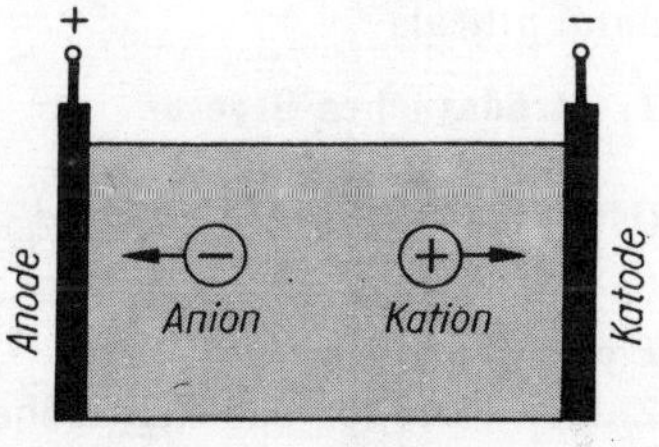

> Positive Ionen **(Kationen)** wandern zur negativen Elektrode **(Katode)**; negative Ionen **(Anionen)** wandern zur positiven Elektrode **(Anode).**

30.3.1. Elektrolyse

Bei Flüssigkeiten gibt es Leiter und Nichtleiter. Die Leiter heißen *Elektrolyte*. Sie werden von dem sie durchfließenden Strom zersetzt. Es sind im wesentlichen die wäßrigen Lösungen

Übersicht:

Elektrolyse einiger Stoffe		
Elektrolyt	Abgeschiedener Stoff an der Anode (+)	Katode (—)
Salzsäure (HCl)	Cl_2	H_2
Schwefelsäure (H_2SO_4)	O_2 (aus SO_4)	H_2
Kupfersulfat ($CuSO_4$)	O_2 (aus SO_4)	Cu
Zinkchlorid ($ZnCl_2$)	Cl_2	Zn
Natronlauge (NaOH)	O_2 (aus OH)	H_2

von Salzen, Säuren und Basen. Bei der Elektrolyse scheidet sich an der Katode (Minuspol) stets das *Metall* oder der *Wasserstoff* ab. Der *Molekülrest* scheidet sich an der Anode (Pluspol) ab.

Die an den Elektroden abgeschiedenen Stoffmengen lassen sich berechnen.

Wenn m abgeschiedene Stoffmenge,
I Stromstärke im Elektrolyt,
t Dauer des Stromflusses,
$\ddot{A}$ elektrochemisches Äquivalent des Elektrolyts,

dann gilt als

1. Faradaysches Gesetz

(E 94) $$m = \ddot{A}It$$

	m	$\ddot{A}$	I	t
ges:	mg	$\frac{\text{mg}}{\text{C}}$	A	s

Beachte:
Zahlenwerte für das elektrochemische Äquivalent → Tabelle 31 (Anhang)!

Wenn A_r relative Atommasse eines Stoffes,
n Wertigkeit dieses Stoffes,
$\ddot{A}$ elektrochemisches Äquivalent dieses Stoffes,

dann gilt als

2. Faradaysches Gesetz

(E 95) $$\frac{m_1}{m_2} = \frac{\ddot{A}_1}{\ddot{A}_2} = \frac{A_{r1}/n_1}{A_{r2}/n_2}$$

Beachte:

Den Ausdruck A_r/n bezeichnet man als Äquivalentmasse.

Die von gleichen Elektrizitätsmengen abgeschiedenen Stoffmengen verhalten sich wie die Äquivalentmassen dieser Stoffe.

Die Äquivalentmasse A_r/n eines Stoffes, ausgedrückt in Gramm, also $\frac{\ddot{A}_r}{n}$ g (Grammäquivalent), bezeichnet man als **1 val.**
Aus den FARADAYschen Gesetzen folgt, daß zur Abscheidung von 1 val (Grammäquivalent) bei allen Stoffen die gleiche Elektrizitätsmenge erforderlich ist.

Allgemein gilt $Q = It = \frac{m}{\ddot{A}}$ und speziell $Q = \frac{(A_r/n)\text{g}}{\ddot{A}} = \frac{1\ \text{val}}{\ddot{A}}$

Den Quotienten $\frac{Q}{\text{val}}\left(= \frac{1}{\ddot{A}}\right)$ bezeichnet man als
Faradaysche Konstante und berechnet diese zu

(E 96) $$F = 96\,485\,\frac{\text{As}}{\text{val}} = 96\,485\,\frac{n}{A_r}\,\frac{\text{As}}{\text{g}}$$

Die FARADAY-Konstante F bezeichnet die für das Abscheiden von 1 val (Grammäquivalent) bei allen Stoffen erforderliche Elektrizitätsmenge.

Somit ergibt sich aus (E 96) $\ddot{A} = \frac{1}{F}$, und (E 94) wird zum $m = \frac{It}{F}$ oder

(E 97) $$m = \frac{It A_r \text{g}}{96\,485\, n\ \text{C}}$$

30.3.2. Galvanische Elemente

Zwischen zwei in einen Elektrolyt getauchten Metallen besteht so lange eine Spannung, bis die Stoffe zersetzt sind bzw. die Elektroden verändert wurden. Die Größe der Spannung dieses galvanischen Elementes hängt von der Stellung der Metalle in der elektrolytischen Spannungsreihe ab.

Übersicht:

Elektrolytische Spannungsreihe in V												
Pt	Au	Hg	Ag	C	Cu	H	Pb	Fe	Zn	Al	Na	K
1,6	1,4	0,9	0,8	0,7	0,3	0	0,1	0,4	0,8	1,7	2,7	2,9
POSITIV (+)							NEGATIV (—)					

Der durch ein galvanisches Element fließende Strom verändert die Elektroden chemisch, wobei eine Gegenspannung entsteht **(Polarisation)**. Dadurch verringert sich die Spannung des Elementes, wie sie sich aus der Übersicht bestimmen läßt, und die Stromstärke geht zurück.

30.3.3. Akkumulatoren (Sammler)

In ihnen wird elektrische Energie in Form von chemischer Energie gespeichert. Im Gegensatz zu den galvanischen Elementen, die sofort eine Spannung liefern, wird bei Akkumulatoren durch Polarisation während des Aufladens erst ein galvanisches Element geschaffen.

Bleiakkumulator

Er besteht aus zwei Bleiplatten, die in Schwefelsäure bestimmter Dichte als Elektrolyt tauchen. Dabei bildet sich an der oxydierten Oberfläche $PbSO_4$ (Bleisulfat). Der Ladestrom verwandelt das Bleisulfat der Anode zu PbO_2 (Bleidioxid) und das der Katode zu Pb (Blei). Dabei bildet sich unter Aufnahme von Wasser Schwefelsäure. Während des Ladens steigt die Konzentration der Schwefelsäure und damit auch ihre Dichte. Während des Entladens verlaufen sämtliche Prozesse in umgekehrter Richtung.

Man kann sie in folgender Gleichung zusammenfassen:

(E 98)
$$\underset{\text{Anode Katode}}{2\,PbSO_4} + 2\,H_2O \underset{\text{Entladen}}{\overset{\text{Laden}}{\rightleftarrows}} \underset{\text{Anode}}{PbO_2} + 2\,H_2SO_4 + \underset{\text{Katode}}{Pb}$$

Die mittlere Spannung einer Zelle des Bleisammlers beträgt etwa 2 V.

Beachte:

Die Dichte der Schwefelsäure ist ein Maß für den Ladungszustand des Akkumulators.

Nickel-Eisen-Akkumulator

Seine Anode besteht aus $Ni(OH)_2$ (Nickelhydroxid), die Katode aus $Fe(OH)_2$ (Eisenhydroxid). Als Elektrolyt dient 20 %ige Kalilauge. Der Lade- und Entladeprozeß läßt sich in folgender Gleichung zusammenfassen:

(E 99)
$$\underset{\text{Anode}}{2\,Ni(OH)_2} + \underset{\text{Katode}}{Fe(OH)_2} \underset{\text{Entladen}}{\overset{\text{Laden}}{\rightleftarrows}} \underset{\text{Anode}}{2\,Ni(OH)_3} + \underset{\text{Katode}}{Fe}$$

Die mittlere Spannung einer Zelle des Nickel-Eisen-Sammlers beträgt 1,2 V.

Beachte:

Beim Nickel-Kadmium-Sammler wird anstelle des Eisens Kadmium verwendet. Die Reaktionen sind entsprechend.

30.4. Stromleitung in Gasen

Ladungsträger können Ionen und auch Elektronen sein. Jede Stromleitung in Gasen wird als **Entladung** bezeichnet.

30.4.1. Unselbständige Entladung

Die Ionen werden im wesentlichen durch äußere Einflüsse (Röntgenstrahlung, heiße Flammengase, radioaktive Strahlung) im Gas erzeugt. Unter der Wirkung einer angelegten Spannung wandern sie, es fließt ein Strom. Bis zu einem gewissen Wert wächst er proportional mit der Spannung, erreicht dann aber einen gleichbleibenden Wert, man spricht vom **Sättigungsstrom.** Alle sich bildenden Ionen sind an der Leitung beteiligt.

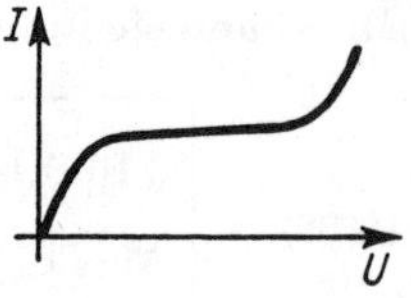

30.4.2. Selbständige Entladung

Wird die Spannung noch weiter erhöht, so wächst auch die Stromstärke wieder, weil durch Zusammenstoß infolge der hohen Energie der Ionen andere Moleküle ionisiert werden **(Stoßionisation)** und so die Zahl der Ladungsträger stark anwächst. Solche Entladung heißt selbständig, weil sie keiner Ionisierung durch äußere Einflüsse bedarf. Die hierfür erforderliche Spannung nimmt mit sinkendem Gasdruck ab.

30.4.3. Glimmentladung

Bei stark verringertem Gasdruck ist die selbständige Entladung mit Leuchterscheinung verbunden. Es tritt eine kräftige Elektronenstrahlung aus der Katode, hervorgerufen durch auftreffende positive Ionen. Rekombinierende Ionen erzeugen das negative Glimmlicht in der Nähe der Katode. Die positive Säule besteht aus gleich viel positiven und negativen Ladungsträgern, ist also quasineutral **(Plasma).**

Fast die gesamte Spannung fällt bereits in der Nähe der Katode ab. Den Verlauf von Spannung, Feldstärke und Raumladung entlang der Entladungsröhre zeigt nebenstehendes Bild.

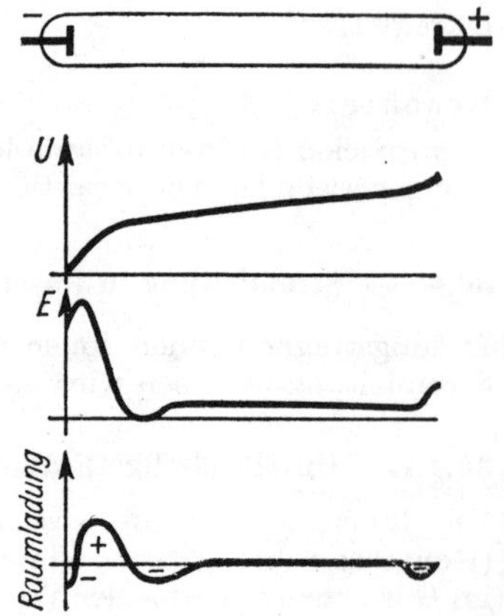

Beispiele für Glimmentladung: *Leuchtröhren.* Die Art des Füllgases bestimmt die Leuchtfarbe.

Quecksilberdampflampen. Dem Füllgas ist Quecksilberdampf zugesetzt. Je höher der Druck des Dampfes, desto größer die Lichtausbeute. *Höhensonnen* sind Lampen, in denen der Quecksilberdampf in Quarzglasröhren eingeschlossen ist. Diese sind für Ultraviolettstrahlung durchlässig.

Glimmlampen. Sie werden vorwiegend für den Spannungsnachweis verwendet. Zündspannung ist größer als Löschspannung.

Elektronenblitzröhren. Es sind mit Edelgas (z. B. Xenon) gefüllte Quarzglasröhren (Fülldruck 30 bis 100 Torr). Entladungsdauer 10^{-4} bis 10^{-3} s.

30.4.4. Katodenstrahlen

Sie entstehen in stark evakuierten Röhren (Druck kleiner als 1 Pa), wenn an den Elektroden eine hohe Gleichspannung liegt. Katodenstrahlen bestehen aus *Elektronen* hoher Geschwindigkeit.

Eigenschaften:

- Sie breiten sich geradlinig aus.
- Sie schwärzen fotografische Schichten.
- Glas, Leuchtfarben und bestimmte Mineralien werden von ihnen zum Leuchten gebracht (Fluoreszenz).
- Sie lassen sich durch magnetische bzw. elektrische Felder ablenken.

Die Ablenkbarkeit wird in der **Braunschen Röhre** genutzt. Ein von der Katode ausgehender starker Elektronenstrahl fliegt an der seitlich angebrachten Anode vorbei und trifft auf einen Fluoreszenzschirm. Mit Hilfe einer Spannung, die an ein spezielles Plattenpaar gelegt wird, wird die Richtung der Strahlen gesteuert. (Mit geheizter Katode als Katodenstrahloszillograf bekannt.)

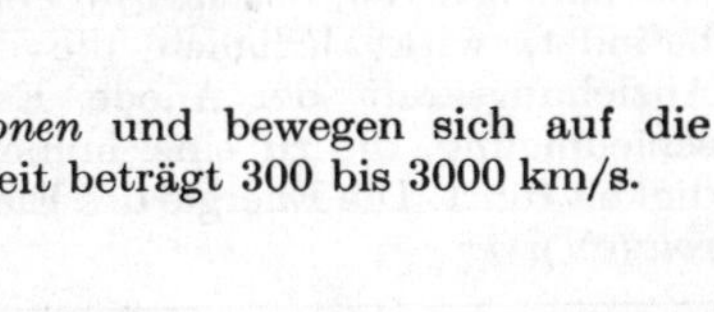

30.4.5. Kanalstrahlen

Sie bestehen aus *positiven Ionen* und bewegen sich auf die Katode zu. Ihre Geschwindigkeit beträgt 300 bis 3000 km/s.

30.4.6. Röntgenstrahlung

Sie entsteht, wenn Katodenstrahlen auf einen Metallkörper treffen. Es sind elektromagnetische Wellen mit Wellenlängen im Bereich von $10^{-2} \cdots 10$ nm. Die kurzwelligen Röntgenstrah-

len werden als hart, die langwelligen als weich bezeichnet. Die Strahlung besteht aus zwei Komponenten. Die beim Abbremsen der Elektronen frei werdende Energie erzeugt die **Bremsstrahlung,** deren Wellenlängen lückenlos bis zu einem bestimmten Maximalwert reichen, → 32.2.6.!
Andere Elektronen regen die Atome des Metalles zu einer **charakteristischen Strahlung** mit ganz bestimmten Wellenlängen an.

Eigenschaften:

- Sie breiten sich geradlinig aus.
- Sie durchdringen lichtundurchlässige Stoffe wie Fleisch, Holz, Metall usw. je nach Schichtdicke.
- Beim Auftreffen erzeugen sie bei bestimmten Stoffen Fluoreszenz.
- Sie schwärzen fotografische Schichten.
- Sie besitzen zerstörende Wirkung auf lebendes Gewebe.
- Sie werden in elektrischen und magnetischen Feldern nicht abgelenkt.

Ihre Intensität wird in C/kg angegeben, also in der Einheit der radioaktiven Strahlung, → 33.6.1.!
Zur Erzeugung der Röntgenstrahlen werden spezielle Röhren verwendet, die zwecks hoher Leistung eine geheizte Katode und eine wassergekühlte Anode besitzen.

30.5. Stromleitung im Vakuum

30.5.1. Energie und Geschwindigkeit freier Elektronen

Auf ein Elektron, das sich im elektrischen Feld befindet, wirkt lediglich die elektrostatische Anziehungskraft der Anode. Es erfährt eine dauernde Beschleunigung, die zu einer immer größer werdenden Geschwindigkeit führt. Die Energie des Elektrons mißt man in *Elektronvolt* (eV).

Unter einem Elektronvolt versteht man die Energie, die ein Elektron beim Durchlaufen der Spannung von 1 Volt erreicht.

Umrechnung:

$$1\ \mathrm{eV} = 1{,}602 \cdot 10^{-19}\ \mathrm{Ws} = 1{,}602 \cdot 10^{-12}\ \mathrm{erg}$$

Wenn U durchlaufene Spannung,
e Ladung des Elektrons $= 1{,}602 \cdot 10^{-19}$ C,
m_0 Ruhmasse eines Elektrons $= 9{,}11 \cdot 10^{-31}$ kg,
v Geschwindigkeit des Elektrons,

dann gilt, weil die Energie des Elektrons $\frac{m_0 v^2}{2}$ und die aufgewendete Arbeit gleich sein müssen:

$$\frac{m_0 v^2}{2} = eU \text{ oder } v = \sqrt{\frac{2eU}{m_0}}.$$

Nach Einsetzen aller Konstanten erhält man

(E 100) $$v = 594 \sqrt{U/\mathrm{V}}\ \frac{\mathrm{km}}{\mathrm{s}}$$

Beachte:
Diese Gleichung gilt nicht für sehr große Geschwindigkeiten, weil bei Annäherung an die Lichtgeschwindigkeit ein starkes Anwachsen der Elektronenmasse eintritt. Somit ist die Geschwindigkeit in Wirklichkeit kleiner (→ 30.5.2.!).

30.5.2. Relativistischer Massezuwachs

Die Masse aller Körper wächst mit der Geschwindigkeit, weil die dem Körper zugeführte Energie einer bestimmten Masse proportional ist (→ 32.2.2.!). Dieser Massezuwachs macht sich erst bemerkbar, wenn die Geschwindigkeit des Körpers (oder Teilchens) etwa 60 % oder mehr der Lichtgeschwindigkeit im Vakuum (c_0) beträgt.

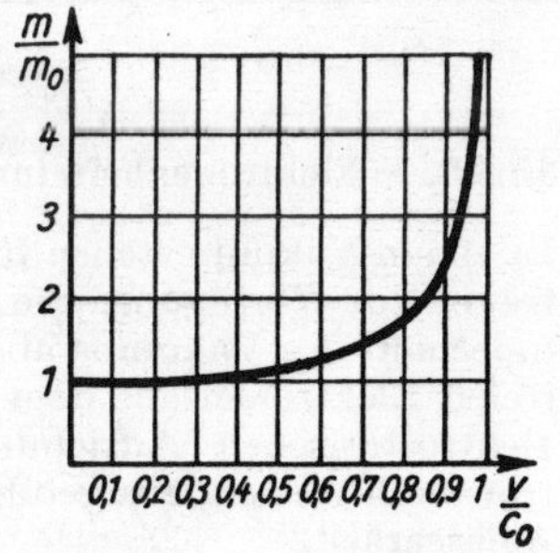

Wenn m Masse eines Körpers bei der Geschwindigkeit v
m_0 Masse des Körpers im Ruhezustand (Ruhmasse),

v Geschwindigkeit des Körpers,
c_0 Lichtgeschwindigkeit im Vakuum $= 3 \cdot 10^8$ m/s,

dann gilt

$$m = \frac{m_0}{\sqrt{1 - \left(\frac{v}{c_0}\right)^2}} \quad \text{(E 101)}$$

Beachte:

Diese Gleichung gilt für alle Körper und Teilchen. Speziell für Elektronen ergeben sich die Zahlen der folgenden Übersicht.

Übersicht:

Elektronenmasse in Abhängigkeit von der Geschwindigkeit

Durchlaufene Spannung in V	Elektronengeschwindigkeit in km/s	Elektronenmasse in g
10	$18{,}8 \cdot 10^2$	$9{,}1 \cdot 10^{-28}$
10^3	$18{,}7 \cdot 10^3$	$9{,}12 \cdot 10^{-28}$
10^5	$16{,}5 \cdot 10^4$	$10{,}9 \cdot 10^{-28}$
10^6	$28{,}3 \cdot 10^4$	$28{,}8 \cdot 10^{-28}$
$3{,}1 \cdot 10^6$	$29{,}7 \cdot 10^4$	$64{,}3 \cdot 10^{-28}$
∞	Lichtgeschwindigkeit	∞

30.5.3. Elektronenbefreiung aus Metallen

In einem Vakuum stehen für eine Stromleitung keine Ladungsträger zur Verfügung. Sie müssen von metallischen Körpern innerhalb des Vakuums abgegeben (emittiert) werden. Um die freien Elektronen aus dem Atomverband zu lösen, müssen die elektrostatischen Anziehungskräfte überwunden, den Elektronen also Energie zugeführt werden. Man bezeichnet diese als **Ablösearbeit.**

Übersicht:

Ablösearbeit einiger Metalle in eV					
Metall:	Wolfram	Molybdän	Kupfer	Zäsium auf Wolfram	Barium-oxid-Paste
Ablösearbeit	4,53	4,43	4,39	1,36	0,99

Es gibt verschiedene Möglichkeiten, den Elektronen die für die Ablösung erforderliche Energie zu erteilen.

Glühemission

Durch Erhitzen der Katode einer Entladungsröhre (Elektronenröhre, Röntgenröhre usw.) bekommt ein Teil der freien Elektronen die nötige Energie.

Feldemission

Eine weitere Möglichkeit der Elektronenbefreiung ist die Anwendung sehr hoher Feldstärken. Man erreicht sie, wenn die Katode in einer feinen Spitze endet.

Fotoemission

Die Energie eines auftreffenden Lichtquants (→ 32.2.2.!) kann für die Befreiung eines Elektrons ausreichen (äußerer fotoelektrischer Effekt). Nach (At 8) ist die Energie eines Lichtquants $h\nu$ (Erläuterung 32.2.2.!). Übersteigt sie die Ablösearbeit eines Elektrons, so bekommt das Elektron die Differenz als Bewegungsenergie mit, also

(E 102) $$\boxed{\frac{m_e v^2}{2} = h\nu - \text{Ablösearbeit}}$$

Sekundäremission

Auch die Energie von Elektronen und Ionen sehr hoher Geschwindigkeit kann zur Elektronenbefreiung führen. Sie tritt bei gasgefüllten Entladungsröhren mit kalter Katode auf.

30.5.4. Elektronenröhren

Es sind Vakuumröhren mit geheizter Katode (700 bis 800 °C, Bariumoxid, weniger als 10^{-6} Torr). Zwischen Anode und Katode liegt die **Anodenspannung.**

Diode (Zweipolröhre)

Das von der Anodenspannung erzeugte elektrische Feld läßt die Elektronen, die aus der Katode austreten, zur Anode fliegen. Die Stärke dieses **Anodenstroms** hängt von der Anodenspannung ab, steigt aber maximal nur bis zum Sättigungsstrom an. Da die Stromkennlinie nicht geradlinig verläuft, ist der innere Gleichstromwiderstand der Röhre nicht konstant, sondern hat für jeden Punkt der Kennlinie einen anderen Wert.

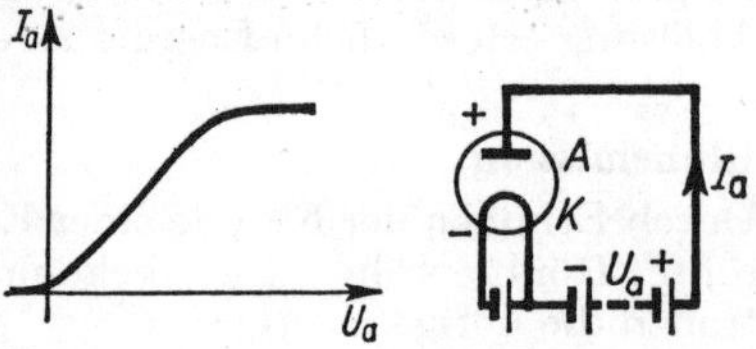

Wenn R_i innerer Widerstand der Diode,
U_a Anodenspannung,
I_a Anodenstromstärke, gemessen bei bestimmten U_a,

dann gilt

(E 103) $$R_i = \frac{U_a}{I_a}$$

ges:

R	U	I
kΩ	V	mA

Die Steuerwirkung der Anodenspannung auf den Anodenstrom bezeichnet man als **Steilheit** S.

Wenn S Steilheit der Diode,
ΔI_a Anodenstromänderung,
ΔU_a Anodenspannungsänderung,

dann gilt

(E 104) $$S = \frac{\Delta I_a}{\Delta U_a}$$

ges:

S	I	U
mA/V	mA	V

Einsatz:

- zur Gleichrichtung von Wechselspannungen,
- zur Demodulation,
- zur Erzeugung von Regelspannungen.

Triode (Dreipolröhre)

Zusätzlich zu den zwei Elektroden der Diode besitzt sie noch ein **Steuergitter,** das als Drahtwendel zwischen Katode und

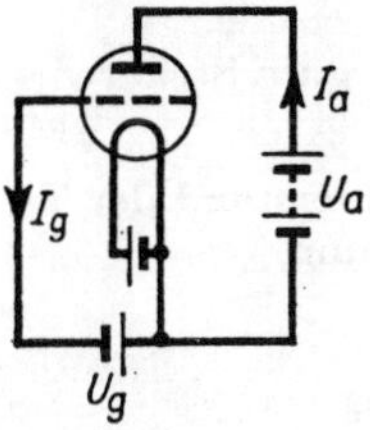

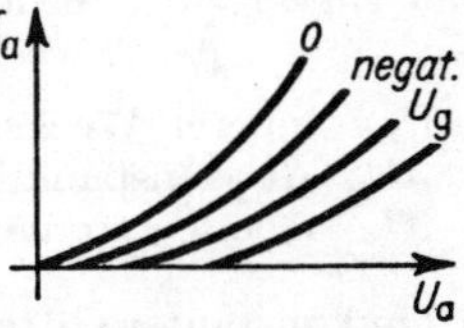

Anode angeordnet ist. Meist erhält es eine – auf die Katode bezogen – **negative Vorspannung.** Die Lage der I_a, U_a-Kennlinie hängt von dieser Gitterspannung U_g ab. Umgekehrt wird die Lage der I_a, U_g-Kennlinie von der Anodenspannung U_a bestimmt.

Die Steuerwirkung der Gitterspannung auf den Strom bezeichnet man als **Steilheit** S.

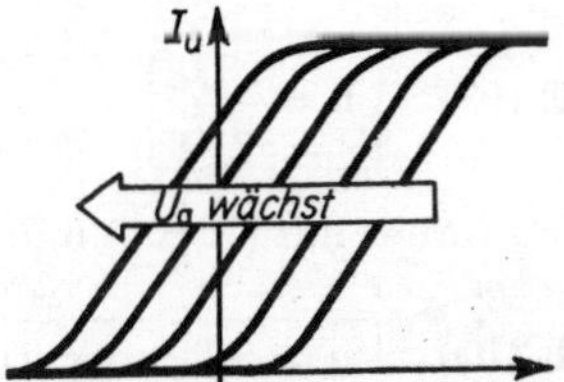

Wenn S Steilheit der Triode,
ΔI_a Anodenstromänderung,
ΔU_g Gitterspannungsänderung,

dann gilt bei konstanter Anodenspannung

(E 105) $$S = \frac{\Delta I_a}{\Delta U_g}$$

	S	I	U
ges:	$\frac{\text{mA}}{\text{V}}$	mA	V

Der **Durchgriff** D bestimmt die Beziehungen zwischen Gitterspannung und Anodenspannung bei konstantem Anodenstrom.

Wenn D Durchgriff der Triode,
ΔU_g Gitterspannungsänderung,
ΔU_a Anodenspannungsänderung,

dann gilt bei konstantem Anodenstrom

(E 106) $$D = \frac{\Delta U_g}{\Delta U_a}$$ D wird meist in Prozent angegeben!

Beachte:

Ein kleiner Durchgriff D bedeutet eine gute Steuerwirkung des Gitters.

Wenn R_i innerer Wechselstromwiderstand der Triode,
ΔU_a Anodenspannungsänderung,
ΔI_a Anodenstromänderung,

dann gilt bei konstanter Gitterspannung

(E 107) $$R_i = \frac{\Delta U_a}{\Delta I_a}$$

ges:	R	U	I
	kΩ	V	mA

Den Kehrwert des Durchgriffs bezeichnet man als **Verstärkungsfaktor,** also $\mu = 1/D$ oder mit (E 106)

(E 108) $$\mu = \frac{\Delta U_a}{\Delta U_g}$$

und ferner mit (E 105) und (E 107)

(E 109) $$\mu = SR_i \text{ oder } DSR_i = 1$$

wenn I_a, U_a und U_g konstant.

Die Triode wird meist als Verstärkerröhre eingesetzt, also so betrieben, daß geringe Änderungen der Gitterspannungen große Änderungen der Anodenspannung (abgegriffen an einem im Anodenstromkreis liegenden großen Außenwiderstand) zur Folge haben. Um Verzerrungen zu vermeiden, ist der Arbeitspunkt durch richtige Wahl der Gittervorspannung in den geraden Teil der I_a,U_g-Kennlinie zu legen.

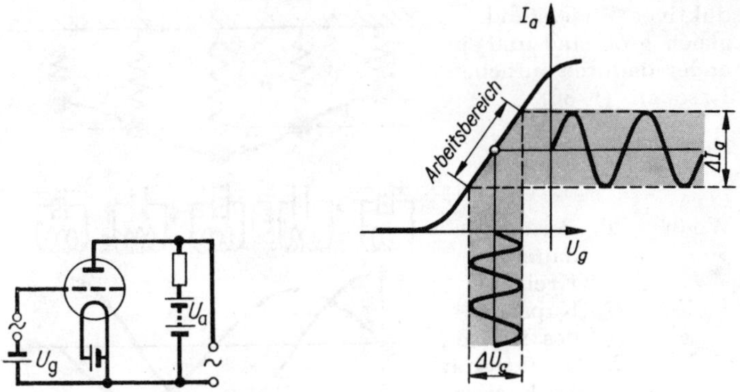

31. Elektrische Schwingungen und Wellen

Eine elektromagnetische Schwingung ist eine Kombination von wechselseitig auftretendem elektrischem und magnetischem Feld. Beim Zusammenbrechen des einen Feldes entsteht jeweils das andere Feld.

31.1. Schwingkreis

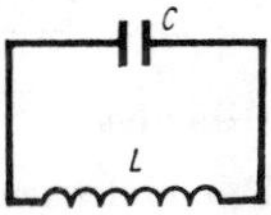

Ein elektrischer Schwingkreis besteht aus Spule und Kondensator. Der einmal aufgeladene Kondensator entlädt sich über die Spule. Das dabei entstehende Magnetfeld lädt den Kondensator mit umgekehrter Polung wieder auf. Die Entladung des Kondensators stellt demnach eine elektrische Schwingung dar. Sie ist stets gedämpft, weil der ohmsche Widerstand energiezehrend wirkt.

In einem elektrischen Schwingkreis findet ein ständiger Wechsel zwischen elektrischer und magnetischer Energie statt.

Dieser Vorgang ist mit einer elastischen Federschwingung vergleichbar.

Die Dauer einer Schwingung T läßt sich berechnen. Der Schwingkreis schwingt am besten, wenn kapazitiver und induktiver Widerstand gleich groß sind und einander dadurch aufheben: Resonanz (E 86).

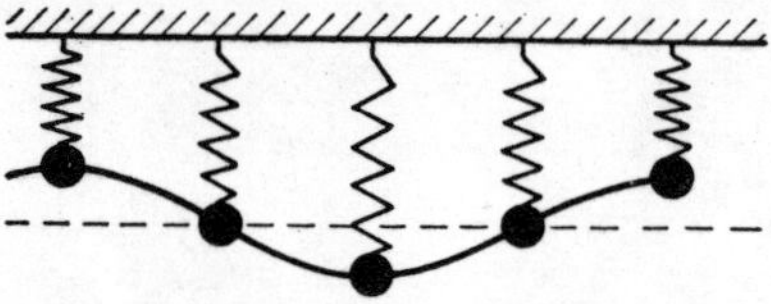

Dann ist $\omega L = \dfrac{1}{\omega C}$

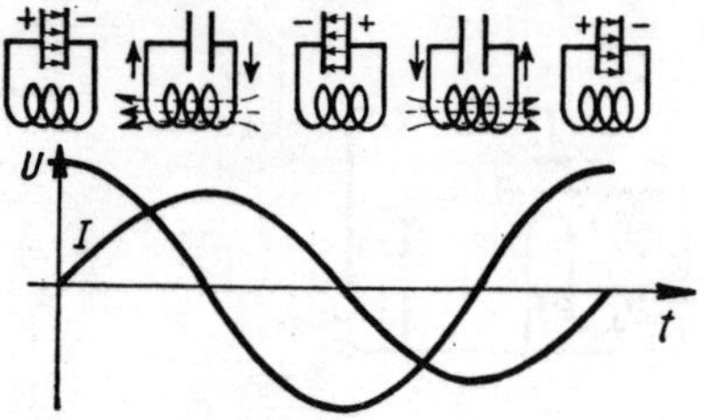

Wenn T Periodendauer des Kreises,
C Kapazität des Kreises,
L Induktivität des Kreises,

dann gilt $\omega^2 CL = 1$, oder wegen $\omega = 2\pi f = \dfrac{2\pi}{T}$,

$$\frac{2\pi}{T} = \sqrt{\frac{1}{CL}}$$

Nach Umformen ergibt sich daraus als

Thomsonsche Schwingungsformel

(E 110) $$\boxed{T = 2\pi\sqrt{LC}}$$

SI: $\left|\dfrac{T}{\mathrm{s}}\right|\dfrac{L}{\mathrm{H}}\left|\dfrac{C}{\mathrm{F}}\right|$

Beachte:

Der elektrische Schwingkreis schwingt nicht ungedämpft. Ihm ist ständig Energie zuzuführen.

31.2. Schwingungserzeugung

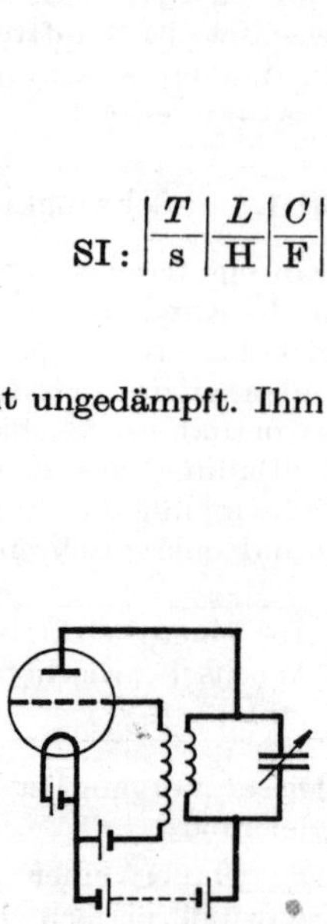

Für die Erzeugung hochfrequenter ungedämpfter Schwingungen verwendet man eine Elektronenröhre. Um den im Anodenkreis liegenden Schwingkreis zu entdämpfen, wird ein Teil seiner Energie durch induktive Kopplung von der Spule des Schwingkreises auf eine im Gitterkreis liegende Spule übertragen, die so den Anodenstrom steuert. Auf Grund dieses als **Rückkopplung** bezeichneten Prinzips entsteht eine ungedämpfte Schwingung.

31.3. Offener Schwingkreis

Wegen der hohen Frequenz elektromagnetischer Schwingungen haben Kondensator und Spule nur geringe Kapazität bzw. Induktivität. Schon ein einfacher gestreckter Draht kann als

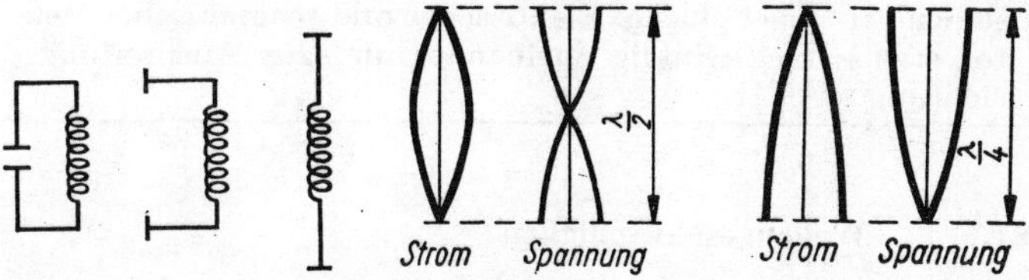

Schwingkreis wirken. Solchen offenen Schwingkreis nennt man **Dipol.** In ihm fließen die Elektronen rhythmisch von einem Ende zum anderen. Er dient der Abstrahlung elektromagnetischer Wellen. Meist ist es ein Halbwellendipol, in dem eine stehende Welle mit Stromknoten an den Enden und Spannungsknoten in der Mitte besteht. Man kann auch Dipole mit einer Länge von $\lambda/4$ verwenden, wenn ein Ende geerdet wird.

31.4. Elektromagnetische Wellen

Geschlossene Schwingkreise zeigen eine geringe Dämpfung, offene dagegen eine große, weil ein Teil ihrer Energie in den freien Raum abgestrahlt wird. Während der Dauer T einer Schwingung werden elektrisches und magnetisches Feld in beiden Richtungen je einmal auf- und abgebaut. Abbau des einen und Aufbau des anderen Feldes verlaufen gleichzeitig,

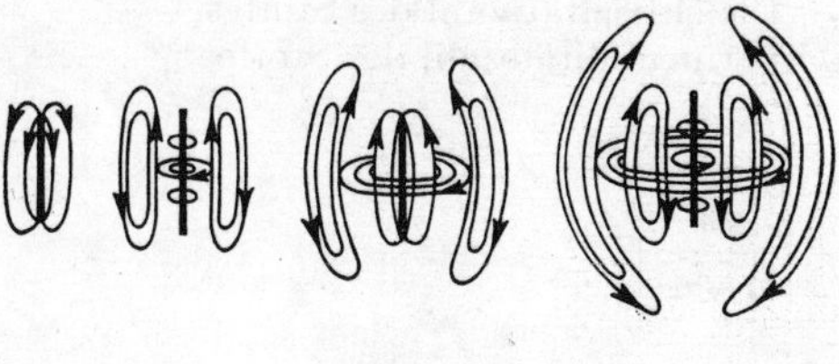

beide Felder bedingen sich gegenseitig. Dabei treten während des Abbaues eines Feldes die Feldlinien nicht mehr in den Dipol zurück, sondern lösen sich von diesem. Zwischen den elektrischen und magnetischen Feldern besteht in Sendernähe ein Gangunterschied von $\lambda/4$. In größerem Abstand sind beide Felder gleichphasig.

Freie elektromagnetische Wellen breiten sich mit Lichtgeschwindigkeit aus. Elektrisches und magnetisches Feld schwingen gleichphasig. Elektrischer und magnetischer Vektor stehen rechtwinklig zueinander und zur Ausbreitungsrichtung.

31.5. Wellengeschwindigkeit

Die Ausbreitungsgeschwindigkeit elektromagnetischer Wellen entspricht der des Lichtes. Auch bei ihnen gilt (M 153) $c = \lambda f$. Zwischen der Geschwindigkeit und den Feldkonstanten besteht eine Beziehung.

Wenn c_0 Lichtgeschwindigkeit im Vakuum = 299 792 km/s
ε_0 elektrische Feldkonstante = $8{,}854187 \cdot 10^{-12}$ F/m,
μ_0 magnetische Feldkonstante = $1{,}256637 \cdot 10^{-6}$ H/m,

dann gilt

(E 111) $$c_0 = \sqrt{\frac{1}{\varepsilon_0 \mu_0}}$$

SI:

c_0	ε_0	μ_0
$\frac{\text{m}}{\text{s}}$	$\frac{\text{F}}{\text{m}}$	$\frac{\text{H}}{\text{m}}$

Die Geschwindigkeit elektromagnetischer Wellen in Medien ist stets kleiner.

Wenn c Lichtgeschwindigkeit in einem Medium,
c_0 Lichtgeschwindigkeit im Vakuum = 299 792 km/s,
ε_r Dielektrizitätszahl des Stoffes,
μ_r Permeabilitätszahl des Stoffes,

dann gilt

(E 112) $$c = \frac{c_0}{\sqrt{\varepsilon_r \mu_r}}$$

31.6. Spektrum elektromagnetischer Wellen

Übersicht:

Elektromagnetische Wellen		
Wellenlänge	**Wellenart**	
10^{6} m = 1 000 km	Telegrafiewellen	
10^{5} m = 100 km		
10^{4} m = 10 km		
10^{3} = 1 km	Rundfunkwellen	lang
10^{2} m		mittel
10 m		kurz
1 m		ultrakurz Fernsehen
10^{-1} m = 10 cm	Mikrowellen	Radar
10^{-2} m = 1 cm		
10^{-3} m = 1mm	Infrarotwellen	
10^{-4} m = 0,1 mm = 100 μm		
10^{-5} m = 0,01 mm = 10 μm		
10^{-6} m = 1 μm	sichtbares Licht	770 nm 390 nm
10^{-7} m = 100 nm	Ultraviolett	
10^{-8} m = 10 nm		
10^{-9} m = 1 nm	Röntgenstrahlen	↑ weich
10^{-10} m = 100 pm = 1 Å		
10^{-11} m = 10 pm		
10^{-12} m = 1 pm		
10^{-13} m = 1XE	γ-Strahlen	hart ↓
10^{-14} m		

ATOMPHYSIK

32. Atombau

Alle Stoffe, ob fest, flüssig oder gasförmig, bestehen aus Atomen oder Molekülen. Dem Aufbau aller Atome liegen gemeinsame Gesetzmäßigkeiten zugrunde.

32.1. Teile des Atoms

Jedes Atom besteht aus einem Kern und einer Hülle; beide sind aus Elementarteilchen zusammengesetzt.

Übersicht:

Aufbau des Atoms

Atom
- Atomkern
  - Nukleonen
    - Protonen
    - Neutronen
- Atomhülle
  - Elektronen

Elementarteilchen:	Protonen	Neutronen	Elektronen
Ladung Q:	$+ 1{,}6 \cdot 10^{-19}$ As	0	$- 1{,}6 \cdot 10^{-19}$ As
Ruhmasse m:	$1836\, m_e$	$1839\, m_e$	$9{,}11 \cdot 10^{-31}$ kg $= m_e$
Symbol:	p	n	e

Um die Zusammensetzung eines Atoms deutlich zu kennzeichnen, verwendet man eine bestimmte Schreibweise

$$\boxed{{}^{A}_{Z}\text{Name des Elements}} \quad \text{z. B. } {}^{27}_{13}\text{Al}$$

Darin bedeutet:

A Massenzahl	=	Zahl der Nukleonen (Protonen + Neutronen),
Z Ordnungszahl	=	Zahl der Protonen im Kern,
	=	Zahl der Elektronen in der Hülle,
	=	Kernladungszahl.

Daraus ergibt sich

$$A - Z = N = \text{Zahl der Neutronen}$$

32.1.1. Atommasse

Zur Kennzeichnung der Masse von Atomen, Molekülen und Teilchen verwendet man den **Massenwert** M. Er ist eine Verhältniszahl und bezieht sich auf das Kohlenstoffatom $^{12}_{6}C$, dessen Massenwert gleich 12,000000 gesetzt wird. Bis 1961 wurden die Massenwerte auf das Sauerstoffatom $^{16}_{8}O$ mit dem Massenwert 16,000000 bezogen.
Obwohl auch die in der Chemie verwendeten relativen Atom- bzw. Molekülmassen auf $^{12}_{6}C$ bezogen werden, sind sie mit dem Massenwert nicht identisch, sondern beziehen sich stets auf das natürliche Isotopengemisch des jeweiligen Elementes. Sie sind also ein mittlerer Massenwert. Da sich die physikalischen Eigenschaften der verschiedenen Atomarten eines Elementes unterscheiden, bezieht sich der Massenwert in der Atomphysik stets auf eine bestimmte Atomart.
Rundet man den Massenwert auf eine ganze Zahl, so erhält man die **Massenzahl** A.
Die Atom- und Teilchenmassen können auch *absolut* angegeben werden. Die entsprechende Einheit nennt man **atomare Masseeinheit** mit dem Kurzzeichen u (bisher ME).

Die atomare Masseeinheit u ist $^1/_{12}$ der Masse eines Atoms C 12.

(At 1) $$1\,\text{u} = \frac{1}{12}\, m_{C12} = 1{,}660531 \cdot 10^{-27}\ \text{kg}$$

Die Masse eines Atoms läßt sich nach (W 53) aus dem Kehrwert der AVOGADRO-Konstanten bestimmen.

Wenn m_A Masse eines Atoms,
M Massenwert des Atoms, entspricht zahlenmäßig der molaren Masse m/n,

dann gilt

(At 2) $$m_A = M \cdot 1{,}660531 \cdot 10^{-27}\ \text{kg}$$

Die Zahl der Atome eines beliebigen Körpers ergibt sich aus Masse des Körpers/Masse eines Atoms.

Wenn N Zahl der Atome des Körpers,
m Masse des Körpers,
M Massenwert der Atome,

dann gilt, weil $N = \frac{m}{m_A}$ ist,

(At 3) $$N = \frac{m}{1{,}66\ M\ \text{kg}}\ 10^{27}$$ SI: $\left|\frac{m}{\text{kg}}\right|$

Die Masse einiger wichtiger Teilchen ist der Übersicht zu entnehmen.

Übersicht:

Masse einiger Teilchen

Name	Symbol	Zahl der Protonen	Zahl der Neutronen	Zahl der Elektronen	Masse m/u
Elektron	${}_{-1}^{0}e$	—	—	1	0,000549
Proton (Wasserstoffkern)	${}_{1}^{1}p$	1	—	—	1,007276
Neutron	${}_{0}^{1}n$	—	1	—	1,008665
Wasserstoffatom	${}_{1}^{1}H$	1	—	1	1,007825
Deuteron (Deuteriumkern)	${}_{1}^{2}d$	1	1	—	2,01354
α-Teilchen (Heliumkern)	${}_{2}^{4}\alpha$	2	2	—	4,001488
Heliumatom	${}_{2}^{4}He$	2	2	2	4,002602

32.1.2. Größe des Atoms

Elektronenradius

Er wurde bestimmt zu

(At 4) $$\boxed{r_e = 1{,}408\,969 \text{ fm}}$$

Kernradius

Die Radien der Kerne sind kaum größer als der Elektronenradius, sie liegen in der Größenordnung von 10^{-15} m.

Wenn r_K Kernradius,
M Massenwert des Kerns,
r_e Elektronenradius $\approx 1{,}41 \cdot 10^{-15}$ m,

dann gilt

(At 5) $$\boxed{r_K = r_e \sqrt[3]{M}}$$

Beachte:
Fast die gesamte Masse eines Atoms ist im Kern konzentriert. Zusammen mit dem Kernradius folgt daraus eine Dichte der Kernsubstanz von $\approx 1{,}5 \cdot 10^8$ t/cm³!

Atomradius

Unter gewissen vereinfachenden Annahmen läßt sich der Atomdurchmesser mit recht guter Näherung bestimmen. Er liegt in der Größenordnung von 10^{-10} m = 0,1 nm.

Wenn r_A Atomradius,
ϱ Dichte des Stoffes,
N_A AVOGADRO-Konstante $\doteq 6{,}022 \cdot 10^{26}$/kmol,
M Massenzahl, zahlenmäßig gleich der molaren Masse m/n,

dann gilt

(At 6) $$\boxed{r_A \approx 0{,}5 \sqrt[3]{\frac{M}{\varrho N_A}}}$$

SI:	r	ϱ	N_A	M
	m	$\frac{\text{kg}}{\text{m}^3}$	$\frac{1}{\text{kmol}}$	$\frac{\text{kg}}{\text{kmol}}$

32.2. Atomhülle

Die Hülle des Atoms besteht aus Elektronen, die nach bestimmten Gesetzmäßigkeiten um den Kern kreisen. Zur Veranschaulichung verwendet man Atommodelle (RUTHERFORD, BOHR), die in der Lage sind, die beobachteten Phänomene zu deuten.

32.2.1. Bohrsche Postulate

1. Postulat

> Ein Elektron kann den Kern nur auf bestimmten Bahnen strahlungslos umlaufen. Dabei besitzt es eine bestimmte Energie W_n.

Beachte:

Nach den Gesetzen der Elektrodynamik müßte das zentralbeschleunigte Elektron elektromagnetische Wellen abstrahlen und dabei ununterbrochen Energie verlieren. Aber nur so lassen sich die stationären Elektronenbahnen deuten.

2. Postulat

> Der Übergang von einer kernferneren stationären Bahn zu einer kernnäheren erfolgt sprunghaft und unter Abgabe eines Energiequants.

Beachte:

Die Größe eines Energiequants ist nach (At 8) $W = h\nu$.
Beim Übergang von Bahn m nach Bahn n sinkt die Energie des Elektrons von W_m auf W_n. Die Differenz wird in Form einer elektromagnetischen Welle abgestrahlt.

Es gilt die **Bohrsche Frequenzbedingung**

(At 7) $$h\nu = W_m - W_n = W_q \text{ (Strahlungsquant)}$$

Beachte:

Erläuterungen zu den Größen h und ν → 32.2.2.!

3. Postulat

> Die Wirkung (Produkt Energie mal Zeit) eines umlaufenden Elektrons ist ein ganzzahliges Vielfaches des elementaren Wirkungsquantums h.

Beachte:

Die Wirkung des auf einer Kreisbahn umlaufenden Elektrons ergibt sich aus dem Produkt Impuls mal Kreisweg, also

$$2\pi rmv \text{ oder } 2\pi rm\omega r = 2\pi mr^2\omega$$

Es gilt die **Bohrsche Quantenbedingung**

(At 7a) $\boxed{2\pi m_e r^2 \omega = nh}$ $(n = 1, 2, 3, \ldots)$

Beachte:

Erläuterungen zu der Größe h → 32.2.2.

32.2.2. Strahlungsquant

Nach PLANCK besteht jede Strahlungsenergie aus einem ganzzahligen Vielfachen eines Elementarquantums (Quant). Die Größe dieses elementaren Energiequantums ist frequenzabhängig.

Wenn W_q Energie eines Strahlungsquants = Elementarquantum der Energie,
h elementares Wirkungsquantum = PLANCKsche Konstante = $6{,}626 \cdot 10^{-34}$ Js,
ν Frequenz der Strahlung,

dann gilt

(At 8) $\boxed{W_q = h\nu}$

	W	h	ν
SI:	J	Js	$\text{Hz} = \frac{1}{\text{s}}$

Beachte:

Die Gleichung gilt auch für das Licht. Man bezeichnet W_q dann als ein **Lichtquant.**

Einsteinsche Gleichung

Masse und Energie sind durch eine von EINSTEIN gefundene Gleichung verknüpft.

Wenn W Energie eines Körpers, einer Strahlung, eines Feldes usw.,
m Masse, die der Energie W entspricht,
c_0 Lichtgeschwindigkeit im Vakuum = $3 \cdot 10^8$ m/s,

dann gilt

(At 9) $\boxed{W = mc_0^2}$

	W	m	c_0
SI:	J	kg	$\frac{\text{m}}{\text{s}}$

Beachte:

Masse und Energie sind einander proportional. Eine Änderung des einen hat **immer** eine Änderung des anderen zur Folge.

Das Photon

(At 9) ist auch auf das Lichtquant anwendbar.

Wenn m_q Photon = Masse eines Lichtquants,
h PLANCKsches Wirkungsquantum = $6{,}626 \cdot 10^{-34}$ Js,
c_0 Lichtgeschwindigkeit im Vakuum = $3 \cdot 10^8$ m/s,
ν Frequenz des Lichtquants,

dann gilt, wenn man (At 8) und (At 9) gleichsetzt,

(At 10) $\boxed{m_q = \frac{h\nu}{c_0^2}}$

	m_q	h	ν	c_0
SI:	kg	Js	Hz	$\frac{\text{m}}{\text{s}}$

Beachte:

m_q ist die Masse eines Lichtquants. Man nennt sie *Photon*. Diese Masse existiert nur bei Lichtgeschwindigkeit. Eine Ruhmasse hat das Photon nicht, → (E 101)!

Ferner läßt sich (M 153) $c = \lambda f$ anwenden. Für die Masse eines Photons ergibt sich dann nach (At 10) $m_q = \frac{h\nu}{c_0 \lambda \nu}$ oder

(At 11) $\boxed{m_q = \frac{h}{c_0 \lambda}}$

	m_q	h	c	λ
SI:	kg	Js	$\frac{\text{m}}{\text{s}}$	m

Beachte:

Diese Gleichung drückt die Beziehung zwischen Masse und Wellenlänge eines Strahlungsquantes aus. Daraus ergibt sich durch Umformung der Impuls eines Strahlungsquantes $m_q c_0$ zu h/λ.

Materiewellen

Nach DE BROGLIE gilt die Masse-Wellenlängen-Beziehung (At 11) nicht nur für Strahlungsquanten, sondern auch für Teilchen mit Ruhmasse.

Wenn λ Wellenlänge einer Materiewelle (z. B. eines bewegten Elektrons),
h PLANCKsches Wirkungsquantum $= 6{,}626 \cdot 10^{-34}$ Js,
m Masse des Teilchens,
v Geschwindigkeit des Teilchens,

dann gilt entsprechend (At 11)

(At 12) $$\boxed{\lambda = \frac{h}{mv}}$$

SI:

λ	h	m	v
m	Js	kg	$\frac{\text{m}}{\text{s}}$

Beachte:
Hierin stellt das Produkt mv den Impuls des Teilchens dar.

32.2.3. Wasserstoffatom

Die BOHRschen Postulate und andere physikalische Gesetze gestatten es, die Radien der Elektronenbahnen sowie Energie und Frequenz der bei Elektronensprüngen entstehenden Quanten zu berechnen. Beim Wasserstoffatom sind die Berechnungen besonders einfach, weil nur 1 Elektron in der Hülle enthalten ist.

Bahngeschwindigkeit

Eine stationäre Elektronenbahn ist ein Gleichgewichtszustand und gekennzeichnet durch die Bedingung

Fliehkraft = elektrostatische Anziehung zwischen Kern und Elektron.

Das ergibt mit (M 109) und (E 38) $m_e \frac{v^2}{r} = \frac{e^2}{4\pi\varepsilon_0 r^2}$

Wenn v Geschwindigkeit des Elektrons auf der Bahn um den Kern,
e elektrische Elementarladung $= 1{,}602 \cdot 10^{-19}$ C,
ε_0 elektrische Feldkonstante $= 8{,}85 \cdot 10^{-12}$ F/m,
n Nummer der Elektronenbahn, gezählt vom Kern aus,
h PLANCKsches Wirkungsquantum $= 6{,}626 \cdot 10^{-34}$ Js,

dann gilt $v^2 = \dfrac{e^2}{4\pi\varepsilon_0 r\, m_e}$. Mit der Bohrschen Quantenbedingung (At 7a) läßt sich r bestimmen zu $r = \dfrac{nh}{2\pi\, m_e\, v}$. Damit ergibt sich

(At 13) $$\boxed{v = \frac{e^2}{2n\varepsilon_0 h}}$$

SI:	v	e	n	ε_0	h
	$\frac{\text{m}}{\text{s}}$	C	—	$\frac{\text{F}}{\text{m}}$	Js

Beachte:

Die Geschwindigkeiten des Elektrons auf den verschiedenen Bahnen sind der Bahnnummer umgekehrt proportional: $v \sim 1/n$!

Bahnradien

Aus der Bohrschen Quantenbedingung ergab sich $r = \dfrac{nh}{2\pi\, m_e v}$

Darin kann man v durch (At 13) ersetzen.

Wenn
- n Nummer der Elektronenbahn, gezählt vom Kern aus,
- r Radius dieser Bahn,
- h Plancksches Wirkungsquantum $= 6{,}626 \cdot 10^{-34}$ Js,
- m_e Ruhmasse des Elektrons $= 9{,}11 \cdot 10^{-31}$ kg,
- ε_0 elektrische Feldkonstante $= 8{,}85 \cdot 10^{-12}$ F/m,
- e elektrische Elementarladung $= 1{,}602 \cdot 10^{-19}$ C,

dann gilt $r = \dfrac{nh\, 2n\, \varepsilon_0\, h}{2\pi\, m_e e^2}$ der nach Kürzen

(At 14) $$\boxed{r = n^2 \frac{h^2 \varepsilon_0}{\pi m_e e^2}}$$

SI:	r	n	h	ε_0	m_e	e
	m	—	Js	$\frac{\text{F}}{\text{m}}$	kg	C

> Die möglichen Elektronenbahnradien des Wasserstoffatoms verhalten sich wie die Quadrate der ganzen Zahlen:
> 1:4:9:16:25:...

Setzt man die Werte der Konstanten in die Gleichung (At 14) ein, so erhält man für den Radius der **energieärmsten Elektronenbahn** ($n = 1$):

$$\boxed{r_1 = 5{,}291\,67 \cdot 10^{-11}\,\text{m}}$$

Frequenzen der Strahlung

Nach (At 7) ergibt sich die Frequenz aus der Energiedifferenz zweier stationärer Elektronenbahnen. Die Energie eines Elektrons auf einer bestimmten Bahn ist die Summe aus potentieller Energie W_p und kinetischer Energie W_k.

Die potentielle Energie wird für $r = \infty$ mit Null festgesetzt. In einem endlichen Abstand r vom Kern muß die potentielle Energie kleiner und damit negativ sein. Zahlenmäßig ergibt sich W_p als Arbeit, die erforderlich ist, das Elektron gegen die nicht konstante elektrostatische Anziehungskraft von r nach ∞ zu bewegen. Also

$$W_p = \int_{\infty}^{r} F \, dr = \int_{\infty}^{r} \frac{e^2}{4\pi\varepsilon_0 r^2} \, dr = \frac{e^2}{4\pi\varepsilon_0} \int_{\infty}^{r} \frac{dr}{r^2} = -\frac{e^2}{4\pi\varepsilon_0 r}$$

Mit (At 14) für r ergibt sich die **potentielle Energie** zu

(At 15) $$W_p = -\frac{m_e e^4}{2n^2\varepsilon_0^2 h^2}$$

Beachte:

Erläuterung der Formelzeichen → (At 14)!

Die kinetische Energie eines Elektrons auf einer bestimmten Bahn beträgt nach (M 92) $W_k = \frac{mv^2}{2}$, worin sich v aus (At 13) ergibt. Also gilt für die **kinetische Energie**

(At 16) $$W_k = \frac{m_e e^4}{8n^2\varepsilon_0^2 h^2}$$

Beachte:

Die kinetische Energie eines Elektrons beträgt die Hälfte des Betrages der potentiellen Energie.

Aus $W_n = W_p + W_k$ folgt für die gesamte Energie eines Elektrons auf der n-ten Bahn

(At 17) $$W_n = -\frac{1}{n^2} \frac{m_e e^4}{8\varepsilon_0^2 h^2}$$

	W	m_e	e	n	ε_0	h
SI:	J	kg	C	—	$\frac{F}{m}$	Js

Beim Übergang von der kernferneren Bahn m auf die kernnähere Bahn n wird der Energiebetrag $\Delta W = W_m - W_n = h\nu$ abgestrahlt. Also ist

$$h\nu = \left(\frac{1}{n^2} - \frac{1}{m^2}\right)\frac{m_e e^4}{8\varepsilon_0^2 h^2} \quad \text{und damit}$$

$$\nu = \left(\frac{1}{n^2} - \frac{1}{m^2}\right)\frac{m_e e^4}{8\varepsilon_0^2 h^3}.$$

Der nach der Klammer stehende Ausdruck enthält nur konstante Größen. Man faßt sie zusammen zur **Rydberg-Frequenz R:**

(At 18) $$\boxed{R = 3{,}289\,842 \cdot 10^{15}\ 1/\text{s}}$$

Damit ergibt sich schließlich für die Frequenz des beim Übergang von Bahn m zu Bahn n abgestrahlten Quants

(At 19) $$\boxed{\nu = \left(\frac{1}{n^2} - \frac{1}{m^2}\right) R}$$

SI:	ν	R
	1/s =	Hz

Setzt man für n und m die Zahlen 1, 2, 3, ... ein, so kann man das Wasserstoffspektrum berechnen. Folgende Übersicht gibt Auskunft.

Übersicht:

Wasserstoffspektrum			
m	n	Serie	Bereich
2, 3, 4, 5 ...	1	LYMAN-Serie	Ultraviolett
3, 4, 5 ...	2	BALMER-Serie	sichtbares Licht
4, 5 ...	3	PASCHEN-Serie	Infrarot
5 ...	4	BRACKETT-Serie	Infrarot

Die kleinste Wellenlänge (höchste Frequenz), die bei Wasserstoff möglich ist, erhält man, wenn man für $m = \infty$ und für $n = 1$ einsetzt. (At 19) liefert dann $3{,}288 \cdot 10^{15}$ Hz. Als dazugehörige Energie ergibt sich $h\nu = 21{,}78 \cdot 10^{-19}$ J = 13,6 eV. Das ist die größte Energie, die ein Wasserstoffelektron abstrahlen

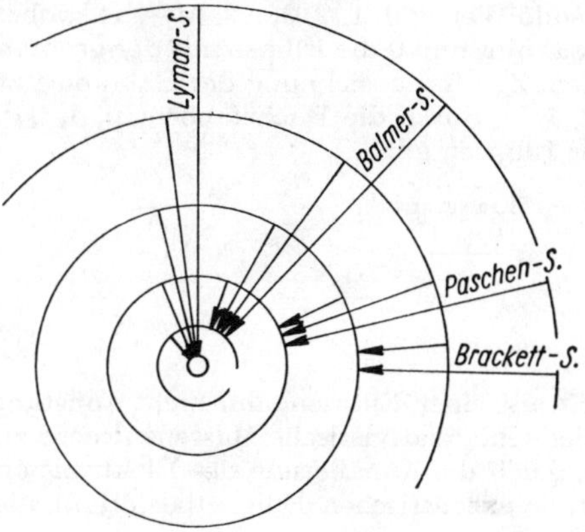

kann. Führt man diesen Energiebetrag einem Elektron auf Bahn $n = 1$ zu, so wird es auf die Bahn $m = \infty$ gehoben, das heißt vom Kern getrennt, das Atom ionisiert.

Zur Ionisierung eines Wasserstoffatoms sind 13,6 eV nötig.

32.2.4. Aufbau der Elektronenhülle

Aus (At 17) folgt, daß jeder möglichen Elektronenbahn ein bestimmtes Energieniveau entspricht. Da aber zwischen Elektronen derselben Schale geringe Energieunterschiede bestehen, müssen auch in den einzelnen Schalen unterschiedliche Bahnen bestehen können. Die Eigenschaften einer Bahn und damit der genaue Wert des Energieniveaus werden durch die **4 Quantenzahlen** ausgedrückt.

Hauptquantenzahl n

Die Hauptquantenzahl n entspricht der Nummer der Kreisbahn.

Nebenquantenzahl l (Bahnimpulsquantenzahl)

Die Nebenquantenzahl l kennzeichnet die Bahnform. Zur Kreisbahn n gehören $(n - 1)$ Ellipsenbahnen unterschiedlicher Exzentrizität.

Für l ergeben sich folgende Werte: 0, 1, 2, 3, ..., $(n - 1)$, wobei die größte Zahl die Kreisbahn und 0 die Ellipse mit der größten Exzentrizität bezeichnen. Zur Kennzeichnung der Bahn ersetzt man die Zahlen 0, 1, 2, 3, ... durch die Buchstaben s, p, d, f, g, h, ... Für die Form der Ellipsen gilt:

- halbe Hauptachse $a = r_{\text{Kreisbahn}}$
- halbe Nebenachse $b = a \dfrac{l + 1}{n}$

Beachte:

Da die Geschwindigkeit auf einer Ellipsenbahn nicht konstant ist, führt der unterschiedliche relativistische Massenzuwachs zu Energieschwankungen. Auch die Annäherung des Elektrons an den Kern auf einer stark exzentrischen Ellipse beeinflußt die Energie.

Magnetische Quantenzahl *m*

> Die magnetische Quantenzahl m kennzeichnet die räumliche Lage der Ebene einer Elektronenbahn. Sie kann $(2l + 1)$ verschiedene Werte besitzen.

Bestimmt wird die Bahnlage durch den Winkel zwischen der Achse der Bahnebene und einem künstlich erzeugten Magnetfeld.

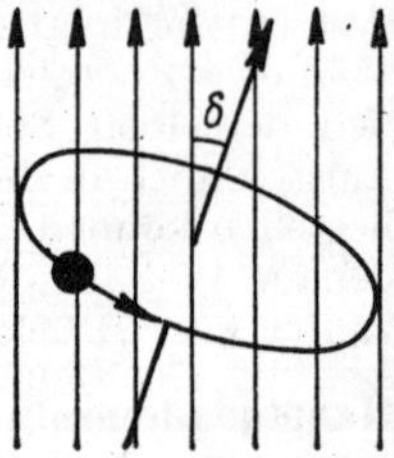

Für m ergeben sich folgende Werte:

$-l, \ldots, -3, -2, -1, 0, +1, +2, +3, \ldots, +l.$

Für den Bahnneigungswinkel gilt:

$$\cos \delta = \frac{m}{l}$$

Beispiel:

Die Ellipse **4d** ist die in der 4. Schale liegende, kreisähnlichste Ellipse. Die Nebenquantenzahl ist $l = 2$ (d $\hat{=}$ 2). Die magnetische Quantenzahl m kann $(2 \cdot 2 + 1) = 5$ verschiedene Werte besitzen. Also ergibt sich:

m:	-2	-1	0	$+1$	$+2$
$\frac{m}{l}$:	$\frac{-2}{2}$	$\frac{-1}{2}$	$\frac{0}{2}$	$\frac{+1}{2}$	$\frac{+2}{2}$
$\cos\delta$:	-1	$-0{,}5$	0	$+0{,}5$	$+1$
δ:	180°	120°	90°	60°	0°

Spinquantenzahl *s*

Die Spinquantenzahl *s* kennzeichnet den Eigendrehsinn des Elektrons in bezug auf die Umlaufbahn. Sie kann 2 verschiedene Werte besitzen.

Für *s* ergeben sich folgende Werte: $+1/2$ und $-1/2$, wobei der positive Wert die Gleichsinnigkeit von Eigenrotation und Umlauf, der negative dagegen die Gegensinnigkeit ausdrückt. Zwischen der Links- und der Rechtsrotation des Elektrons muß eine Drehimpulsdifferenz von $h/2\pi$ auftreten (s. Bohrsche Quantenbedingung). Demnach ergibt sich für den Eigendrehimpuls des Elektrons $\pm \frac{1}{2}\frac{h}{2\pi}$.

Besetzung der Schalen

Es gelten zwei Grundregeln:

- Jedes Elektron nimmt einen möglichst niedrigen Energiezustand ein.
- Zwei Elektronen eines Atoms müssen sich in mindestens einer Quantenzahl unterscheiden **(Pauli-Prinzip).**

Aus den Variationsmöglichkeiten der Quantenzahlen ergibt sich für jede Schale eine maximale Besetzungszahl.

Wenn z Zahl der auf dieser Schale maximal möglichen Elektronen,
n Nummer der Schale,

dann gilt

(At 20) $$z = 2n^2$$

Übersicht:

Verteilung der Elektronen auf die Schalen			
Schale	n	theoretische Höchstzahl z	tatsächliche Höchstzahl
K-Schale	1	$2 \cdot 1^2 = 2$	2
L-Schale	2	$2 \cdot 2^2 = 8$	8
M-Schale	3	$2 \cdot 3^2 = 18$	18
N-Schale	4	$2 \cdot 4^2 = 32$	32
O-Schale	5	$(2 \cdot 5^2 = 50)$	32
P-Schale	6	$(2 \cdot 6^2 = 72)$	9
Q-Schale	7	$(2 \cdot 7^2 = 98)$	2

32.2.5. Lichtstrahlung

Nicht nur von Schale zu Schale, sondern auch innerhalb einer Schale unterscheiden sich die Elektronen in ihrer Energie. Veranschaulichen läßt sich dies mit dem **Termschema**, in dem die Energie jeder Bahn abgelesen werden kann. Außerdem ergeben

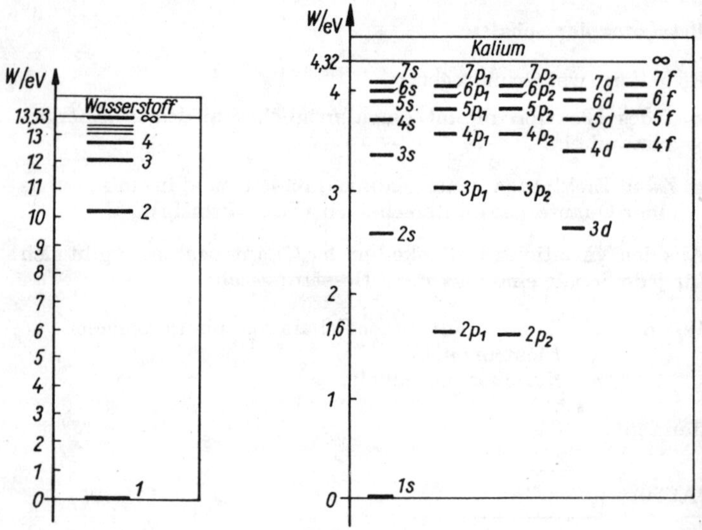

sich daraus die Energiedifferenzen, die bei einem Bahnwechsel auftreten. Die Energiestufen können sich zu Bändern ausweiten **(Energiebänder),** wenn der Abstand benachbarter Atome recht klein ist. Darauf beruht u. a. der Leitungsvorgang in Halbleitern. Energieabgabe erfolgt bei einem Übergang auf eine energieärmere (also kernnähere) Bahn. Zuvor muß das Elektron durch entsprechende Energiezufuhr auf die energiereichere (also kernfernere) Bahn gehoben worden sein. Man spricht von **Anregung.** Das Termschema zeigt, daß in Kernnähe die Energiedifferenzen zwischen den Bahnen zu groß sind, um eine Strahlung im Bereich des sichtbaren Lichtes zu ergeben. An der Lichterzeugung sind demnach nur die äußeren Elektronen des Atoms beteiligt. Für die Anregung gibt es mehrere Möglichkeiten:

- **Thermische Anregung.** Durch Erwärmen wird die Molekularbewegung vergrößert. Stöße zwischen den Atomen heben die Elektronen auf höhere Bahnen.
- **Fotoanregung.** Die Energie auftreffender Photonen hebt die Elektronen auf das höhere Niveau (Fluoreszenz, Phosphoreszenz).
- **Elektrische Anregung.** In Gasentladungslampen treffen Elektronen und Ionen mit hoher Geschwindigkeit auf die Atome und werden dadurch angeregt. Bei genügend großer Energiezufuhr wird das Elektron bis zur Schale $n = \infty$ gehoben, das Atom ionisiert.

An der Erzeugung sichtbaren Lichtes sind nur die äußeren Elektronen thermisch, optisch oder elektrisch angeregter Atome beteiligt.

32.2.6. Röntgenstrahlung

Die Anregung erfolgt durch Elektronen sehr hoher Energie. Diese dringen bis in die Nähe des Kerns vor und regen ein kernnahes Elektron an. Beim Nachrücken der äußeren Elektronen in die entstehenden Lücken wird eine Vielzahl von Quanten abgestrahlt, deren Wellenlängen charakteristisch für das Anodenmaterial sind **(charakteristische Strahlung).**
Die auftreffenden Elektronen werden beim Eindringen in die Hülle abgebremst und geben einen Teil ihrer Energie in Form von elektromagnetischer Strahlung ab. In dieser **Röntgenbremsstrahlung** kommen alle möglichen Frequenzen bis zu einem bestimmten Grenzwert vor. Diese **Grenzfrequenz** ν_g

ergibt sich, wenn ein Elektron seinen gesamten Energievorrat abstrahlt.

Wenn ν_g maximale Frequenz der Bremsstrahlung,
e elektrisches Elementarquantum $= 1{,}602 \cdot 10^{-19}$ C,
U vom Elektron im elektrischen Feld durchlaufene Spannung,
h PLANCKsches Wirkungsquantum $= 6{,}626 \cdot 10^{-34}$ Js,

dann gilt, weil die kinetische Energie des Elektrons gleich der Energie des abgestrahlten Quants sein muß, $eU = \nu_g h$, also

(At 21) $$\boxed{\nu_g = \frac{eU}{h}}$$

	ν_g	e	U	h
SI:	$\mathrm{Hz} = \frac{1}{\mathrm{s}}$	C	V	Js

32.3. Atomkern

Der Kern des Atoms besteht aus Nukleonen (Protonen, Neutronen). Auf einen äußerst kleinen Teil des Atomvolumens ist hier der größte Teil der Atommasse konzentriert. Der Fachausdruck für eine bestimmte Art von Atomkern ist **Nuklid.**

32.3.1. Isotope Nuklide

Atome eines Elementes können unterschiedliche Neutronenzahl haben. Man bezeichnet sie als isotope Nuklide oder kurz als **Isotope** dieses Elementes.

Isotope eines Elementes unterscheiden sich voneinander nur in der Neutronenzahl.

Isotope haben also

- gleiche Ordnungszahl Z (gleiche Protonenzahl),
- ungleiche Massenzahl A (ungleiche Nukleonenzahl).

Die meisten chemischen Elemente bestehen aus einem Isotopengemisch.

Beispiel:

Isotope des Urans

Atom	Protonen	Neutronen	Elektronen	Häufigkeit
$^{234}_{92}U$	92	142	92	0,0057 %
$^{235}_{92}U$	92	143	92	0,72 %
$^{238}_{92}U$	92	146	92	99,27 %

32.3.2. Isobare Nuklide

Atome verschiedener Elemente können gleiche Massenzahl A haben. Man bezeichnet sie als isobare Nuklide oder kurz als **Isobare.**
Isobare haben also

- ungleiche Ordnungszahl Z (ungleiche Protonenzahl),
- gleiche Massenzahl A (gleiche Nukleonenzahl).

Beispiel:

Isobare				
Atom	Protonen	Neutronen	Elektronen	Element
$^{210}_{81}Tl$	81	129	81	Thallium
$^{210}_{82}Pb$	82	128	82	Blei
$^{210}_{83}Bi$	83	127	83	Wismut
$^{210}_{84}Po$	84	126	84	Polonium

32.3.3. Stabilität des Kernes

Das Verhältnis $\frac{\text{Neutronenzahl } N}{\text{Protonenzahl } Z}$ nimmt mit steigender Massenzahl A zu. Es zeigt sich, daß Kerne nur dann stabil sind, wenn ein bestimmtes Neutronen-Protonen-Verhältnis angenähert erreicht ist.

Wenn N Zahl der Neutronen im Kern,
Z Zahl der Protonen im Kern,
A Massenzahl $= N + Z$,

dann gilt als Voraussetzung für eine stabile Nukleonenverbindung

(At 22) $$\frac{N}{Z} \approx 1 + 0{,}015\, A^{2/3} \text{ und } A < 250$$

32.3.4. Kernbindungsenergie

Die Nukleonen eines Kernes werden durch Kernkräfte zusammengehalten. Eine Zerlegung des Kernes erfordert die Überwindung dieser Kräfte und damit einen Energieaufwand. Umgekehrt muß dieser Energiebetrag beim Zusammenschluß von Nukleonen frei werden. Man bezeichnet ihn als **Bindungsenergie W_B.**

> Unter der Bindungsenergie versteht man die bei der Bildung eines Atomkernes aus Elementarteilchen freiwerdende Energie.

Sie hat für jedes Nuklid einen anderen Wert. Besonders wichtig ist die Energie, die in einem Nuklid durchschnittlich auf ein Nukleon entfällt. Die Kurve läßt erkennen, daß Nuklide mit mittlerer Massenzahl A die größte Bindungsenergie je Nukleon besitzen.

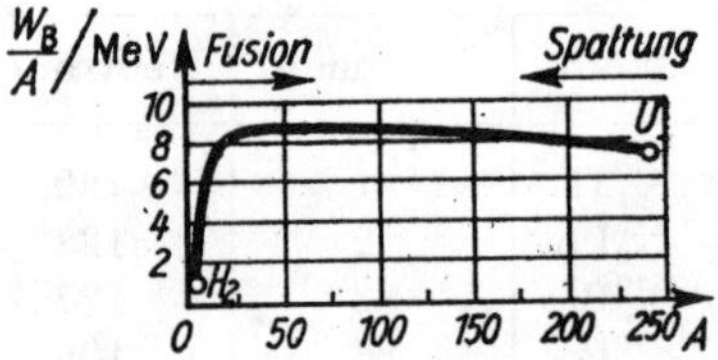

Daraus folgt, daß eine Gewinnung von Kernenergie nur möglich ist, wenn durch eine Umwandlung die mittlere Bindungsenergie je Nukleon vergrößert wird. Es müssen also mittlere Kerne aus kleinen Kernen zusammengesetzt oder große Kerne in mittlere Kerne gespalten werden.

> Beim Verschmelzen leichter Kerne (Kernfusion) oder Spalten schwerer Kerne (Kernspaltung) kann Kernenergie freigesetzt werden, weil sich bei diesen Prozessen die mittlere Bindungsenergie je Nukleon vergrößert.

32.3.5. Massendefekt

Grundsätzlich sind Masse und Energie durch die Einsteinsche Gleichung (At 9) verbunden. Auch der Bindungsenergie entspricht eine Masse, die beim Zusammenschluß eines Kernes aus Elementarteilchen abgestrahlt wird. Man bezeichnet sie als **Massendefekt Δm.**

> Unter dem Massendefekt versteht man die Differenz zwischen der Summe der Massen der Elementarteilchen und der etwas kleineren Kernmasse.

Wenn Δm Massendefekt,
m_p Masse eines Protons,
m_n Masse eines Neutrons,
Z Zahl der Protonen,
N Zahl der Neutronen,
m_K Masse des vollständigen Kerns,

dann gilt

(At 23) $$\Delta m = Z m_p + N m_n - m_K$$

Beachte:
Kernmassen sind physikalisch sehr genau bestimmbar. Deshalb berechnet man die Bindungsenergien aus den Massendefekten.

Wenn W_B Bindungsenergie eines Kerns,
Δm Massendefekt,
c_0 Lichtgeschwindigkeit im Vakuum $= 3 \cdot 10^8$ m/s,

dann gilt entsprechend (At 9)

(At 24) $$W_B = \Delta m c_0^2$$

SI:	W_B	Δm	c_0
	J	kg	$\frac{\text{m}}{\text{s}}$

Durch Einsetzen des Wertes von c_0 gewinnt man eine einfache Beziehung zwischen Massendefekt und Bindungsenergie:

$$1\ \text{kg} \triangleq 8{,}987 \cdot 10^{16}\ \text{J} \quad \text{oder} \quad 1\ \text{u} \triangleq 931{,}48\ \text{MeV}$$

33. Radioaktivität

Unter der Radioaktivität versteht man die Fähigkeit instabiler Kerne, eine radioaktive Strahlung auszusenden. Dieser Vorgang ist weder physikalisch noch chemisch beeinflußbar. Man bezeichnet ihn als radioaktiven Zerfall, bei dem der Kern eine bestimmte Veränderung erfährt.

Es gibt drei Arten radioaktiver Strahlung:

- **α-Strahlung.** Sie setzt sich aus α-Teilchen ($^4_2\alpha$), also Heliumkernen, zusammen. Auf Grund ihrer positiven Ladung sind sie durch magnetische und elektrische Felder ablenkbar.

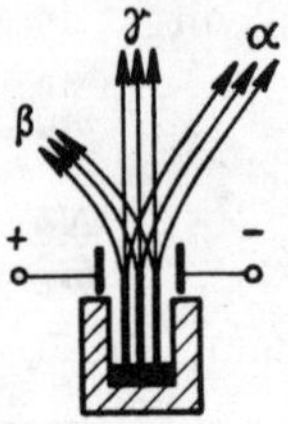

- **β-Strahlung.** Sie besteht aus Elektronen mit großer, aber nicht einheitlicher Geschwindigkeit. Wegen ihrer negativen Ladung werden sie in elektrischen und magnetischen Feldern entgegengesetzt zu den α-Teilchen abgelenkt.
- **γ-Strahlung.** Sie ist eine elektromagnetische Welle mit äußerst kurzer Wellenlänge. In elektrischen oder magnetischen Feldern ist sie nicht ablenkbar. Sie entsteht nur gemeinsam mit α- oder β-Strahlung.

Bei künstlichen Kernumwandlungen können Isotope entstehen, bei denen eine vierte Art radioaktiver Strahlung zu beobachten ist.

- **β^+-Strahlung.** Sie besteht aus **Positronen,** also Teilchen, die den Elektronen bis auf das Vorzeichen der Ladung gleich sind («positive Elektronen»).

33.1. Radioaktiver Zerfall

33.1.1. α-Zerfall

Er tritt nur bei Kernen mit hoher Massenzahl A auf ($A > 200$). Da ein α-Teilchen ausgeschleudert wird, muß die Massenzahl um 4, die Kernladungszahl um 2 abnehmen.

(At 25) $${}^{A}_{Z}\mathrm{K}_1 \rightarrow {}^{A-4}_{Z-2}\mathrm{K}_2 + {}^{4}_{2}\alpha$$

Beispiel: ${}^{226}_{88}\mathrm{Ra} \rightarrow {}^{222}_{86}\mathrm{Rn} + {}^{4}_{2}\alpha$ oder ${}^{210}_{84}\mathrm{Po} \rightarrow {}^{206}_{82}\mathrm{Pb} + {}^{4}_{2}\alpha$

33.1.2. β^--Zerfall

Er tritt bei Kernen mit relativem Neutronenüberschuß (At 22) auf. Das ausgeschleuderte Elektron entsteht bei der Umwandlung eines Neutrons in ein Proton:

(At 26)

Neutron	→	Proton	+	Elektron	+	Antineutrino
${}^{1}_{0}\mathrm{n}$	→	${}^{1}_{1}\mathrm{p}$	+	${}^{0}_{-1}\mathrm{e}$	+	$\bar{\nu}$

Beachte:

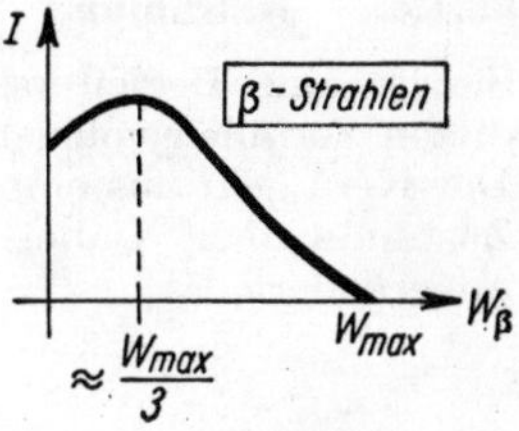

Das Antineutrino besitzt (wie auch das Neutrino) keine Ruhmasse und keine Ladung. Es bindet nur einen Teil der Zerfallsenergie und wird in der Reaktionsgleichung gewöhnlich nicht mitgeschrieben. Die entstehenden β^--Teilchen haben demnach keine einheitliche Energie. In Tabellen wird meist die Maximalenergie W_{max} angegeben. Die häufigste Energie beträgt etwa $\frac{1}{3}$ W_{max}. Da beim β^--Zerfall ein Elektron ausgeschleudert wird, muß bei konstanter Massenzahl die Kernladungszahl um 1 wachsen.

(At 27) $${}^{A}_{Z}K_1 \rightarrow {}^{A}_{Z+1}K_2 + {}^{0}_{-1}e$$

Beispiel: ${}^{90}_{38}Sr \rightarrow {}^{90}_{39}Y + {}^{0}_{-1}e$ oder ${}^{214}_{82}Pb \rightarrow {}^{214}_{83}Bi + {}^{0}_{-1}e$

33.1.3. β^+-Zerfall

Er tritt bei Kernen mit relativem Protonenüberschuß auf (At 22). Das ausgeschleuderte Positron entsteht bei der Umwandlung eines Protons in ein Neutron:

(At 28)

Proton	→	Neutron	+	Positron	+	Neutrino
${}^{1}_{1}p$	→	${}^{1}_{0}n$	+	${}^{0}_{1}e$	+	ν

Beachte:

Das Neutrino besitzt weder Ruhmasse noch Ladung. Da es nur einen Teil der Zerfallsenergie bindet, wird es in der Reaktionsgleichung gewöhnlich nicht mitgeschrieben. Die entstehenden β^+-Teilchen haben keine einheitliche Energie.

Da beim β^+-Zerfall ein Positron ausgeschleudert wird, muß bei konstanter Massenzahl die Kernladungszahl des neuen Kerns K_2 um 1 kleiner sein.

(At 29) $${}^{A}_{Z}K_1 \rightarrow {}^{A}_{Z-1}K_2 + {}^{0}_{+1}e$$

Beispiel: ${}^{30}_{15}P \rightarrow {}^{30}_{14}Si + {}^{0}_{+1}e$ oder ${}^{22}_{11}Na \rightarrow {}^{22}_{10}Ne + {}^{0}_{+1}e$

33.1.4. γ-Strahlung

Sie ist eine Begleiterscheinung des α- oder β-Zerfalls. Nach diesen Zerfällen vollzieht sich im Kern ein Umsetzungsprozeß. Der Kern geht aus einem angeregten Zustand in energieärmere Zustände über. Dabei bleiben Kernladungs- und Massenzahl unverändert.

33.2. Zerfallsreihen

Beim Zerfall eines radioaktiven Kerns entsteht meist wieder ein radioaktiver Kern. Es gibt ganze Zerfallsreihen. Drei haben als Ausgangskerne Uran- bzw. Thorium-Isotope, die in der Natur vorkommen. Die vierte Zerfallsreihe beginnt mit einem künstlich erzeugten Neptunium-Isotop. Außerhalb der Zerfallsreihen gibt es in der Natur nur noch wenige radioaktive Isotope.

Uran-Radium-Zerfallsreihe

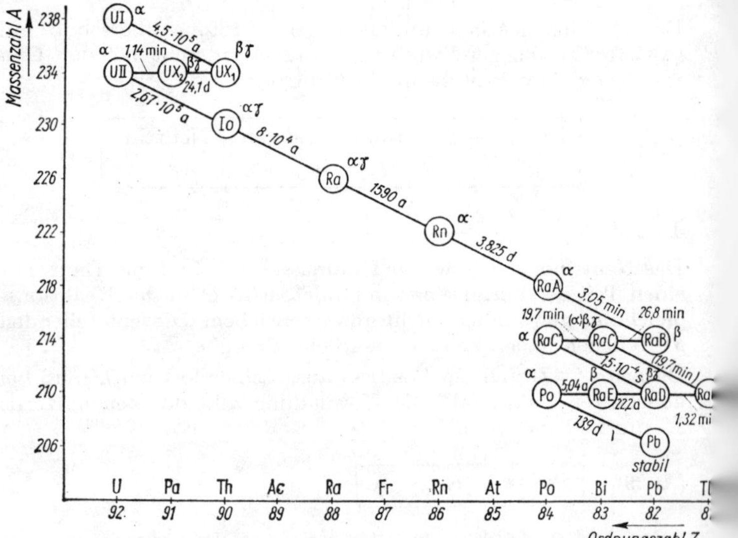

Übersicht:

Die 4 Zerfallsreihen		
Name der Reihe	Ausgangskern	Endkern (stabil)
Uran-Radium	${}^{238}_{92}U$ (U I)	${}^{206}_{82}Pb$
Uran-Aktinium	${}^{235}_{92}U$ (AcU)	${}^{207}_{82}Pb$
Thorium	${}^{282}_{90}Th$	${}^{208}_{82}Pb$
Neptunium	${}^{237}_{93}Np$	${}^{209}_{83}Bi$

33.3. Zerfallsgesetz

Der Zerfall der Kerne erfolgt nach statistischen Gesetzen. Wegen der großen Zahl der in bestimmten Stoffmengen enthaltenen Atome kann man ein Zerfallsgesetz formulieren.

33.3.1. Zerfallskonstante

In einem bestimmten Zeitabschnitt dt zerfallen dN Kerne. Dabei ist dN der Zahl der noch vorhandenen zerfallsfähigen Kerne proportional: $dN \sim -N\,dt$. Der Proportionalitätsfaktor heißt **Zerfallskonstante λ.**

> Die Zerfallskonstante gibt den Bruchteil dN/N an, der von N aktiven Kernen in der Zeit dt zerfällt.

33.3.2. Zerfallsgesetz

Wenn N_0 Anzahl der zu Beginn des Zeitabschnittes t vorhandenen Kerne,

N Anzahl der nach Ablauf der Zeit t noch nicht zerfallenen Kerne,

t Dauer des Zerfallsvorganges,

λ Zerfallskonstante,

e Basis des natürlichen Logarithmensystems $= 2{,}71828$,

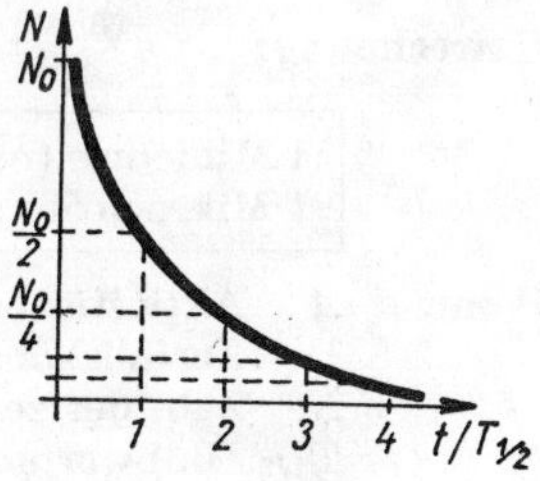

dann gilt nach Integration der Gleichung $\frac{dN}{N} = -\lambda\,dt$

(At 30) $$N = N_0\,e^{-\lambda t}$$

33.3.3. Halbwertszeit

Unter der Halbwertszeit $T_{1/2}$ versteht man die Zeit, in der die Hälfte der jeweils vorhandenen Atome zerfällt.

Nach (At 30) ergibt sich $\frac{N_0}{2} = N_0\,e^{-\lambda T_{1/2}}$ und daraus

(At 31) $$T_{1/2} = \frac{\ln 2}{\lambda} = \frac{0{,}693}{\lambda}$$

Beachte:

Halbwertszeiten einiger wichtiger Radionuklide → Tabelle 34 (Anhang)!

33.4. Aktivität

Unter der Aktivität eines radioaktiven Präparates versteht man die Anzahl der Zerfallsakte je Zeit.

Sie wird in $^1/_s$ angegeben. Bis 1977 zulässig: Curie (Ci).

$$1\,\text{Ci} = 3{,}700 \cdot 10^{10}\,{}^1/_s$$

Die Aktivität von $3{,}7 \cdot 10^{10}\,{}^1/_s$ entspricht der Aktivität von ≈1 g Radium.

Umrechnung:

1 Millicurie (mCi) $= 3{,}7 \cdot 10^{7}\,{}^1/_s$;
1 Mikrocurie (µCi) $= 3{,}7 \cdot 10^{4}\,{}^1/_s$

Wenn A Aktivität eines radioaktiven Präparates,
λ Zerfallskonstante,
N Zahl der zerfallsfähigen Kerne im Präparat,
$T_{1/2}$ Halbwertszeit,

dann gilt entsprechend der Definition für die Aktivität

(At 32) $$A = \lambda N = \frac{0{,}693N}{T_{1/2}}$$

SI:

A	λ	T
$\frac{1}{s}$	$\frac{1}{s}$	s

Bei Stoffen, die nicht nur aus radioaktiven Atomen, sondern auch aus nicht zerfallsfähigen bzw. schon zerfallenen Atomen bestehen, verwendet man häufig die **spezifische Aktivität.**

(At 33) $$\text{Spezifische Aktivität} = \frac{\text{Aktivität } A}{\text{Masse } m}$$

Sie wird in $\frac{1}{\text{s g}}$ angegeben.

33.5. Radioaktive Strahlen

33.5.1. γ-Strahlen

Die Intensität der γ-Strahlen nimmt mit dem Quadrat der Entfernung ab, wenn man von der zusätzlichen Absorption absieht. Die Schwächung der Strahlen in stofflichen Medien beruht auf folgenden Vorgängen:

- **Fotoeffekt:** Das Photon (γ-Quant) dringt in eine Atomhülle und schlägt hier ein Elektron heraus. Das Atom wird ionisiert.
- **Compton-Effekt:** Das Photon übergibt dem herausgeschlagenen Elektron nur einen Teil seiner Energie. Dadurch ändert es seine Richtung (Compton-Streuung) und vermindert seine Energie und damit auch die Frequenz.
- **Paarbildung:** Das Photon dringt bis in unmittelbare Kernnähe. Bei entsprechend großer Energie (und Masse) verwandelt es sich in ein Elektron-Positron-Paar.

Die Abnahme der Intensität von γ-Strahlen beim Durchqueren eines Mediums läßt sich bestimmen. Dabei versteht man unter Intensität das Produkt aus der Anzahl der Teilchen je Sekunde und der kinetischen Energie je Teilchen.

Wenn I_0 Intensität der γ-Strahlen vor der absorbierenden Schicht,
I Intensität hinter der absorbierenden Schicht,
d Dicke der durchstrahlten Schicht,
μ linearer Schwächungskoeffizient,

dann gilt als **Absorptionsgesetz**

(At 34) $$I = I_0 \, e^{-\mu d}$$

ges:	μ	d
	$\frac{1}{\text{cm}}$	cm

Beachte:

Der lineare Schwächungskoeffizient μ ist von Strahlungsenergie und Absorbermaterial abhängig.

Die für die Schwächung der Strahlungsintensität auf die Hälfte erforderliche Schichtdicke bezeichnet man als **Halbwertsdicke** $d_{1/2}$. Aus (At 34) ergibt sich dafür

(At 35) $$d_{1/2} = \frac{\ln 2}{\mu} = \frac{0{,}693}{\mu}$$

33.5.2. β-Strahlen

Mit guter Näherung gilt auch hier das Absorptionsgesetz (At 34).

Zweckmäßigerweise wird der Exponent umgeformt: $\mu d = \frac{\mu}{\delta} \, d\varrho = \mu' f$.

Wenn I_0 Intensität der β-Strahlen vor der Absorberschicht,
I Intensität hinter der Absorberschicht,
f Flächendichte $= d\varrho$,
μ' Massenschwächungskoeffizient,

dann gilt

(At 36) $$I = I_0 \, e^{-\mu' f}$$

ges:	μ'	f
	$\frac{\text{cm}^2}{\text{g}}$	$\frac{\text{g}}{\text{cm}^2}$

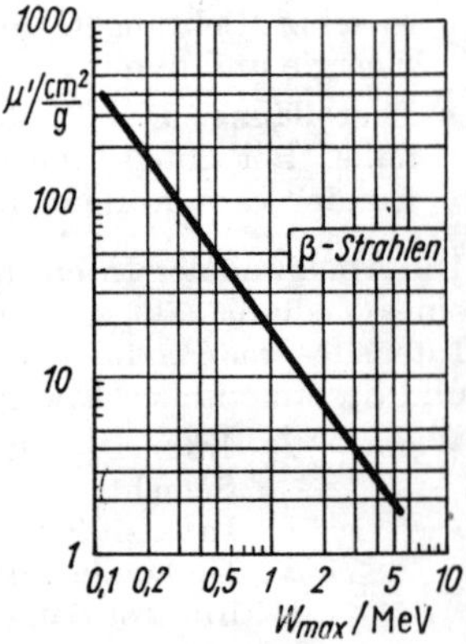

Beachte:

Der Massenschwächungskoeffizient μ' hängt von der Energie der β-Teilchen ab. Da diese bei keinem Strahler einheitlich ist, wird für Rechnungen der Maximalwert W_{max} benutzt.

Der energieabhängige Wert für μ' kann nach einer empirischen Formel berechnet oder einem Diagramm entnommen werden. Für eine Maximalenergie $W_{max} > 0{,}5$ MeV gilt

(At 37) $$\mu' \approx \frac{22}{W_{max}^{4/3}}$$

ges:

μ'	W
$\frac{cm^2}{g}$	MeV

Die für die Schwächung der Strahlungsintensität auf die Hälfte erforderliche Flächendichte f bezeichnet man als **Halbwertsdicke** $f_{1/2}$. Analog zu (At 35) ergibt sich dafür

(At 38) $$f_{1/2} = \frac{\ln 2}{\mu'} = \frac{0{,}693}{\mu'}$$

Außerdem verwendet man noch den Begriff der **maximalen Reichweite** f_{max}. Für sie gelten folgende Näherungsformeln:

(At 39a) $$f_{max} = 0{,}407\, W_{max}^{1{,}38}$$ wenn $W_{max} < 0{,}8$ MeV

ges:

f	W
$\frac{g}{cm^2}$	MeV

(At 39b) $$f_{max} = 0{,}542\, W_{max} - 0{,}133$$ wenn $W_{max} > 0{,}8$ MeV.

33.5.3. α-Strahlen

Wegen ihrer sehr starken ionisierenden Wirkung haben α-Strahlen in festen Stoffen eine vernachlässigbar kleine Reichweite. Lediglich in Luft beträgt sie einige Zentimeter. Die Reichweite d hängt von der Anfangsenergie ab und kann für Luft dem Diagramm entnommen werden.

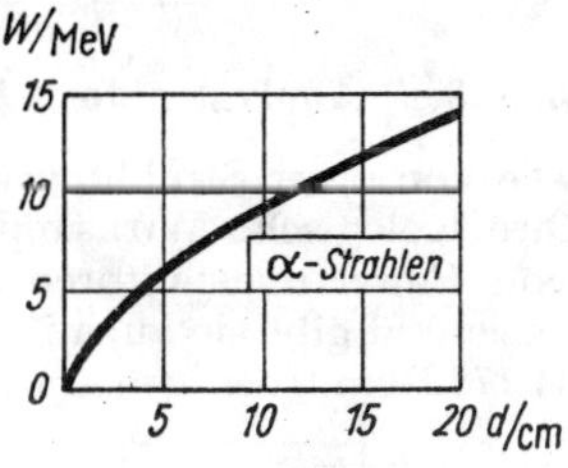

33.6. Strahlendosis

Im Gegensatz zur Aktivität drückt die Strahlendosis die von einem Körper aufgenommene Strahlungsmenge aus.

33.6.1. Ionendosis X

Sie drückt die ionisierende Wirkung von **Röntgen-** und **γ-Strahlen** aus und wird in C/kg[1]) angegeben.

[1]) zulässig bis 1977: Röntgen (R)

1 Röntgen ist die Strahlendosis, die in 1 kg Luft positive und negative Ionen von je $2{,}58 \cdot 10^{-4}$ C/kg erzeugt.

$$1\ \mathrm{R} = 2{,}58 \cdot 10^{-4}\ \mathrm{C/kg\ Luft}$$

Da für das Ionisieren der Luft eine bestimmte Energiemenge benötigt wird, kann das Röntgen auch darauf bezogen werden.

Für **Korpuskularstrahlen** (α, β, Protonen, Neutronen) verwendete man die Einheit Rep (roentgen equivalent physical).

33.6.2. Energiedosis D

Sie kennzeichnet bei allen Arten ionisierender Strahlung die vom Material absorbierte Energie. Sie wird in J/kg gemessen. Zulässig bis 1977: Rad (rd).

1 Rad (rd) ist die Strahlenmenge, die in 1 kg eines beliebigen Stoffes 10^{-2} J/kg abgibt.

$$1\ \mathrm{rd} = 10^{-2}\ \mathrm{J/kg}$$

33.6.3. Äquivalentdosis D_q

Die von einer Strahlung abgegebene Energie ist kein Maß für ihre biologische Wirksamkeit. Diese errechnet man mit Hilfe von Bewertungsfaktoren q (Qualitätsfaktor) aus der Energiedosis und gibt sie auch in deren Einheit (J/kg) an. Zulässig bis 1977: Rem (roentgen equivalent man; rem).

$$D_q = qD$$

Übersicht:

Qualitätsfaktor q			
α-Strahlen	10	thermische Neutronen	2... 5
β-Strahlen	1	schnelle Neutronen	5...20
γ-Strahlen	1	Protonen	10
Röntgenstrahlen	1	schwere Rückstoßkerne	20

33.6.4. Dosisleistung P_D

Unter der Dosisleistung versteht man den Quotienten Energiedosis/Zeit:

$$\boxed{P_D = D/t}$$

Zur Berechnung der von einem Körper absorbierten Strahlendosis verwendet man vorteilhaft die **Dosisleistungskonstante** K_γ.

> Die Dosisleistungskonstante gibt an, welche Dosisleistung (in J/kg s) ein bestimmter γ-Strahler von der Aktivität 1 $^1/_s$ im Abstand 1 m erzeugt.

Dosisleistungskonstante K_γ (in J m²/kg)			
Natrium 22	$9{,}95 \cdot 10^{-17}$	Radium 226	$6{,}35 \cdot 10^{-17}$
Kobalt 60	$1{,}01 \cdot 10^{-16}$	Uran 238	$6{,}89 \cdot 10^{-19}$

Wenn P_D Dosisleistung,
K_γ Dosisleistungskonstante eines γ-Strahlers,
A Aktivität des Strahlers,
r Abstand von der (punktförmigen) Strahlungsquelle,
dann gilt

(At 40) $$\boxed{P_D = K_\gamma \frac{A}{r^2}}$$

	P_D	K_γ	A	r
SI:	$\frac{\text{J}}{\text{kgs}}$	$\frac{\text{J}}{\text{m}^2\,\text{kg}}$	$\frac{1}{\text{s}}$	m

Beachte:

Die Intensität nimmt mit dem Quadrat der Entfernung ab.

33.7. Strahlenschutz

Wegen der großen Gefährlichkeit radioaktiver Strahlen jeder Art sind gesetzlich umfangreiche Sicherheitsmaßnahmen festgelegt. Dazu gehören vor allem die höchstzulässigen Dosen.

> Die höchstzulässige Dosis beträgt 1 $\frac{\text{mJ}}{\text{kg}}$/Woche.

Dieser Wert darf nur überschritten werden, wenn folgende Grenzen eingehalten werden:

$$30\ \frac{\text{mJ}}{\text{kg}}/13\ \text{Wochen}\ \textbf{und}$$

$$50\ \frac{\text{mJ}}{\text{kg}}\ /\text{Jahr} \qquad \textbf{und}\ \text{als Gesamtdosis}$$

$$D_{\text{W}} = 50\ (\text{Alter/Jahre} - 18)\ \frac{\text{mJ}}{\text{kg}}$$

Beachte:

1. Diese Werte gelten nur **für beruflich mit Strahlen Beschäftigte.**
2. Für alle anderen Personen gilt $^1/_{10}$ der **Werte.**
3. Die Werte gelten für eine **Ganzkörperbestrahlung.**
4. Bei Teilkörperbestrahlung (**Hände und Füße**) **sind die** höchstzulässigen Werte **mit 10 zu multiplizieren.**

33.8. Strahlennachweis

Für den Nachweis und die Messung radioaktiver Strahlen können folgende Einrichtungen verwendet werden:

- **Ionisationskammern,** in denen zwischen zwei Elektroden ein elektrisches Feld herrscht. Die auftreffenden Strahlen erzeugen Ladungsträger und steuern so einen Sättigungsstrom.
- **Geiger-Müller-Zählrohre,** in denen auftreffende Teilchen durch Ionisierung einen kurzzeitigen Entladungsstoß hervorrufen, der verstärkt und gezählt werden kann.
- **Wilsonsche Nebelkammern,** in deren mit Wasserdampf übersättigter Luft α- und β-Teilchen Kondensspuren hinterlassen.
- **Szintillationszähler,** in denen die auftreffende Strahlung bestimmte Leuchtstoffe zur Lichtemission anregt. Man kann die Lichtblitze durch eine Lupe beobachten und auszählen oder auch auf eine Fotokatode fallen lassen und die dort herausgeschlagenen Elektronen in Sekundärelektronenvervielfachern «verstärken». So erhält man die empfindlichsten und leistungsfähigsten Strahlenmeßgeräte.
- **Kernspurenemulsionen,** auf deren lichtempfindlicher Schicht Strahlungen Schwärzungsspuren hinterlassen.

34. Künstliche Kernumwandlungen

Jede Umwandlung eines Kernes (Ausnahme: radioaktiver Zerfall) ist von außen verursacht. Treffen energiereiche Teilchen (α, β, n, p) auf den Kern, dann können verschiedenartige Reaktionen ausgelöst werden. Die «Geschosse» können einem radioaktiven Zerfall entstammen oder künstlich beschleunigt worden sein.

34.1. Teilchenbeschleuniger

Neben *Hochspannungsanlagen* (*Kaskadengenerator* nach GREINACHER, *Hochspannungsgenerator* nach VAN DE GRAAFF u. a.) und *Linearbeschleunigern* haben *Kreisbeschleuniger* die größte Bedeutung.
Sie haben ein magnetisches Führungsfeld, das die Teilchen auf eine Kreisbahn zwingt, und ein elektrisches Beschleunigungsfeld, das den Teilchen die Geschwindigkeit gibt. Einige Typen sind:

- **Das Zyklotron.** Die im Zentrum eintretenden Teilchen bewegen sich wegen ihrer wachsenden Geschwindigkeit auf einer spiraligen Bahn.
- **Das Synchro-Zyklotron.** Bei sehr hohen Teilchengeschwindigkeiten macht sich der relativistische Massenzuwachs bemerkbar. Die Teilchen gelangen zu spät in die Beschleunigungsfelder, sie kommen außer Takt. Deshalb wird die Beschleunigungsfrequenz moduliert.
- **Das Synchro-Phasotron.** Die Teilchen werden vorbeschleunigt und tangential in die ringförmige Beschleunigungsstrecke gebracht. Es wird vor allem für schwere Teilchen verwendet.
- **Das Betatron.** Es ist eine Beschleunigungsanlage speziell für Elektronen.

34.2. Kernreaktionen

Der Zielkern wandelt sich beim Auftreffen eines energiereichen Teilchens um und schleudert dabei ein anderes Teilchen aus, also

$$a + K_1 \rightarrow K_2 + b \text{ oder kürzer } K_1\,(a, b)K_2$$

Beispiel:

- Erste Kernumwandlung (RUTHERFORD 1919)

$$^{14}_{7}N + ^{4}_{2}\alpha \rightarrow ^{17}_{8}O + ^{1}_{1}p \qquad N\,14\,(\alpha, p)\,O\,17$$

- Entdeckung des Neutrons (1932)

$${}^{9}_{4}\mathrm{Be} + {}^{4}_{2}\alpha \rightarrow {}^{12}_{6}\mathrm{C} + {}^{1}_{0}\mathrm{n} \quad \mathrm{Be}\,9\,(\alpha, \mathrm{n})\,\mathrm{C}\,12$$

- Erste Verwendung künstlich beschleunigter Geschosse (Protonen), gleichzeitig erste Kernspaltung (1932)

$${}^{7}_{3}\mathrm{Li} + {}^{1}_{1}\mathrm{p} \rightarrow {}^{4}_{2}\mathrm{He} + {}^{4}_{2}\mathrm{He} \quad \mathrm{Li}\,7\,(\mathrm{p}, —)\,2\,\mathrm{He}\,4$$

- Erste Erzeugung eines künstlichen Radionuklids und Entdeckung des Positrons (JOLIOT-CURIE 1932)

$${}^{27}_{13}\mathrm{Al} + {}^{4}_{2}\alpha \rightarrow {}^{30}_{15}\mathrm{P}^* + {}^{1}_{0}\mathrm{n} \quad \mathrm{Al}\,27\,(\alpha, \mathrm{n})\,\mathrm{P}\,30^*$$

Beachte:

P 30 ist ein β^+-Strahler, der Stern (*) bedeutet Radioaktivität.

- Entstehung von Transuranen

$${}^{238}_{92}\mathrm{U} + {}^{4}_{2}\alpha \rightarrow {}^{241}_{94}\mathrm{Pu}^* + {}^{1}_{0}\mathrm{n} \quad \mathrm{U}\,238\,(\alpha, \mathrm{n})\,\mathrm{Pu}\,241^*$$

- Erzeugungsreaktion für Kobalt 60

$${}^{59}_{27}\mathrm{Co} + {}^{1}_{0}\mathrm{n} \rightarrow {}^{60}_{27}\mathrm{Co}^* + \gamma \quad \mathrm{Co}\,59\,(\mathrm{n}, \gamma)\mathrm{Co}\,60^*$$

- Erzeugungsreaktion für Kohlenstoff 14

$${}^{13}_{6}\mathrm{C} + {}^{1}_{0}\mathrm{n} \rightarrow {}^{14}_{6}\mathrm{C}^* + \gamma \quad \mathrm{C}\,13\,(\mathrm{n}, \gamma)\,\mathrm{C}\,14^*$$

oder $${}^{14}_{7}\mathrm{N} + {}^{1}_{0}\mathrm{n} \rightarrow {}^{14}_{6}\mathrm{C}^* + {}^{1}_{1}\mathrm{p} \quad \mathrm{N}\,14\,(\mathrm{n}, \mathrm{p})\,\mathrm{C}\,14^*$$

34.3. Uranspaltung

1938 gelang HAHN, STRASSMANN und MEITNER die erste Kernspaltung bei U 235:

$${}^{235}_{92}\mathrm{U} + {}^{1}_{0}\mathrm{n} \rightarrow {}^{145}_{56}\mathrm{Ba}^* + {}^{88}_{36}\mathrm{Kr}^* + 3\,{}^{1}_{0}\mathrm{n}$$

$$\text{oder} \rightarrow {}^{139}_{54}\mathrm{Xe}^* + {}^{95}_{38}\mathrm{Sr}^* + 2\,{}^{1}_{0}\mathrm{n}$$

$$\text{oder} \rightarrow {}^{140}_{55}\mathrm{Cs}^* + {}^{94}_{37}\mathrm{Rb}^* + 2\,{}^{1}_{0}\mathrm{n}$$

$$\text{oder} \rightarrow {}^{145}_{57}\mathrm{La}^* + {}^{87}_{35}\mathrm{Br}^* + 4\,{}^{1}_{0}\mathrm{n}$$

Beachte:

1. Außerdem können sich viele andere Paare von Spaltprodukten bilden. Die Summe beider Ordnungszahlen ist stets 92.
2. Sämtliche entstehenden Spaltprodukte sind radioaktiv.

3. Bei jedem Spaltungsvorgang wird Energie freigesetzt, weil die Gesamtmasse der Spaltprodukte kleiner als die Ausgangsmasse ist.

34.3.1. Kettenreaktion

Bei jeder Uranspaltung stehen einem benötigten Neutron 2 bis 3 gebildete Neutronen gegenüber, die in der Lage sind, weitere Kerne zu spalten. Es tritt eine Kettenreaktion ein, bei der die Zahl der Neutronen schnell ansteigt.

> Unter einer Kettenreaktion versteht man einen Prozeß, in dem eine bestimmte Reaktion weitere gleichartige Reaktionen auslöst.

Bedingungen für das Ablaufen einer Kettenreaktion in U 235:

- Es dürfen keine Neutronen absorbierenden Beimischungen vorhanden sein.
- Es muß genügend spaltbares Material vorhanden sein, damit die freigesetzten Neutronen auf neue Kerne treffen können und nicht wirkungslos entweichen. Die Minimalmenge für eine Kettenreaktion nennt man **kritische Masse.**
- Die Geschwindigkeit der Neutronen muß für eine Spaltung ausreichend sein.

Natürliches Uran besteht zum größten Teil aus U 238, das schnelle Neutronen einfängt, ohne sich zu spalten. Durch Reflexion an bestimmten Bremssubstanzen **(Moderatoren)** werden die Neutronen auf thermische Geschwindigkeit abgebremst. Man verwendet Kohlenstoff (Graphit), schweres Wasser (D_2O) und Wasser (H_2O). Langsame (thermische) Neutronen werden von U 238 nicht eingefangen, spalten aber U 235. Treffen Neutronen vor ihrer Abbremsung direkt auf U 238 und werden eingefangen, so entsteht folgende Reaktion:

$$^{238}_{92}\mathrm{U}\ (n, \gamma)\ ^{239}_{92}\mathrm{U}^*\ (e^-, \gamma)\ ^{239}_{93}\mathrm{Np}^*\ (e^-, \gamma)\ ^{239}_{94}\mathrm{Pu}^*$$

Da dieser Prozeß Plutonium 239 bildet, das ebenso wie U 235 durch thermische Neutronen spaltbar ist, wird das sonst überflüssige U 238 in spaltbares Material verwandelt.
Die Kettenreaktion kann gesteuert werden durch Absorption eines bestimmten Neutronenanteils. Solche in die aktive Zone einsenkbaren **Regelstäbe** bestehen meist aus Borstahl oder Kadmium.

34.3.2. Energiebilanz

Bei jeder Spaltung eines Kernes U 235 werden etwa 200 MeV freigesetzt. Davon entfallen auf die

- kinetische Energie der Spaltprodukte 168 MeV,
- kinetische Energie der Spaltneutronen 5 MeV,
- Gammastrahlung 5 MeV,
- Gamma- und Betastrahlung der Spaltprodukte 13 MeV,
- Energie des Neutrinos 9 MeV.

Bei einer vollständigen Spaltung von rund 1 kg U 235 entsteht ein Massendefekt von 1 g. Das entspricht einer Energie von

$9 \cdot 10^{10}$ kJ oder $2 \cdot 10^{10}$ kcal = 2500 t Steinkohle oder $25 \cdot 10^6$ kWh oder 20000 t TNT-Sprengstoff.

34.4. Kernfusion

Einen größeren Energiegewinn bringt eine Kernfusion. Ein zukünftiger Reaktor könnte folgende Reaktionen nutzen:

$$^2_1D + ^2_1D \rightarrow ^3_1T + ^1_1p + 4{,}0\ \text{MeV}$$

$$^2_1D + ^2_1D \rightarrow ^3_2He + ^1_0n + 3{,}25\ \text{MeV}$$

$$^2_1D + ^3_1T \rightarrow ^4_2He + ^1_0n + 17{,}7\ \text{MeV}$$

Sie laufen gleichzeitig ab und lassen sich zusammenfassen:

$$5\,^2_1D \rightarrow ^4_2He + ^3_2He + 2\,^1_0n + ^1_1p$$

Die Bildung von etwa 1 kg Helium liefert eine Energie von $200 \cdot 10^6$ kWh.

34.5. Anwendung radioaktiver Nuklide

Fast ausschließlich werden β- und γ-Strahler verwendet. Man kann folgende grundsätzlichen Methoden unterscheiden:

Durchstrahlungsverfahren

- Strahlenschranken (Füllstandskontrolle u. ä.),
- berührungsfreies Messen von Dicke und Dichte,
- zerstörungsfreie Werkstoffprüfung (Gammadefektoskopie).

Bestrahlungsverfahren

- Ionisierung von Gasen (Vakuummeter, Verhinderung elektrostatischer Aufladung u. ä.),
- Erzeugung von Gitterstörungen bei festen Körpern (Strukturveränderungen bei Plasten),
- Tiefenbestrahlung bei Geschwulstkrankheiten (Kobalt 60).

Markierungsverfahren (Indikatormethode)

- Markierung von Atomen für biologisch-medizinische Forschung,
- Verschleißmessungen.

35. Übersicht über Elementarteilchen

In der Übersicht sind die wichtigsten der bisher bekannten Elementarteilchen aufgeführt. Wenn man noch zwischen e- und μ-Neutrino bzw. Antineutrino unterscheidet, sind es mit dem Photon zur Zeit über 80.
Zu beachten ist, daß einige Mesonenarten äußerst kurze Lebensdauer haben.

Elementarteilchen

	Name	Symbol Teilchen	Symbol Antiteilchen	Ruhmasse $m_e = 1$	Ladung	mittlere Lebensdauer (in Sekunden)
	Photon	γ		0	0	—
Leptonen	Neutrino Antineutrino	ν	$\bar{\nu}$	0	0	stabil
Leptonen	Elektron Positron	e^-	e^+	1	$-e$ $+e$	stabil
Leptonen	Myon	μ^-	μ^+	207	$\mp e$	$2{,}2 \cdot 10^{-6}$
Mesonen	π-Meson	π^0 π^-	$\bar{\pi}^0$ π^+	264 273	0 $\mp e$	$2 \cdot 10^{-16}$ $2{,}5 \cdot 10^{-8}$
Mesonen	η-Meson	η^0	$\bar{\eta}^0$	1072	0	10^{-22}
Mesonen	ϱ-Meson	ϱ^0 ϱ^+	$\bar{\varrho}^0$ ϱ^-	1468	0 $\pm e$	10^{-23}
Mesonen	ω-Meson	ω^0	$\bar{\omega}^0$	1530	0	10^{-22}
Mesonen	K-Meson	K^0 K^+	$\bar{K}^0$ K^-	974 967	0 $\pm e$	10^{-10} $1{,}2 \cdot 10^{-8}$
Baryonen	Proton Antiproton	p^+	p^-	1836	$+e$ $-e$	stabil
Baryonen	Neutron Antineutron	n	$\bar{n}$	1839	0	1013
Baryonen	Λ-Hyperon	Λ^0	$\bar{\Lambda}^0$	2183	0	$2{,}5 \cdot 10^{-10}$
Baryonen	Σ-Hyperon	Σ^+ Σ^0 Σ^-	$\bar{\Sigma}^-$ $\bar{\Sigma}^0$ $\bar{\Sigma}^+$	2328 2332 2341	$\pm e$ 0 $\mp e$	$0{,}8 \cdot 10^{-10}$ 10^{-11} $1{,}6 \cdot 10^{-10}$
Baryonen	Ξ-Hyperon	Ξ^0 Ξ^-	$\bar{\Xi}^0$ $\bar{\Xi}^+$	2566 2582	0 $\mp e$	$1{,}5 \cdot 10^{-10}$ $1{,}9 \cdot 10^{-10}$

TABELLEN

Tabelle 1

Dichte fester Körper $\left(\varrho \middle/ \frac{kg}{dm^3}\right)$			
Aluminium	2,71	Koks	0,6
Beton	≈ 2,2	Korkrinde	0,15
Blei	11,34	Kupfer	≈ 8,9
Dederon	1,1	Magnesium	1,74
Duraluminium	2,79	Messing	8,6
Eichenholz	≈ 0,8	Pertinax	1,35
Eis	0,9	Platin	21,5
Eisen	7,8	Plexiglas	1,2
Elektron	1,8	Rotguß	≈ 8,7
Fensterglas	2,5	Sandstein	2,4
Fichtenholz	≈ 0,5	Silber	10,5
Gold	19,3	Steinkohle	1,4
Granit	2,8	Titan	4,5
Invarstahl	8,7	Wolfram	19,1
Iridium	22,4	Zink	7,1

Dichte von Flüssigkeiten $\left(\varrho \middle/ \frac{kg}{dm^3} \text{ bei } 20\,°C\right)$			
Äther	0,72	Milch	1,03
Äthylalkohol	0,79	Petroleum	≈ 0,8
Azeton	0,8	Quecksilber	13,5
Benzin, leicht	0,7	Schwefelsäure, konz.	1,83
Benzol	0,88	Seewasser	1,02
Dieselöl	1,0	Spiritus	0,83
Glyzerin	1,26		

Tabelle 1 (Fortsetzung)

Dichte gasförmiger Körper $\left(\varrho \middle/ \frac{kg}{m^3}\right.$ bei 0 °C und 101,3 kPa[1]$\left.\right)$			
Ammoniak	0,77	Luft	1,29
Chlor	3,22	Propan	2,2
Helium	0,179	Sauerstoff	1,47
Kohlendioxid	1,98	Stickstoff	1,25
Kohlenoxid	1,25	Wasserdampf (100 °C)	0,88
Leuchtgas	≈0,55	Wasserstoff	0,09

[1]) bis 1977: 760 Torr

Tabelle 2

Haft- und Gleitreibungszahl μ_0 und μ (Richtwerte)				
	Haftreibung μ_0	Gleitreibung μ trocken	geschmiert	mit Wasser
Stahl/Stahl	0,15	0,1	0,01	
Metall/Holz	0,5...0,6	0,4...0,5	0,03...0,08	0,25
Holz/Holz	0,65	0,3	0,1	
Leder/Grauguß	0,56	0,28	0,12	0,28
Leder/Holz	0,47	0,27		
Stahl/Eis				0,014
Autoreifen/Pflaster		0,5		0,2
Autoreifen/Asphalt		0,3	0,15	

Rollreibungszahlen (Richtwerte) in cm	
Straßenbahn	0,006
Eisenbahn	0,002
Fuhrwerk auf gutem Erdweg	0,05
Fuhrwerk auf Asphalt	0,015
Kraftwagen auf Pflaster	0,04
Kraftwagen auf Asphalt	0,035

Tabelle 3

Kompressibilität $\varkappa$ und Oberflächenspannung σ (bei 20 °C) von Flüssigkeiten				
	$\varkappa \Big/ \frac{1}{\text{Pa}}$	$\varkappa \Big/ \frac{\text{cm}^2}{\text{kp}}$	$\sigma \Big/ \frac{\text{N}}{\text{m}}$	$\sigma \Big/ \frac{\text{dyn}}{\text{cm}}$
Äther	$1{,}12 \cdot 10^{-9}$	0,00011	0,017	17
Äthylalkohol	$1{,}16 \cdot 10^{-9}$	0,000114	0,022	22
Azeton	$1{,}22 \cdot 10^{-9}$	0,00012	0,023	23
Benzol	$0{,}92 \cdot 10^{-9}$	0,00009	0,029	29
Glyzerin	$0{,}22 \cdot 10^{-9}$	0,000022	0,062	62
Petroleum	$0{,}82 \cdot 10^{-9}$	0,00008	0,027	27
Quecksilber	$4{,}1 \cdot 10^{-11}$	0,000004	0,491	491
Wasser	$0{,}51 \cdot 10^{-9}$	0,000050	0,073	73

Tabelle 4

Luftdruck in Abhängigkeit von der Höhe					
h/m	p/kPa	p/Torr	h/m	p/kPa	p/Torr
0	101,3	760	1400	85,6	642
100	100,1	751	2000	79,5	596
200	98,9	742	3000	70,1	526
500	95,5	716	5000	54,0	405
800	92,1	691	10000	26,4	198
1000	90,0	675	20000	5,47	41

Tabelle 5

Dynamische Viskosität (η/mPa s)[1]			
Flüssigkeiten bei 18 °C		Gase bei 20 °C	
Äthylalkohol	1,24	Ammoniak	0,01
Azeton	0,33	Helium	0,0196
Benzol	0,67	Kohlendioxid	0,0147
Glyzerin	1660	Kohlenoxid	0,0177
Quecksilber	1,57	Luft	0,0181
Schmieröl	300...3000	Sauerstoff	0,0203
Pech	$3 \cdot 10^{10}$	Stickstoff	0,0175
Wasser	1,65	Wasserstoff	0,0088

[1] 1 Zentipoise (cP) = 1 mPa s = 1 mNs/m²

Tabelle 6

Widerstandsbeiwert c	
Dünne, ebene Platte, senkrecht zur Str.	1,1
Offene Halbkugel, Öffng. gegen Str.	1,3...1,6
Offene Halbkugel, Rundung gegen Str.	0,35
Kugel	0,2...0,4
Stromlinienkörper	0,055
Kraftfahrzeuge	um 0,5

Tabelle 7

Elastizitätsmodul		
	$E/10^{10}$ Pa	$E/10^5 \frac{\text{kp}}{\text{cm}^2}$
Aluminium	7,3	7,4
Blei	1,7	1,7
Duraluminium	7,3	7,4
Glas	5...9	5...9
Grauguß	9,8	10
Holz	0,9...1,3	0,9...1,3
Iridium	51	52
Konstantan	17	17
Kupfer	12	12
Manganin	12,3	12,5
Messing	10,3	10,5
Quarzglas	5,9	6,0
Silber	7,8	8,0
Stahl	20...22	20...22
Wolfram	35,5	36,2

Tabelle 8

Schallgeschwindigkeit $\left(c \middle/ \frac{\text{m}}{\text{s}}\right)$			
Stahl	5100	Glas	5000
Granit	3950	Blei	1300
Mauerwerk	3480	Wasser (0 °C)	1485
Holz	4000	Kohlendioxid (0 °C)	258
Kork	500	Wasserstoff (0 °C)	1284
Gummi	54	Luft (0 °C)	331

Tabelle 9

Lautstärke (Λ/phon)			
Hörschwelle	0	Lauter Straßenlärm	70
Uhrticken	10	Schreien	80
Flüstern	20	Druckluftbohrer	90
Stille Straße	30	Kesselschmiede	100
Gedämpfte Unterhaltung	40	Niethammer	110
Unterhaltungssprache	50	Flugzeugmotor in 4 m	120
Schreibmaschine	60	Schmerzgrenze	130

Tabelle 10

Dämmwert *D* von Baustoffen		
	Dicke d/cm	Dämmwert D/dB
Ziegelwand, verputzt,		
1/4 Stein	9	42
1/2 Stein	15	44
1/1 Stein	27	50
Holzwolleplatten	2,5	35
Betonwand	15...18	48
Sperrholz	0,5	19
Dickglas	0,6···0,7	29
Einfachfenster		15
Doppelfenster		30
Einfachtür		bis 20
Doppeltür		40

Tabelle 11

Längenausdehnungskoeffizient $\left(\alpha \middle/ \frac{10^{-6}}{K}\right)$

Aluminium	23,8	Molybdän	5,2
Beton	12	Neusilber	18,0
Blei	29,0	Nickel	13,0
Bronze	17,5	Platin	9,0
Chromnickel	18	Platin-Iridium (0,2 Ir)	8,3
Chromstahl	10,0	Polyamid (Dederon)	110
Diamant	1,3	Polyäthylen	200
Eisen	12,2	Polystyrol	75
Elektron	24,0	Polyvinylchlorid	80
Glas, Jena 16 III	8,1	Porzellan	3,0
Gold	14,2	Quarzglas	0,6
Gußeisen	10,0	Silber	19,5
Invarstahl	1,5	Stahl	11,7
Iridium	6,5	Supra-Invar	0,5
Kadmium	31,5	hochlegierter Stahl	
Konstantan	15,2	X10CrNiTi18,9 (V2A)	16,0
Kupfer	16,5	Wolfram	4,5
Mangan	23	Zink	29,0
Messing	18,4	Zinn	26,7

Tabelle 12

Raumausdehnungskoeffizient $\left(\gamma \middle/ \frac{10^{-3}}{K} \text{ bei } 20\,°C\right)$

Äther	1,62	Quecksilber	0,181
Äthylalkohol	1,10	Quecksilber in Jenaer Glas 16 III	0,157
Azeton	1,43	Quecksilber in Quarzglas	0,179
Benzin	1,00	Schwefelsäure	0,55
Benzol	1,06	Salpetersäure	1,24
Glyzerin	0,59	Terpentinöl	0,97
Methylalkohol	1,19	Toluol	1,08
Pentan in Jenaer Glas 16 III	0,151	Wasser	0,18
Petroleum	0,96		

Tabelle 13

Dichte des Wassers			
$t/°C$	$\varrho \Big/ \frac{kg}{dm^3}$	$t/°C$	$\varrho \Big/ \frac{kg}{dm^3}$
0	0,999841	16	0,998943
1	0,999900	17	0,998775
2	0,999941	18	0,998596
3	0,999965	19	0,998406
4	0,999973	20	0,998205
5	0,999965	21	0,997994
6	0,999941	22	0,997772
7	0,999902	23	0,997540
8	0,999849	24	0,997299
9	0,999782	25	0,997047
10	0,999701	26	0,996785
11	0,999606	27	0,996515
12	0,999498	28	0,996235
13	0,999377	29	0,995946
14	0,999244	30	0,995649
15	0,999099		

Tabelle 14

Gaskonstante		
	$R \Big/ \frac{\text{J}}{\text{kg K}}$	$R \Big/ \frac{\text{kpm}}{\text{kg K}}$
Äthan	277	28,21
Äthylen	297	30,25
Ammoniak	488	49,78
Argon	208	21,23
Azetylen	320	32,58
Butan	143	14,6
Freon 12	68,8	7,01
Helium	2080	211,9
Kohlendioxid	189	19,27
Kohlenoxid	297	30,28
Luft	287	29,27
Methan	519	52,89
Neon	412	42,01
Propan	189	19,24
Propylen	198	20,16
Sauerstoff	260	26,49
Stickstoff	297	30,26
Wasserdampf	462	47,05
Wasserstoff	4126	420,6

Tabelle 15

Spezifische Wärmekapazität bei 20 °C		
	$c \Big/ \frac{kJ}{kg\,K}$	$c \Big/ \frac{kcal}{kg\,K}$
feste Stoffe:		
Aluminium	0,896	0,214
Beton	0,92	0,22
Blei	0,13	0,031
Eis (0 °C)	2,09	0,50
Eisen, flüssig	0,71	0,17
Eisen, rein	0,465	0,111
Glas, Jena	0,779	0,186
Gold	0,13	0,031
Grauguß	0,54	0,129
Holz	2,4	0,57
Iridium	0,134	0,032
Konstantan	0,410	0,098
Kupfer	0,385	0,092
Messing	0,385	0,092
Molybdän	0,251	0,060
Nickel	0,448	0,107
Platin	0,134	0,032
Porzellan	0,80	0,19
Quarzglas	0,729	0,174
Silber	0,234	0,056
Schamotte	0,84	0,20
hochlegierter Stahl (V2A)	0,481	0,115
Wolfram	0,134	0,032
Ziegelstein	0,92	0,22
Zink	0,389	0,093
Zinn	0,218	0,052

Tabelle 15 (Fortsetzung)

	$c \Big/ \frac{\text{kJ}}{\text{kg K}}$	$c \Big/ \frac{\text{kcal}}{\text{kg K}}$
flüssige Stoffe:		
Äthylalkohol	2,4	0,57
Glyzerin	2,4	0,57
Azeton	2,16	0,516
Leichtbenzin	2,1	0,5
Maschinenöl	1,7	0,4
Methylalkohol	2,5	0,59
Pentan	2,2	0,52
Toluol	1,72	0,41
Quecksilber	0,138	0,033
Wasser	4,19	1,0

Tabelle 16

Spezifische Wärmekapazität von Gasen

	$c_p \Big/ \frac{\text{kJ}}{\text{kg K}}$	$c_p \Big/ \frac{\text{kcal}}{\text{kg K}}$	$c_v \Big/ \frac{\text{kJ}}{\text{kg K}}$	$c_v \Big/ \frac{\text{kcal}}{\text{kg K}}$	$\varkappa$
Helium	5,238	1,251	3,161	0,755	1,66
Kohlendioxid	0,846	0,202	0,653	0,156	1,30
Kohlenoxid	1,047	0,250	0,754	0,180	1,40
Luft	1,009	0,241	0,720	0,172	1,40
Sauerstoff	0,917	0,219	0,653	0,156	1,40
Stickstoff	1,038	0,248	0,745	0,178	1,40
Wasserstoff	14,269	3,408	10,132	2,420	1,41

Tabelle 17

Schmelzpunkt und spez. Schmelzwärme		
	$t/°C$	$q \Big/ \frac{kJ}{kg}$ [1]
Aluminium	659	396
Äthylalkohol	—114,2	108
Blei	327,3	24,7
Eisen, rein	1535	270
Flußstahl	1500	
Gold	1063	67,7
Grauguß	1200	
Iridium	2454	117
Kohlendioxid	— 56	
Kohlenstoff	3550	
Kupfer	1083	205
Messing	920	
Nickel	1455	297
Paraffin	54	
Platin	1773	113
Quecksilber	— 38,8	11,3
Sauerstoff	—218,8	
Silber	960,5	105
Silizium	1410	142
Stickstoff	210,0	
Wasser	0,0	334
Wasserstoff	—259,2	59
Wismut	271	54
Wolfram	3380	193
Zink	419,5	109
Zinn	232	59

[1]) 1 kJ/kg = 0,239 kcal/kg; 1 kcal/kg = 4,19 kJ/kg

Tabelle 18

Siedepunkt und spezifische Verdampfungswärme (101,3 kPa[1])		
	$t/°C$	$r / \frac{MJ}{kg}$ [2]
Aluminium	2500	11,7
Ammoniak	— 33,4	1,37
Äthylalkohol	78,4	0,84
Azeton	56,2	0,52
Benzol	80	0,39
Eisen, rein	2880	6,36
Freon (CF_3CL)	— 81,5	0,15
Glyzerin	290	
Helium	—268,9	0,03
Kohlenstoff	4000	50,2
Kupfer	2450	4,65
Platin	3800	2,5
Quecksilber	357	0,38
Sauerstoff	—183,0	0,21
Schwefeldioxid	— 10	0,39
Stickstoff	—195,8	0,2
Wasser	100	2,3
Wasserstoff	—252,8	0,49
Zink	910	1,9
Zinn	2400	2,6

[1]) bis 1977: 760 Torr
[2]) 1 MJ/kg = 239 kcal/kg; 1 kcal/kg = $4,19 \cdot 10^{-3}$ MJ/kg

Tabelle 19

Kryoskopische und ebullioskopische Konstante		
Lösungsmittel	$K/10^3$ K	$E/10^3$ K
Äthyläther	1,79	2,16
Benzol	5,07	2,61
Chloroform	4,90	3,80
Essigsäure	3,91	3,07
Schwefelkohlenstoff	3,83	2,29
Tetrachlorkohlenstoff	29,8	4,88
Wasser	1,86	0,52

Tabelle 20 a

Heizwert fester und flüssiger Stoffe		
	H_u / $\frac{MJ}{kg}$	H_u / $\frac{kcal}{kg}$
Anthrazit	≈33,5	≈ 8000
Braunkohlenbrikett	≈21	≈ 5000
Holz, frisch	≈ 8,4	≈ 2000
Holz, lufttrocken	≈15,5	≈ 3700
Holzkohle	≈30,6	≈ 7300
Koks	≈29,3	≈ 7000
Rohbraunkohle	≈12,5	≈ 3000
Steinkohle	≈29,3	≈ 7000
Torf, trocken	≈14,2	3400
Äthylalkohol	27	6440
Äther	34	8200
Benzin	≈43	≈10200
Benzol	40	9600
Dieselöl	≈43	≈10200
Heizöl	≈41	≈ 9800
Petroleum	41	9750
Methylalkohol	40	4660
Rohöl	41	9800
Spiritus	25	5980

Tabelle 20 b

Heizwert gasförmiger Stoffe (bei 0 °C und 101,3 kPa[1])		
	H_u / $\frac{MJ}{m^3}$	H_u / $\frac{kcal}{m^3}$
Ammoniak	14,2	3390
Äthan	64,5	15400
Äthylen	60,0	14320
Azetylen	56,9	13600
Butan	124	29500
Gichtgas	4,0	950
Methan	35,9	8580
Propan	93,2	22250
Stadtgas	16,7	4000
Wassergas	10,3	2450
Wasserstoff	10,8	2580

[1]) bis 1977: 760 Torr

Tabelle 21 a

Siedepunkt des Wassers bei bestimmtem Druck					
p/kPa	p/at	t/°C	p/kPa	p/at	t/°C
0,98	0,01	6,698	147	1,5	110,79
1,96	0,02	17,204	196	2,0	119,62
3,92	0,04	28,641	245	2,5	126,79
9,8	0,1	45,45	294	3,0	132,88
19,6	0,2	59,67	392	4,0	142,92
29,4	0,3	68,68	490	5,0	151,11
39,2	0,4	75,42	588	6,0	158,08
49	0,5	80,86	686	7,0	164,17
59	0,6	85,45	784	8,0	169,61
69	0,7	89,45	883	9,0	174,53
78	0,8	92,99	981	10,0	179,04
88	0,9	96,18	1461	20,0	211,38
98	1,0	99,09	2452	25,0	222,90
101,3	1,033	100,00	4903	50,0	262,70
			9807	100,0	309,53

Tabelle 21 b

Siedepunkt des Wassers bei bestimmtem Druck (in °C)										
p/mbar +	0	1	2	3	4	5	6	7	8	9
940	97,9	,9	,0*	,0*	,0*	,1*	,1*	,1*	,1*	,2*
950	98,2	,2	,3	,3	,3	,4	,4	,4	,4	,5
960	98,5	,5	,6	,6	,6	,6	,7	,7	,7	,8
970	98,8	,8	,8	,9	,9	,9	,0*	,0*	,0*	,0*
980	99,1	,1	,1	,2	,2	,2	,2	,3	,3	,3
990	99,4	,4	,4	,4	,5	,5	,5	,6	,6	,6
1000	99,6	,7	,7	,7	,7	,8	,8	,8	,9	,9
1010	99,9	,9	,0*	,0*	,0*	,0*	,1*	,1*	,1*	,2*
1020	100,2	,2	,2	,3	,3	,3	,4	,4	,4	,4
1030	100,5	,5	,5	,5	,6	,6	,6	,6	,7	,7
1040	100,7	,8	,8	,8	,8	,9	,9	,9	,9	,0*
1050	101,0	,0	,1	,1	,1	,1	,2	,2	,2	,2

* Zahl vor dem Komma der nächsten Zeile

Tabelle 22

Sättigungsdruck und Sättigungsmenge für Wasserdampf

$t/°C$	p/mbar	p/Torr	$f_{max} / \frac{g}{m^3}$
—10	2,6	2	2,1
— 5	4,0	3	3,2
0	6,1	4,6	4,8
1	6,6	4,9	5,2
2	7,1	5,3	5,6
3	7,6	5,7	6,0
4	8,1	6,1	6,4
5	8,7	6,5	6,8
6	9,3	7,0	7,3
7	10,1	7,5	7,8
8	10,7	8,0	8,3
9	11,5	8,6	8,8
10	12,3	9,2	9,4
11	13,1	9,8	10,0
12	14,0	10,5	10,7
13	15,0	11,2	11,4
14	16,0	12,0	12,1
15	17,0	12,8	12,8
16	18,2	13,6	13,6
17	19,4	14,5	14,5
18	20,6	15,5	15,4
19	22,0	16,5	16,3
20	23,4	17,5	17,3
21	24,9	18,6	18,3
22	26,4	19,8	19,4
23	28,1	21,1	20,6
24	29,8	22,4	21,8
25	31,7	23,8	23,0
26	33,6	25,2	24,4
27	35,7	26,7	25,8
28	37,8	28,3	27,2
29	40,1	30,0	28,7
30	42,4	31,8	30,3

Tabelle 23

Kritische Temperatur und kritischer Druck			
	$t_K/°C$	p_K/MPa	p_K/at
Ammoniak	132,4	11,3	115,2
Azeton	236	6,08	62
Azetylen	9,5	5,14	52,4
Äthylalkohol	243	6,39	65,2
Helium	—267,9	0,23	2,33
Kohlendioxid	75	3,04	31,0
Kohlenoxid	—140,2	3,49	35,6
Luft	—140,7	3,77	38,4
Methan	— 82,5	4,63	47,2
Propan	96,8	4,25	43,3
Sauerstoff	—118,8	5,04	51,4
Stickstoff	—147,1	3,39	34,6
Wasserdampf	374,2	22,1	225,5
Wasserstoff	—239,9	1,29	13,2

Tabelle 24

Sättigungsdruck (bei 20 °C)		
	p/kPa	$p/Torr$
Äthylalkohol	5,9	44
Azeton	24	180
Benzol	10	75
Chloroform	21,3	160
Diäthyläther	58,4	438
Quecksilber	$1{,}63 \cdot 10^{-4}$	$1{,}22 \cdot 10^{-3}$
Schwefelkohlenstoff	31,7	298
Wasser	2,3378	17,535

Tabelle 25

Wärmeleitfähigkeit $\left(\lambda \Big/ \frac{W}{m\,K}\right)$ [1]					
Gute Wärmeleiter		Schlechte Wärmeleiter		Wärmeisolatoren	
Silber	419	Kesselstein	1,2...3,5	Holz	0,17
Kupfer	372	Quecksilber	8,4	Asbest	0,17
Gold	308	Graphit	5,0	Plaste	0,17
Aluminium	209	Sandstein	2,3	Leder	0,15
Rotguß	128	Eis	1,7	Holzkohle	0,08
Messing	93	Stahlbeton	1,7	Schlacken-wolle	0,07
Platin	70	Kiesbeton	1,5		
Zinn	64	Quarz	1,1	Kork	0,05
Bronze	58	Glas	0,6...1,0	Torf	0,05
Nickel	52	Porzellan	0,9	Piatherm	0,05
Stahl	50	Ziegelstein	0,8	Glaswolle	0,03
Grauguß	49	Wasser	0,6	Luft	0,02
Blei	35	Glimmer	0,3	Bettfedern	0,02
				Vakuum	0,00

[1]) 1 W/m · K = 0,860 kcal/m h K; 1 kcal/m h K = 1,163 W/m K

Tabelle 26

Wärmeübergangskoeffizient $\left(\alpha \Big/ \frac{W}{m^2 K}\right)$ [1]	
Ruhendes Wasser an Metallwand	350 ... 580
Strömendes Wasser (mit v in m/s)	$350 + 210\sqrt{v}$
Siedendes Wasser	3500 ... 5800
Kondensierter Wasserdampf	$\approx$10500
Luft an glatten Flächen ($v < 5$ m/s)	$5{,}6 + 4v$

[1]) 1 W/m² K = 0,860 kcal/m² h K; 1 kcal/m² h K = 1,163 W/m² K

Tabelle 27

Wärmedurchgangskoeffizient $\left(k \middle/ \frac{W^{1)}}{m^2\,K}\right)$									
Wanddicke in cm	0,3	1	2	5	10	12	15	20	25
Glas	5,8	5,6							
Holzwand			3,8	2,4		1,7			
Kalksandstein						3,1			2,2
Kiesbeton				4,1	3,5		3,1	2,8	
Schlackenstein						2,7			1,7
Stahlbeton				4,2	3,7		3,3	2,9	
Ziegelstein						2,9			2,0
Ziegeldach ohne Fugendichtung						12			
Ziegeldach mit Fugendichtung						6			
Außenfenster, einfach						7			
Außenfenster, doppelt						3,3			
Außentür, Holz						4,1			

[1)] 1 W/m² K = 0,860 kcal/m² h K; 1 kcal/m² h K = 1,163 W/m² K

Tabelle 28

Emissionsgrad ε	
Aluminium, gewalzt	0,081
Aluminium, poliert	0,051
Aluminium, Sandguß	0,3
Blei, oxydiert	0,23
Eisen, poliert	0,29
Grauguß, rauh	0,94
Kupfer, poliert	0,04
Kupfer, schwarz	0,78
Mauerwerk, verputzt	0,93
Ölanstrich	0,78
Platin, poliert	$<$0,05
Ruß	0,95
Sand	0,76
Schamottestein (bei 1000 °C)	0,75
Stahlblech, gewalzt	0,67
Stahlblech, vernickelt	0,06
Stahlblech, verzinkt	0,25
Wasser	0,67

Tabelle 29

Gesamtlichtstrom und Lichtausbeute			
Lampe	Leistungsaufnahme P/W	Lichtstrom Φ/lm	Lichtausbeute $\frac{\Phi}{P} \Big/ \frac{\text{lm}}{\text{W}}$
Allgebrauchslampen (220 V)			
Einfachwendel EW (Klarglas oder innenmattiert)	25	205	8,2
	40	325	8,1
	60	575	9,6
	75	780	10,4
	100	1150	11,5
	150	1980	13,2
	200	2740	13,7
Doppelwendel DW (innenmattiert)	40	400	10,0
	60	685	11,4
	75	910	12,1
	100	1310	13,1
Fotolampen (220 V)			
PR 260 (50 Std.)	250	2700	10,8
PR 500 (100 Std.)	500	6500	13,0
K 200 (8 Std.)	200	4500	22,5
K 500 (100 Std.)	500	11000	22,0
Leuchtstofflampen (weiß)			
20 W (Stab-Form)	31	910	29,4
25 W (Stab-Form)	33	1440	43,6
40 W (Stab-Form)	52	2400	46,1
65 W (Stab-Form)	79	3840	48,6
120 W (Stab-Form)	144	5400	37,5
25 WU (U-Form)	33	1180	35,8
40 WU (U-Form)	52	1990	38,2

Tabelle 29 (Fortsetzung)

Gesamtlichtstrom und Lichtausbeute			
Lampe	Leistungs-aufnahme P/W	Licht-strom Φ/lm	Licht-ausbeute $\frac{\Phi}{P} / \frac{\mathrm{lm}}{\mathrm{W}}$
Quecksilberdampf-Hochdrucklampen			
HQA und HQL 80	89	3000	33,5
HQA und HQL 125	137	5250	38,5
HQA und HQL 250	270	11500	42,5
HQA und HQL 400	425	20500	48,0
HQA und HQL 1000	1060	52000	49,0
HQR 400	425	18500	46,0
Kerze		5...15	
Petroleumlampe		150	
Gaslampe		200...1000	
Elektronenblitzröhre		bis $40 \cdot 10^6$	

Tabelle 30

Spezifischer Widerstand und Temperaturkoeffizient (bei 20 °C)		
	$\varrho \Big/ \frac{\Omega\,mm^2}{m}$	$\alpha \Big/ \frac{1}{K}$
Aluminium	0,0287	0,0038
Blei	0,208	0,0039
Chromnickelstahl	1,0	0,00025
Eisen	0,13	0,0046
Graphit	8,00	—0,0002
Kohle	40,0	—0,0003
Konstantan	0,50	$5 \cdot 10^{-6}$
Manganin	0,43	$4 \cdot 10^{-6}$
Kupfer	0,0175	0,0040
Nickel	0,087	0,0040
Nickelin	0,43	0,00023
Platin	0,107	0,0039
Quecksilber	0,941	0,00092
Silber	0,016	0,0038
Wolfram	0,055	0,0041
Bakelit	10^{16}	
Bernstein	10^{19}	
Erde, naß	10^{8}	
Glas	10^{17}	
Glimmer	$10^{14} \ldots 10^{19}$	
Hartgummi	$10^{12} \ldots 10^{18}$	
Marmor	10^{14}	
Paraffin	10^{22}	
Porzellan	10^{20}	
Destilliertes Wasser	$5 \cdot 10^{5}$	

Tabelle 31

Elektrochemisches Äquivalent $\left(\ddot{A} \Big/ \frac{mg}{C}\right)$			
Aluminium	0,0932	Nickel, 3wertig	0,2027
Chlor	0,3674	Platin	0,5057
Gold	0,6812	Sauerstoff	0,0829
Kupfer	0,3294	Silber	1,1180
Nickel, 2wertig	0,3041	Wasserstoff	0,01045

Tabelle 32

Dielektrizitätszahl ε_r			
Vakuum	1,0	Hartpapier	3,5... 6
Luft	1,000 59	Pertinax	4 ... 6
Paraffin	2,2	Glimmer	4 ...10
Polyäthylen	2,2	Porzellan	4,5... 6,5
Polystyrol	2,4...2,9	Igelit	5
Gummi	2,5...3	Vinidur	5
Hartgummi	2,5...3,5	Glas	5... 7
Bernstein	2,8	Schiefer	6...10
Silikon	2,8	Azeton	20
Holz	3...3,5	Äthylalkohol	24
Polyamid	3,3	Methylalkohol	34
Plexiglas	3...4	Wasser, dest.	80
Bakelit	3,5...4,5	keram. Spezialmassen	bis 4000
Schellack	3,5		

Tabelle 33

Permeabilitätszahl μ_r		
Permalloy	ferromagnetisch	bis zu 50 000
Diamantstahl	ferromagnetisch	bis zu 15 000
Hyperm	ferromagnetisch	bis zu 10 000
Schmiedeeisen	ferromagnetisch	bis zu 5 000
Gußeisen	ferromagnetisch	bis zu 600
Nickel	ferromagnetisch	bis zu 300
Stahl, hart	ferromagnetisch	bis zu 200
Platin	paramagnetisch	1,000 36
Aluminium	paramagnetisch	1,000 023
Hartgummi	paramagnetisch	1,000 014
Luft	paramagnetisch	1,000 000 4
Kupfer	diamagnetisch	0,999 991
Glas	diamagnetisch	0,999 987
Wismut	diamagnetisch	0,999 824

Tabelle 34

Halbwertszeit und Zerfallsenergie						
Element	Symbol	Z	A	$T_{1/2}$	Zerfall	Energie W/MeV
Wasserstoff	H	1	3	12,3 a	β^-	0,018
Kohlenstoff	C	6	14	5730 a	β^-	0,158
Stickstoff	N	7	13	10,0 min	β^+	1,2
Sauerstoff	O	8	15	124 s	β^+	1,68
Natrium	Na	11	22	2,6 a	β^+	0,54
					γ	1,28
			24	15 h	β^-	1,39
					γ	1,37; 2,75
Phosphor	P	15	32	14,3 d	β^-	1,69
Schwefel	S	16	35	87 d	β^-	0,167
Chlor	Cl	17	38	37,3 min	β^-	4,8
					γ	1,63
Kalium	K	19	42	12,4 h	β^-	3,5
					γ	1,51
Kalzium	Ca	20	45	165 d	β^-	0,26
Chrom	Cr	24	51	27,8 d	γ	0,32
Eisen	Fe	26	59	45 d	β^-	0,46
					γ	1,1; 1,3
Kobalt	Co	27	60	5,26 a	β^-	0,31
					γ	1,17; 1,33
Kupfer	Cu	29	64	12,9 h	β^-	0,57
					γ	1,34
Zink	Zn	30	65	245 d	β^+	0,33
					γ	1,1
Brom	Br	35	82	35 h	β^-	0,44
					γ	1,45
Strontium	Sr	38	90	28 a	β^-	0,54
Yttrium	Y	39	90	64 h	β^-	2,27
					γ	1,75
Silber	Ag	47	110	260 d	β^-	0,09
					γ	0,88
Jod	J	53	131	8,05 d	β^-	0,61
					γ	0,64
Zäsium	Cs	55	137	30 a	β^-	0,51
					γ	0,66
Wolfram	W	74	185	74 d	β^-	0,43

Tabelle 34 (Fortsetzung)

Halbwertszeit und Zerfallsenergie						
Element	Symbol	Z	A	$T_{1/2}$	Zerfall	Energie W/MeV
Gold	Au	79	198	2,69 d	β^-	0,96
					γ	1,1
Polonium	Po	84	210	138,4 d	α	5,3
					γ	0,8
Radon	Rn	86	222	3,83 d	α	5,49
Radium	Ra	88	226	1601 a	α	4,78
					γ	0,187
Thorium	Th	90	232	$1,41 \cdot 10^{10}$ a	α	4,01
					γ	0,06
Protaktinium	Pa	91	231	$3,25 \cdot 10^{4}$ a	α	5,0
					γ	0,38
Uran	U	92	234	$2,48 \cdot 10^{5}$ a	α	4,72
					γ	0,12
			235	$7,1 \cdot 10^{8}$ a	α	4,39
					γ	0,19
			238	$4,5 \cdot 10^{9}$ a	α	4,19
					γ	0,048
Neptunium	Np	93	239	2,3 d	β^-	0,72
					γ	0,3
Plutonium	Pu	94	239	24000 a	α	5,15
					γ	0,4

Tabelle 35

Physikalische Konstanten		
Normfallbeschleunigung	g_n	$= 9{,}806\,65$ m/s²
Gravitationskonstante	γ	$= 6{,}672 \cdot 10^{-11}$ m³/kg s²
Gaskonstante, molare	R_m	$= 8{,}31441$ J/mol K
AVOGADRO-Konstante	N_A	$= 6{,}022\,045 \cdot 10^{26}$/kmol
LOSCHMIDT-Konstante	N_L	$= 2{,}686\,754 \cdot 10^{25}$/m³
BOLTZMANN-Konstante	k	$= 1{,}380\,662 \cdot 10^{-23}$ J/K
Strahlungskonstante	σ	$= 5{,}670\,32 \cdot 10^{-8}$ W/m² K⁴
Lichtgeschwindigkeit (Vakuum)	c_0	$= 299\,792{,}4562 \cdot 10^{3}$ m/s
Elektrische Feldkonstante	ε_0	$= 8{,}854\,187 \cdot 10^{-12}$ F/m
Magnetische Feldkonstante	μ_0	$= 1{,}256\,637\,061\,44 \cdot 10^{-6}$ H/m
FARADAY-Konstante	F	$= 96\,484{,}56$ C/mol
Elektrische Elementarladung	e	$= 1{,}602\,189\,2 \cdot 10^{-19}$ C
Elektronenmasse	m_e	$= 9{,}109\,534 \cdot 10^{-31}$ kg
PLANCKsches Wirkungsquantum	h	$= 6{,}626\,176 \cdot 10^{-34}$ Js
Atomare Masseeinheit	u	$= 1{,}660\,565\,5 \cdot 10^{-27}$ kg

Tabelle 36

Griechische Buchstaben											
A	α	a	Alpha	I	ι	j	Jota	P	ϱ	r	Rho
B	β	b	Beta	K	$\varkappa$	k	Kappa	Σ	σ	s	Sigma
Γ	γ	g	Gamma	Λ	λ	l	Lambda	T	τ	t	Tau
Δ	δ	d	Delta	M	μ	m	My	Y	υ	y	Ypsilon
E	ε	e	Epsilon	N	ν	n	Ny	Φ	φ	ph	Phi
Z	ζ	z	Zeta	Ξ	ξ	x	Ksi	X	χ	ch	Chi
H	η	e	Eta	O	o	o	Omikron	Ψ	ψ	ps	Psi
Θ	ϑ	th	Theta	Π	π	p	Pi	Ω	ω	o	Omega

Tabelle 37

Winkelfunktionen und Bogenmaß

α	arc α	sin α	tan α	cot α	cos α		
0°	0,0000	0,0000	0,0000	∞	1,0000	1,5708	90°
0°10′	0,0029	0,0029	0,0029	343,8	1,0000	1,5679	89°50′
0°20′	0,0058	0,0058	0,0058	171,9	1,0000	1,5650	89°40′
0°30′	0,0087	0,0087	0,0087	114,6	1,0000	1,5621	89°30′
0°40′	0,0116	0,0116	0,0116	85,94	0,9999	1,5592	89°20′
0°50′	0,0145	0,0145	0,0145	68,75	0,9999	1,5562	89°10′
1°	0,0175	0,0175	0,0175	57,29	0,9998	1,5533	89°
1°10′	0,0204	0,0204	0,0204	49,10	0,9998	1,5504	88°50′
1°20′	0,0233	0,0233	0,0233	42,96	0,9997	1,5475	88°40′
1°30′	0,0262	0,0262	0,0262	38,19	0,9997	1,5446	88°30′
1°40′	0,0291	0,0291	0,0291	34,37	0,9996	1,5417	88°20′
1°50′	0,0320	0,0320	0,0320	31,24	0,9995	1,5388	88°10′
2°	0,0349	0,0349	0,0349	28,64	0,9994	1,5359	88°
2°10′	0,0378	0,0378	0,0378	26,43	0,9993	1,5330	87°50′
2°20′	0,0407	0,0407	0,0407	24,54	0,9992	1,5301	87°40′
2°30′	0,0436	0,0436	0,0437	22,90	0,9990	1,5272	87°30′
2°40′	0,0465	0,0465	0,0466	21,47	0,9989	1,5243	87°20′
2°50′	0,0495	0,0494	0,0495	20,21	0,9988	1,5213	87°10′
3°	0,0524	0,0523	0,0524	19,08	0,9986	1,5184	87°
3°10′	0,0553	0,0552	0,0553	18,07	0,9985	1,5155	86°50′
3°20′	0,0582	0,0581	0,0582	17,17	0,9983	1,5126	86°40′
3°30′	0,0611	0,0610	0,0612	16,35	0,9981	1,5097	86°30′
3°40′	0,0640	0,0640	0,0641	15,60	0,9980	1,5068	86°20′
3°50′	0,0669	0,0669	0,0670	14,92	0,9978	1,5039	86°10′
4°	0,0698	0,0698	0,0699	14,30	0,9976	1,5010	86°
4°10′	0,0727	0,0727	0,0729	13,73	0,9974	1,4981	85°50′
4°20′	0,0756	0,0756	0,0758	13,20	0,9971	1,4952	85°40′
4°30′	0,0785	0,0785	0,0787	12,71	0,9969	1,4923	85°30′
4°40′	0,0814	0,0814	0,0816	12,25	0,9967	1,4893	85°20′
4°50′	0,0844	0,0843	0,0846	11,83	0,9964	1,4864	85°10′
5°	0,0873	0,0872	0,0875	11,43	0,9962	1,4835	85°
6°	0,1047	0.1045	0,1051	9,514	0,9945	1,4661	84°
7°	0,1222	0,1219	0,1228	8,144	0,9925	1,4486	83°
8°	0,1396	0,1392	0,1405	7,115	0,9903	1,4312	82°
9°	0,1571	0,1564	0,1584	6,314	0,9877	1,4137	81°
10°	0,1745	0,1736	0,1763	5,671	0,9848	1.3963	80°
		cos α	cot α	tan α	sin α	arc α	α

Tabelle 37 (Fortsetzung)

Winkelfunktionen und Bogenmaß

α	arc α	sin α	tan α	cot α	cos α		
11°	0,1920	0,1908	0,1944	5,145	0,9816	1,3788	79°
12°	0,2094	0,2079	0,2126	4,705	0,9781	1,3614	78°
13°	0,2269	0,2250	0,2309	4,331	0,9744	1,3439	77°
14°	0,2443	0,2419	0,2493	4,011	0,9703	1,3265	76°
15°	0,2618	0,2588	0,2679	3,732	0,9659	1,3090	75°
16°	0,2793	0,2756	0,2867	3,487	0,9613	1,2915	74°
17°	0,2967	0,2924	0,3057	3,271	0,9563	1,2741	73°
18°	0,3142	0,3090	0,3249	3,078	0,9511	1,2566	72°
19°	0,3316	0,3256	0,3443	2,904	0,9455	1,2392	71°
20°	0,3491	0,3420	0,3640	2,747	0,9397	1,2217	70°
21°	0,3665	0,3584	0,3839	2,605	0,9336	1,2043	69°
22°	0,3840	0,3746	0,4040	2,475	0,9272	1,1868	68°
23°	0,4014	0,3907	0,4245	2,356	0,9205	1,1694	67°
24°	0,4189	0,4067	0,4452	2,246	0,9135	1,1519	66°
25°	0,4363	0,4226	0,4663	2,145	0,9063	1,1345	65°
26°	0,4538	0,4384	0,4877	2,050	0,8988	1,1170	64°
27°	0,4712	0,4540	0,5095	1,963	0,8910	1,0996	63°
28°	0,4887	0,4695	0,5317	1,881	0,8829	1,0821	62°
29°	0,5061	0,4848	0,5543	1,804	0,8746	1,0647	61°
30°	0,5236	0,5000	0,5774	1,732	0,8660	1,0472	60°
31°	0,5411	0,5150	0,6009	1,664	0,8572	1,0297	59°
32°	0,5585	0,5299	0,6249	1,600	0,8480	1,0123	58°
33°	0,5760	0,5446	0,6494	1,540	0,8387	0,9948	57°
34°	0,5934	0,5592	0,6745	1,483	0,8290	0,9774	56°
35°	0,6109	0,5736	0,7002	1,428	0,8192	0,9599	55°
36°	0,6283	0,5878	0,7265	1,376	0,8090	0,9425	54°
37°	0,6458	0,6018	0,7536	1,327	0,7986	0,9250	53°
38°	0,6632	0,6157	0,7813	1,280	0,7880	0,0076	52°
39°	0,6807	0,6293	0,8098	1,235	0,7771	0,8901	51°
40°	0,6981	0,6428	0,8391	1,192	0,7660	0,8727	50°
41°	0,7156	0,6561	0,8693	1,150	0,7547	0,8552	49°
42°	0,7330	0,6691	0,9004	1,111	0,7431	0,8378	48°
43°	0,7505	0,6820	0,9325	1,072	0,7314	0,8203	47°
44°	0,7679	0,6947	0,9657	1,036	0,7193	0,8029	46°
45°	0,7854	0,7071	1,0000	1,000	0,7071	0,7854	45°
		cos α	cot α	tan α	sin α	arc α	α

SACHWORTVERZEICHNIS

UMRECHNUNGSTABELLEN

U 1

SI-Vorsätze für dezimale Vielfache und Teile					
Vorsatz	Kurzzeichen	Bedeutung	Vorsatz	Kurzzeichen	Bedeutung
Deka	da	10^1	Dezi	d	10^{-1}
Hekto	h	10^2	Zenti	c	10^{-2}
Kilo	k	10^3	Milli	m	10^{-3}
Mega	M	10^6	Mikro	μ	10^{-6}
Giga	G	10^9	Nano	n	10^{-9}
Tera	T	10^{12}	Piko	p	10^{-12}
Peta	P	10^{15}	Femto	f	10^{-15}
Exa	E	10^{18}	Atto	a	10^{-18}

U 2

Zeiteinheiten			
s	min	h	d
1	$1{,}67 \cdot 10^{-2}$	$2{,}78 \cdot 10^{-4}$	$1{,}16 \cdot 10^{-5}$
60	1	$1{,}67 \cdot 10^{-2}$	$6{,}94 \cdot 10^{-4}$
$3{,}6 \cdot 10^3$	60	1	$4{,}17 \cdot 10^{-2}$
$8{,}64 \cdot 10^4$	$1{,}44 \cdot 10^3$	24	1

U 3

Druckeinheiten					
Pa = N/m²	at = kp/cm²	atm	bar	Torr	mm WS = kp/m²
1	$1{,}02 \cdot 10^{-5}$	$9{,}87 \cdot 10^{-6}$	10^{-5}	$75 \cdot 10^{-4}$	0,102
$9{,}81 \cdot 10^4$	1	0,968	0,981	736	10^4
$1{,}013 \cdot 10^5$	1,033	1	1,013	760	$1{,}033 \cdot 10^4$
10^5	1,02	0,987	1	750	$1{,}02 \cdot 10^4$
133	$1{,}36 \cdot 10^{-4}$	$1{,}32 \cdot 10^{-3}$	$1{,}33 \cdot 10^{-3}$	1	13,6
9,81	10^{-4}	$9{,}68 \cdot 10^{-5}$	$9{,}81 \cdot 10^{-5}$	$7{,}36 \cdot 10^{-2}$	1

U 4

Krafteinheiten				
N	kp	Mp	p	dyn
1	0,102	$1{,}02 \cdot 10^{-4}$	102	10^5
9,81	1	10^{-3}	10^3	$9{,}81 \cdot 10^5$
$9{,}81 \cdot 10^3$	10^3	1	10^6	$9{,}81 \cdot 10^8$
$9{,}81 \cdot 10^{-3}$	10^{-3}	10^{-6}	1	981
10^{-5}	$1{,}02 \cdot 10^{-6}$	$1{,}02 \cdot 10^{-9}$	$1{,}02 \cdot 10^{-3}$	1

U 5

Energie- und Arbeitseinheiten					
J	kpm	kWh	kcal	erg	eV
1	0,102	$2{,}78 \cdot 10^{-7}$	$2{,}39 \cdot 10^{-4}$	10^7	$6{,}24 \cdot 10^{18}$
9,81	1	$2{,}72 \cdot 10^{-6}$	$2{,}34 \cdot 10^{-3}$	$9{,}81 \cdot 10^7$	$6{,}12 \cdot 10^{19}$
$3{,}6 \cdot 10^6$	$3{,}67 \cdot 10^5$	1	860	$3{,}6 \cdot 10^{13}$	$2{,}25 \cdot 10^{25}$
$4{,}19 \cdot 10^3$	427	$1{,}16 \cdot 10^{-3}$	1	$4{,}19 \cdot 10^{10}$	$2{,}61 \cdot 10^{22}$
10^{-7}	$1{,}02 \cdot 10^{-8}$	$2{,}78 \cdot 10^{-14}$	$2{,}39 \cdot 10^{-11}$	1	$6{,}24 \cdot 10^{11}$
$1{,}6 \cdot 10^{-19}$	$1{,}63 \cdot 10^{-20}$	$4{,}45 \cdot 10^{-26}$	$3{,}83 \cdot 10^{-23}$	$1{,}6 \cdot 10^{-12}$	1

U 6

Leistungseinheiten					
W	kW	$\frac{kpm}{s}$	PS	$\frac{cal}{s}$	$\frac{kcal}{h}$
1	10^{-3}	0,102	$1{,}36 \cdot 10^{-3}$	0,239	0,86
10^3	1	102	1,36	239	860
9,81	$9{,}81 \cdot 10^{-3}$	1	$1{,}33 \cdot 10^{-2}$	2,34	8,43
736	0,736	75	1	176	632
4,19	$4{,}19 \cdot 10^{-3}$	0,427	$5{,}69 \cdot 10^{-3}$	1	3,6
1,16	$1{,}16 \cdot 10^{-3}$	0,119	$1{,}58 \cdot 10^{-3}$	0,278	1